Flink
大数据分析实战

张伟洋 / 编著

清华大学出版社

北京

内 容 简 介

本书由资深大数据专家精心编写，循序渐进地介绍了 Flink 生态系统主流的大数据开发技术。全书共 7 章，第 1 章讲解 Flink 的基础知识，包括 Flink 应用场景、主要组件、编程模型等，最后通过一个单词计数示例带领读者快速体验 Flink 应用程序的编写；第 2、3 章讲解 Flink 的多种运行时架构、任务调度原理、数据分区以及 Flink 集群的安装部署，同时包括 Flink 命令行操作、应用程序提交、常用 Shell 命令等；第 4～7 章讲解了 Flink 流式计算 DataStream API、关系型计算 Table&SQL API 以及图计算框架 Gelly 等的基础知识、架构原理，同时包括常用 Shell 命令、API 操作、内核源码剖析，并通过多个实际案例讲解各个框架的具体应用以及与 Hadoop 生态系统框架 Hive、Kafka 的整合操作。

本书内容翔实，实例丰富，适合 Flink 新手、大数据开发人员阅读，也可作为培训机构和大专院校相关专业的教学用书。

图书在版编目（CIP）数据

Flink 大数据分析实战/张伟洋编著. —北京：清华大学出版社，2022.1

ISBN 978-7-302-59818-3

Ⅰ. ①F… Ⅱ. ①张… Ⅲ. ①数据处理软件 Ⅳ. ①TP274

中国版本图书馆 CIP 数据核字（2022）第 003390 号

责任编辑：王金柱
封面设计：王　翔
责任校对：闫秀华
责任印制：杨　艳

出版发行：清华大学出版社

　　　　　网　　址：http://www.tup.com.cn，http://www.wqbook.com
　　　　　地　　址：北京清华大学学研大厦 A 座　　　　　邮　　编：100084
　　　　　社 总 机：010-62770175　　　　　　　　　　邮　　购：010-62786544
　　　　　投稿与读者服务：010-62776969，c-service@tup.tsinghua.edu.cn
　　　　　质量反馈：010-62772015，zhiliang@tup.tsinghua.edu.cn

印 装 者：三河市金元印装有限公司
经　　销：全国新华书店
开　　本：190mm×260mm　　　　印　　张：22.25　　　　字　　数：605 千字
版　　次：2022 年 2 月第 1 版　　　　　　　　　　　印　　次：2022 年 2 月第 1 次印刷
定　　价：89.00 元

产品编号：088324-01

前　言

当今互联网已进入大数据时代，大数据技术已广泛应用于金融、医疗、教育、电信、政府等领域。各行各业每天都在产生大量的数据，数据计量单位已从 Byte、KB、MB、GB、TB 发展到 PB、EB、ZB、YB 甚至 BB、NB、DB 级。预计未来几年，全球数据将呈爆炸式增长。谷歌、阿里巴巴、百度、京东等互联网公司都急需掌握大数据技术的人才，大数据相关人才出现了供不应求的状况。

Flink 作为下一代大数据处理引擎，现已成为大数据领域继 Spark 之后最活跃、最高效的大数据计算平台，是大数据产业中的一股不可或缺的力量。Flink 提供了 Java 和 Scala 的高级 API，支持一组丰富的高级工具，包括使用 SQL 进行结构化数据处理的 Table API&SQL、用于机器学习的 FlinkML、用于图处理的 Gelly，以及用于实时流处理的 DataStream API。这些高级工具可以在同一个应用程序中无缝地组合，大大提高了开发效率，降低了开发难度。

很多互联网公司都使用 Flink 来实现公司的核心业务，例如阿里巴巴的云计算平台、京东的推荐系统等，只要和海量数据相关的领域，都有 Flink 的身影。因此，Flink 已经成为大数据开发和从业人员的必备工具。

本书内容特色

本书基于 Flink 1.13.X 新版本编写，主要使用函数式编程语言 Scala 进行讲解，知识面比较广，涵盖了当前整个 Flink 生态系统主流的大数据开发技术。全书内容共 7 章，各章内容概述如下：

第 1 章讲解 Flink 的基础知识，包括 Flink 应用场景、主要组件、编程模型等，最后通过一个单词计数示例带领读者快速体验 Flink 应用程序的编写。

第 2、3 章讲解 Flink 的多种运行时架构、任务调度原理、数据分区、Flink 集群的安装部署以及 Flink 命令行操作、应用程序提交、常用 Shell 命令等。

第 4~7 章讲解 Flink 流式计算 DataStream API、关系型计算 Table&SQL API 以及图计算框架 Gelly 等的基础知识、架构原理，同时包括常用 Shell 命令、API 操作、内核源码剖析，并通过多个实际案例讲解各个框架的具体应用以及与 Hadoop 生态系统框架 Hive、Kafka 的整合操作。

本书是一本真正提高读者动手能力、以实操为主的入门图书。通过对本书的学习，读者能够对 Flink 相关框架迅速理解并掌握，可以熟练使用 Flink 集成环境、成功搭建属于自己的 Flink 集群并进行大数据项目的开发。

如何学习本书

本书推荐的阅读方式是按照章节顺序从头到尾阅读，因为后面的很多章节是以前面的章节为基础的，而且这种一步一个脚印、由浅入深的阅读方式将使你更加顺利地掌握 Flink 的开发技能。

学习本书时，首先学习第 1 章的初识 Flink，并使用 Scala 在 IDEA 中编写 Flink 程序；然后学习第 2 章，掌握 Flink 的运行架构及任务调度原理；最后依次学习第 3~7 章，学习每一章时先了解该章的基础知识和框架的架构原理，再进行 Shell 命令、API 操作等实操练习，这样学习效果更好。当书中的理论和实操知识都掌握后，可以举一反三，自己开发一个 Flink 应用程序，或者将所学的知识运用到自己的编程项目上，也可以到各种在线论坛与其他 Flink 爱好者进行讨论，互帮互助。

本书适合的读者

本书可作为 Flink 新手或大数据开发人员和从业者的学习用书，要求读者具备一定的 Java、Linux、Hadoop 基础。

源代码和 PPT 课件

为方便读者使用本书，本书还提供了源代码和 PPT 课件，读者扫描下述二维码即可获取本书源代码和 PPT 课件。如有疑问，请联系 booksaga@126.com，邮件主题写"Flink 大数据分析实战"。

尽管笔者已尽心竭力，但限于水平，书中难免存有疏漏，敬请同行专家和广大读者朋友斧正。

张伟洋

2021 年 10 月于青岛

目　　录

第 **1** 章

初识 Flink

本章内容

本章首先讲解大数据开发的总体架构，然后介绍 Flink 的基本概念、应用场景、主要组件、编程模型，最后通过一个 Flink 单词计数程序讲解 Flink 批处理与流处理的开发过程和应用程序的运行。

本章目标

❈ 了解大数据开发的总体架构。

❈ 了解Flink的概念及主要构成组件。

❈ 掌握Flink编程模型。

❈ 掌握使用IntelliJ IDEA创建Flink项目。

❈ 掌握Flink流处理与批处理的操作步骤。

1.1 大数据开发总体架构

在正式讲解Flink之前，读者首先需要了解使用Flink进行大数据开发的总体架构，如图1-1所示。

❖ **数据来源层**

在大数据领域，数据的来源往往是关系型数据库、日志文件（用户在Web网站和手机App中浏览相关内容时，服务器端会生成大量的日志文件）、其他非结构化数据等。要想对这些大量的数据进行离线或实时分析，需要使用数据传输工具将其导入Hadoop平台或其他大数据集群中。

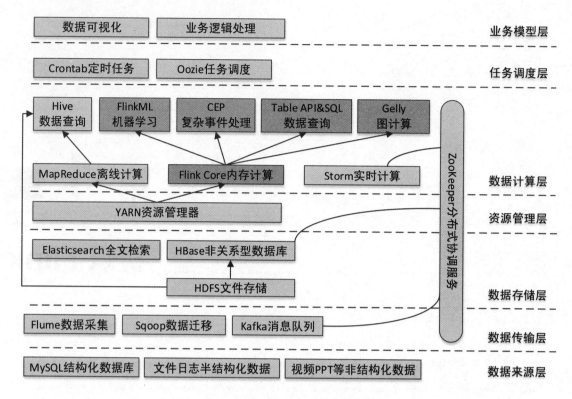

图 1-1　大数据开发总体架构

❖ **数据传输层**

常用的数据传输工具有Flume、Sqoop、Kafka。Flume是一个日志收集系统，用于将大量日志数据从不同的源进行收集、聚合，最终移动到一个集中的数据中心进行存储。Sqoop主要用于将数据在关系型数据库和Hadoop平台之间进行相互转移。Kafka是一个发布与订阅消息系统，它可以实时处理大量消息数据以满足各种需求，相当于数据中转站。

❖ **数据存储层**

数据可以存储于分布式文件系统HDFS中，也可以存储于分布式数据库HBase中，而HBase的底层实际上还是将数据存储于HDFS中。此外，为了满足对大量数据的快速检索与统计，可以使用Elasticsearch作为全文检索引擎。

❖ **资源管理层**

YARN是大数据开发中常用的资源管理器，它是一个通用资源（内存、CPU）管理系统，不仅可以集成于Hadoop中，也可以集成于Flink、Spark等其他大数据框架中。

❖ **数据计算层**

MapReduce是Hadoop的核心组成部分，可以结合Hive通过SQL的方式进行数据的离线计算，当然也可以单独编写MapReduce应用程序进行计算。Storm用于进行数据的实时计算，可以非常容易地实时处理无限的流数据。Flink提供了离线计算库和实时计算库两种，离线计算库支持FlinkML（机器学习）、Gelly（图计算）、基于Table的关系操作，实时计算库支持CEP（复杂事件处理），同时也支持基于Table的关系操作。

❖ **任务调度层**

Oozie是一个用于Hadoop平台的工作流调度引擎，可以使用工作流的方式对编写好的大数据任务进行调度。若任务不复杂，则可以使用Linux系统自带的Crontab定时任务进行调度。

❖ **业务模型层**

对大量数据的处理结果最终需要通过可视化的方式进行展示。可以使用Java、PHP等处理业务逻辑，查询结果数据库，最终结合ECharts等前端可视化框架展示处理结果。

从另一个角度理解Flink在大数据开发架构中的位置，如图1-2所示。

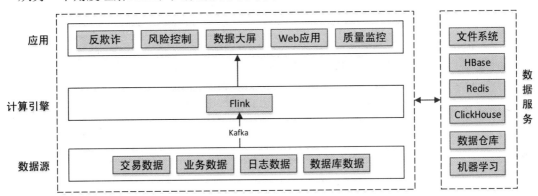

图 1-2　Flink 在大数据开发架构中的位置

1.2　什么是 Flink

Apache Flink是一个框架和分布式处理引擎，用于对无边界和有边界的数据流进行有状态的计算。Flink被设计为可以在所有常见集群环境中运行，并能以内存速度和任意规模执行计算。目前市场上主流的流式计算框架有Apache Storm、Spark Streaming、Apache Flink等，但能够同时支持低延迟、高吞吐、Exactly-Once（收到的消息仅处理一次）的框架只有Apache Flink。

Flink是原生的流处理系统，但也提供了批处理API，拥有基于流式计算引擎处理批量数据的计算能力，真正实现了批流统一。与Spark批处理不同的是，Flink把批处理当作流处理中的一种特殊情况。在Flink中，所有的数据都看作流，是一种很好的抽象，因为这更接近于现实世界。

Flink在2015年9月发布了第一个稳定版本0.9，编写本书时已经发布到了1.13，随着国内社区的不断推动，越来越多的公司开始选择使用Flink作为实时数据处理技术。

Flink的主要优势如下。

1. 同时支持高吞吐、低延迟

Flink是目前开源社区中唯一同时支持高吞吐、低延迟的分布式流式数据处理框架，在每秒处理数百万条事件的同时能够保持毫秒级延迟。而同类框架Spark Streaming在流式计算中无法做到低延迟保障。Apache Storm可以做到低延迟，但无法满足高吞吐的要求。同时满足高吞吐、低延迟对流式数据处理框架是非常重要的，可以大大提高数据处理的性能。

2. 支持有状态计算

所谓状态，就是在流式计算过程中将算子（Flink提供了丰富的用于数据处理的函数，这些函数称为算子）的中间结果（需要持续聚合计算，依赖后续的数据记录）保存在内存或者文件系统中，等下一个事件进入算子后可以从之前的状态中获取中间结果，以便计算当前的结果（当前结果的计算可能依赖于之前的中间结果），从而无须每次都基于全部的原始数据来统计结果，极大地提升了系统性能。

每一个具有一定复杂度的流处理应用都是有状态的，任何运行基本业务逻辑的流处理应用都需要在一定时间内存储所接收的事件或中间结果，以供后续的某个时间点（例如收到下一个事件或者经过一段特定时间）进行访问并进行后续处理，如图1-3所示。

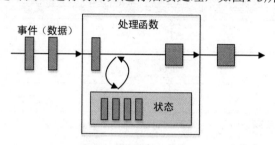

图 1-3　状态计算过程

Flink是一个针对数据流进行有状态计算的框架，其提供了许多状态管理相关的特性，为多种不同的数据结构提供了相对应的状态基础类型。

3. 支持事件时间

时间是流处理框架的一个重要组成部分。目前大多数框架计算采用的都是系统处理时间（Process Time），也就是事件传输到计算框架处理时，系统主机的当前时间。Flink除了支持处理时间外，还支持事件时间（Event Time），根据事件本身自带的时间戳（事件的产生时间）进行结果的计算，例如窗口聚合、会话计算、模式检测和基于时间的聚合等。这种基于事件驱动的机制使得事件即使乱序到达，Flink也能够计算出精确的结果，保证了结果的准确性和一致性。

4. 支持高可用性配置

Flink可以与YARN、HDFS、ZooKeeper等紧密集成，配置高可用，从而可以实现快速故障恢复、动态扩容、7×24小时运行流式应用等作业。Flink可以将任务执行的快照保存在存储介质上，当需要停机运维等操作时，下次启动可以直接从事先保存的快照恢复原有的计算状态，使得任务继续按照停机之前的状态运行。此外，Flink还支持在不丢失应用状态的前提下更新作业的程序代码，或进行跨集群的作业迁移。

5. 提供了不同层级的API

Flink为流处理和批处理提供了不同层级的API，每一种API在简洁性和表达力上有着不同的侧重，并且针对不同的应用场景，不同层级的API降低了系统耦合度，也为用户构建Flink应用程序提供了丰富且友好的接口。

1.3 Flink 的应用场景

Flink的应用场景主要有以下几种类型。

1. 事件驱动

根据到来的事件流触发计算、状态更新或其他外部动作，主要应用实例有反欺诈、异常检测、基于规则的报警、业务流程监控、（社交网络）Web应用等。

传统应用和事件驱动型应用架构的区别如图1-4所示。

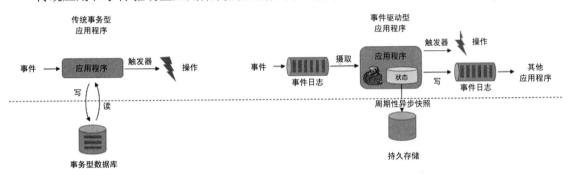

图 1-4 传统应用和事件驱动型应用架构的区别

2. 数据分析

从原始数据中提取有价值的信息和指标，这些信息和指标数据可以写入外部数据库系统或以内部状态的形式维护，主要应用实例有电信网络质量监控、移动应用中的产品更新及实验评估分析、实时数据分析、大规模图分析等。

Flink同时支持批量及流式分析应用，如图1-5所示。

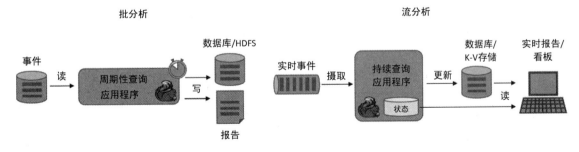

图 1-5 Flink 批量及流式分析应用

3. 数据管道

数据管道和ETL（Extract-Transform-Load，提取-转换-加载）作业的用途相似，都可以转换、丰富数据，并将其从某个存储系统移动到另一个。与ETL不同的是，ETL作业通常会周期性地触发，将数据从事务型数据库复制到分析型数据库或数据仓库。但数据管道是以持续流模式运行的，而非周期性触发，它支持从一个不断生成数据的源头读取记录，并将它们以低延迟移动到终点。例如，监控文件系统目录中的新文件，并将其数据写入事件日志。

数据管道的主要应用实例有电子商务中的实时查询索引构建、持续ETL等。周期性ETL作业和持续数据管道的对比如图1-6所示。

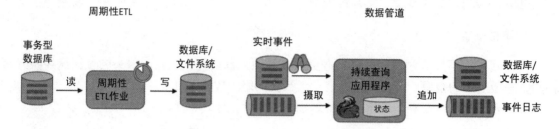

图 1-6 周期性 ETL 作业和持续数据管道的对比

1.4 流计算框架对比

当前大数据领域主流的流式计算框架有Apache Storm、Spark Streaming、Apache Flink三种。通常将Apache Storm称为第一代流式计算框架，Spark Streaming称为第二代流式计算框架，现在又出现了一种优秀的第三代实时计算框架Apache Flink，这三种计算框架的区别如表1-1所示。

表1-1 主流流计算框架对比

产 品	模 型	API	处理次数	容 错	状 态	延 迟	吞 吐 量
Apache Storm	Native（数据进入立即处理）	组合式（基础API）	At-Least-Once（至少一次）	ACK 机制	无	低	低
Spark Streaming	Micro-Batching（微批处理）	声明式（提供高阶函数）	Exactly-Once（仅一次）	RDD Checkpoint	有	中	高
Apache Flink	Native	声明式	Exactly-Once	Checkpoint	有	低	高

1. 模型

Native：原生流处理。指输入的数据一旦到达，就立即进行处理，一次处理一条数据，如图1-7所示。

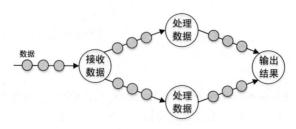

图 1-7 原生流处理

Micro-Batching：微批流处理。把输入的数据按照预先定义的时间间隔（例如1秒钟）分成短小的批量数据，流经流处理系统进行处理，如图1-8所示。

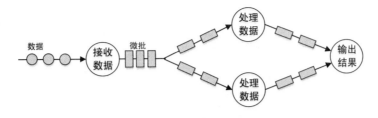

图 1-8　微批流处理

Storm和Flink使用的是原生流处理，一次处理一条数据，是真正意义的流处理；而Spark Streaming实际上是通过批处理的方式模拟流处理，一次处理一批数据（小批量）。

2. API

Storm只提供了组合式的基础API，而Spark Streaming和Flink都提供了封装后的高阶函数，例如map()、filter()，以及一些窗口函数、聚合函数等，使用这些函数可以轻松处理复杂的数据，构建并行应用程序。

3. 处理次数

在流处理系统中，对数据的处理有3种级别的语义：At-Most-Once（最多一次）、At-Least-Once（至少一次）、Exactly-Once（仅一次）。

- At-Most-Once：*每条数据最多被处理一次，会有丢失数据的可能。*
- At-Least-Once：*每条数据至少被处理一次，保证数据不会丢失，但数据可能会被重复处理。*
- Exactly-Once：*每条数据仅被处理一次，不会丢失数据，也不会重复处理。*

由此可见，衡量一个流处理系统能力的关键是Exactly-Once。

Storm实现了At-Least-Once，可以对数据至少处理一次，但不能保证仅处理一次，这样就会导致数据重复处理的问题，因此针对计数类的需求可能会产生一些误差；Spark Streaming和Flink都实现了Exactly-Once，可以保证对数据仅处理一次，即每个记录将被精确处理一次，数据不会丢失，并且不会重复处理。

4. 容错

由于流处理系统的许多作业都是7×24小时运行的，不断有输入的数据，因此容错性比批处理系统更难实现。一旦因为网络等原因导致节点宕机，流处理系统应该具备从这种失败中快速恢复的能力，并从上一个成功的状态重新处理。

Storm通过使用ACK（确认回执，即数据接收方接收到数据后要向发送方发送确认回执，以此来保证数据不丢失）机制来确认每一条数据是否被成功处理，当处理失败时，则重新发送数据。这样很容易做到保证所有数据均被处理，没有遗漏，但这种方式不能保证数据仅被处理一次，因此存在同一条数据重复处理的情况。

由于Spark Streaming是微批处理，不是真正意义上的流处理，其容错机制的实现相对简单。Spark Streaming中的每一批数据成为一个RDD（Resilient Distributed Dataset，分布式数据集）。RDD Checkpoint（检查点）机制相当于对RDD数据进行快照，可以将经常使用的RDD快照到指定的文件系统中，例如HDFS。当机器发生故障导致内存或磁盘中的RDD数据丢失时，可以快速从快照中对指定的RDD进行恢复。

Flink的容错机制是基于分布式快照实现的，通过CheckPoint机制保存流处理作业某些时刻的状态，当任务异常结束时，默认从最近一次保存的完整快照处恢复任务。关于Flink的Checkpoint机制，在4.13.1节将详细讲解。

5. 状态

流处理系统的状态管理是非常重要的，Storm没有实现状态管理，Spark Streaming和Flink都实现了状态管理。通过状态管理可以把程序运行中某一时刻的数据结果保存起来，以便于后续的计算和故障的恢复。

6. 延迟

由于Storm和Flink是接收到一条数据就立即处理，因此数据处理的延迟很低；而Spark Streaming是微批处理，需要形成一小批数据才会处理，数据处理的延迟相对偏高。

7. 吞吐量

Storm的吞吐量相对来说较低，Spark Streaming和Flink的吞吐量则比较高。较高的吞吐量可以提高资源利用率，减小系统开销。

总的来说，Storm非常适合任务量小且延迟要求低的应用，但要注意Storm的容错恢复和状态管理都会降低整体的性能水平。如果你要使用Lambda架构，并且要集成Spark的各种库，那么Spark Streaming是一个不错的选择，但是要注意微批处理的局限性以及延迟问题。Flink可以满足绝大多数流处理场景，提供了丰富的高阶函数，并且也针对批处理场景提供了相应的API，是非常有前景的一个项目。

1.5　Flink 的主要组件

Flink是由多个组件构成的软件栈，整个软件栈可分为4层，如图1-9所示。

（1）存储层

Flink本身并没有提供分布式文件系统，因此Flink的分析大多依赖于HDFS，也可以从HBase和Amazon S3（亚马逊云存储服务）等持久层读取数据。

（2）调度层

Flink自带一个简易的资源调度器，称为独立调度器（Standalone）。若集群中没有任何资源管理器，则可以使用自带的独立调度器。当然，Flink也支持在其他的集群管理器上运行，包括Hadoop YARN、Apache Mesos等。

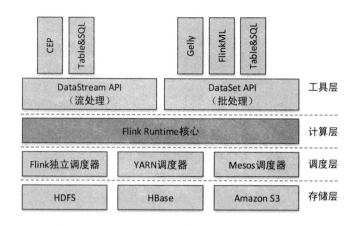

图 1-9 Flink 的主要组件

（3）计算层

Flink的核心是一个对由很多计算任务组成的、运行在多个工作机器或者一个计算集群上的应用进行调度、分发以及监控的计算引擎，为API工具层提供基础服务。

（4）工具层

在Flink Runtime的基础上，Flink提供了面向流处理（DataStream API）和批处理（DataSet API）的不同计算接口，并在此接口上抽象出了不同的应用类型组件库，例如基于流处理的CEP（复杂事件处理库）、Table&SQL（结构化表处理库）和基于批处理的Gelly（图计算库）、FlinkML（机器学习库）、Table&SQL（结构化表处理库）。

1.6 Flink 编程模型

1.6.1 数据集

在Flink的世界观中，任何类型的数据都可以形成一种事件流。例如信用卡交易、传感器测量、服务器日志、网站或移动应用程序上的用户交互记录等，所有这些数据都可以形成一种流，因为数据都是一条一条产生的。

根据数据流是否有时间边界，可将数据流分为有界流和无界流。有界流产生的数据集称为有界数据集，无界流产生的数据集称为无界数据集，如图1-10所示。

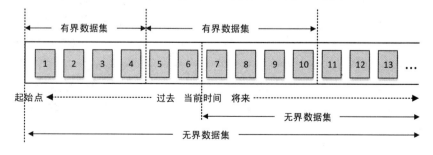

图 1-10 有界流数据集和无界流数据集

1. 有界数据集

定义一个数据流的开始，也定义数据流的结束，就会产生有界数据集。有界数据集的特点是数据是静止不动的，或者说当处理此类数据时不考虑数据的追加操作。例如，读取MySQL数据库、文本文件、HDFS系统等存储介质中的数据进行计算分析。

有界数据集具有时间边界，时间范围可能是一分钟，也可能是一天内的交易数据。可以在读取所有数据后再进行计算，对有界数据集的处理通常称为批处理（Batch Processing）。例如，将数据从RDBMS或文件系统中读取出来，然后使用分布式系统进行处理，最后将处理结果写入指定的存储介质（HDFS等）中的过程就称为批处理。目前业界流行的批处理框架有Apache Hadoop、Apache Spark等。

批处理的数据查询方式如图1-11所示。

图 1-11　批处理的数据查询方式

2. 无界数据集

定义一个数据流的开始，但没有定义数据流的结束，就会产生无界数据集。无界数据集会无休止地产生新数据，是没有边界的。例如，实时读取Kafka中的消息数据进行计算、实时日志监控等。

对无界数据集必须持续处理，即数据被读取后需要立刻处理，不能等到所有数据都到达再处理，因为数据输入是无限的，在任何时候输入都不会完成。处理无界数据集通常要求以特定顺序读取事件（例如事件发生的顺序），以便能够推断结果的完整性。对无界数据集的处理被称为流处理。

有界数据集与无界数据集其实是一个相对的概念，如果每间隔一分钟、一小时、一天对数据进行一次计算，那么认为这一段时间的数据相对是有界的。有界的流数据又可以一条一条地按照顺序发送给计算引擎进行处理，在这种情况下可以认为数据是相对无界的。因此，有界数据集与无界数据集可以相互转换。Flink正是使用这种方式将有界数据集与无界数据集进行统一处理，从而将批处理和流处理统一在一套流式引擎中，能够同时实现批处理与流处理任务。

目前业界的Apache Storm、Apache Spark、Apache Flink等流处理框架都能不同程度地支持处理流式数据，而能够同时实现批处理与流处理的典型代表为Apache Spark和Apache Flink。其中Apache Spark的流处理是一个微批场景，它会在指定的时间间隔发起一次计算，而不是每条数据都会触发计算，相当于把无界数据集按照批次切分成微批（有界数据集）进行计算。Apache Flink使用流计算模式能够很好地进行流式计算和批量计算，是大数据处理领域冉冉升起的一颗新星。

流处理数据查询方式如图1-12所示。

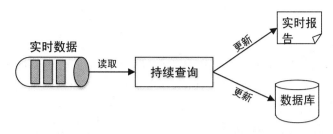

图 1-12　流处理数据查询方式

1.6.2　编程接口

Flink提供了丰富的数据处理接口，并将接口抽象成4层，由下向上分别为Stateful Stream Processing API、DataStream/DataSet API、Table API以及SQL API，开发者可以根据具体需求选择任意一层接口进行应用开发，如图1-13所示。

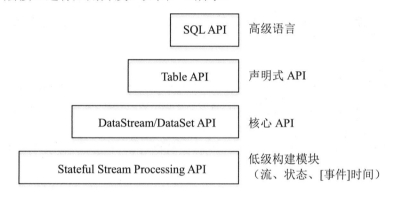

图 1-13　Flink 接口分层

1. Stateful Stream Processing API

Flink中处理有状态流最底层的接口，它通过Process Function（低阶API，Flink提供的最具表达力的底层接口）嵌入DataStream API中，允许用户自由地处理一个或多个流中的事件，并使用一致的容错状态。此外，用户可以注册事件时间和处理时间回调，从而允许程序实现复杂的计算。用户可以通过这个API接口操作状态、时间等底层数据。

使用Stateful Stream Process API接口可以实现非常复杂的流式计算逻辑，开发灵活性非常强，但是用户使用成本也相对较高。

2. DataStream/DataSet API

实际上，大多数应用程序不需要上述低级抽象，而是针对核心API进行编程的，例如DataStream API和DataSet API。DataStream API用于处理无界数据集，即流处理；DataSet API用于处理有界数据集，即批处理。这两种API都提供了用于数据处理的通用操作，例如各种形式的转换、连接、聚合等。

低级Process Function与DataStream API集成在一起，从而使得仅对某些操作进行低级抽象成为可能。DataSet API在有限的数据集上提供了其他原语，例如循环/迭代。

3. Table API

Table API作为批处理和流处理统一的关系型API，即查询在无界实时流或有界批数据集上以相同的语义执行，并产生相同的结果。Flink中的Table API通常用于简化数据分析、数据流水线和ETL应用程序的定义。

Table API构建在DataStream/DataSet API之上，提供了大量编程接口，例如GroupByKey、Join等操作，是批处理和流处理统一的关系型API，使用起来更加简洁。使用Table API允许在表与DataStream/DataSet数据集之间无缝切换，并且可以将Table API与DataStream/DataSet API混合使用。

Table API的原理是将内存中的DataStream/DataSet数据集在原有的基础上增加Schema信息，将数据类型统一抽象成表结构，然后通过Table API提供的接口处理对应的数据集，从而简化数据分析。

此外，Table API程序还会通过优化规则在数据处理过程中对处理逻辑进行大量优化。

4. SQL API

Flink提供的最高级别的抽象是SQL API。这种抽象在语义和表达方式上均类似于Table API，但是将程序表示为SQL查询表达式。SQL抽象与Table API紧密交互，并且可以对Table API中定义的表执行SQL查询。

此外，SQL语言具有比较低的学习成本，能够让数据分析人员和开发人员快速上手。

1.6.3 程序结构

在Hadoop中，实现一个MapReduce应用程序需要编写Map和Reduce两部分；在Storm中，实现一个Topology需要编写Spout和Bolt两部分；同样，实现一个Flink应用程序也需要同样的逻辑。

一个Flink应用程序由3部分构成，或者说将Flink的操作算子可以分成3部分，分别为Source、Transformation和Sink，如图1-14所示。

图 1-14 Flink 程序构成

- Source：数据源部分。负责读取指定存储介质中的数据，转为分布式数据流或数据集，例如readTextFile()、socketTextStream()等算子。Flink在流处理和批处理上的Source主要有4种：基于本地集合、基于文件、基于网络套接字Socket和自定义Source。
- Transformation：数据转换部分。负责对一个或多个数据流或数据集进行各种转换操作，并产生一个或多个输出数据流或数据集，例如map()、flatMap()、keyBy()等算子。
- Sink：数据输出部分。负责将转换后的结果数据发送到HDFS、文本文件、MySQL、Elasticsearch等目的地，例如writeAsText()算子。图1-15描述了一个Flink应用程序的3部分。

```
val data=env.socketTextStream("localhost",9999)    ⎤ Source
val result=data.flatMap(_.split(" "))              ⎤
    .filter(_.nonEmpty)                            ⎥
    .map((_,1))                                    ⎥ Transformation
    .keyBy(0)                                      ⎥
    .sum(1)                                        ⎦
result.print()                                     ⎤ Sink
```

图 1-15　Flink 程序的 3 部分

Flink应用程序可以消费来自消息队列或分布式日志这类流式数据源（例如 Apache Kafka
或Kinesis）的实时数据，也可以从各种数据源中消费有界的历史数据。同样，Flink 应用程序
生成的结果流也可以发送到各种数据存储系统中（例如数据库、对象存储等），Flink数据的
读取与写入如图1-16所示。

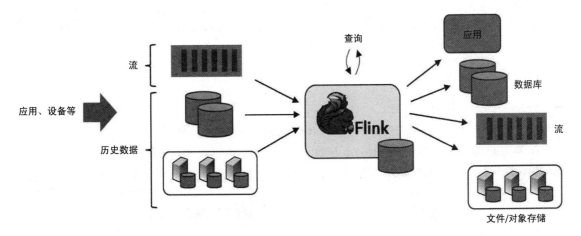

图 1-16　Flink 数据源的读取与写入

1.7　快速体验 Flink 程序

Flink应用程序的开发IDE主要有Eclipse和IntelliJ IDEA，由于IntelliJ IDEA对Scala语言的支
持更好，因此建议读者使用IntelliJ IDEA进行开发。

本节讲解在IntelliJ IDEA中新建Maven管理的Flink项目，并在该项目中使用Scala语言编写
Flink的批处理WordCount程序和流处理WordCount程序。

1.7.1　IntelliJ IDEA 安装 Scala 插件

使用Scala语言进行开发首先要在IDEA中安装Scala插件，操作步骤如下。

1. 下载安装IDEA

访问IDEA官网（https://www.jetbrains.com/idea/download），选择开源免费的Windows版
进行下载，如图1-17所示。

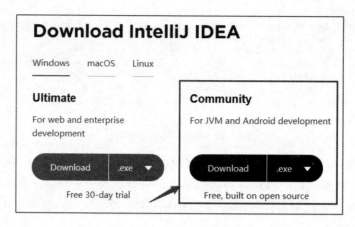

图 1-17　IDEA 下载主界面

下载完成后，双击下载的安装文件，安装过程与一般Windows软件安装过程相同，根据提示安装到指定的路径即可。

2. 安装Scala插件

Scala插件的安装有两种方式：在线和离线。此处讲解在线安装方式。

启动IDEA，在欢迎界面中选择Configure→Plugins命令，如图1-18所示。

在弹出的窗口中单击下方的Install JetBrains plugin...按钮，如图1-19所示。

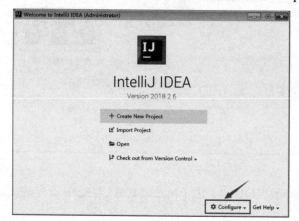

图 1-18　IDEA 欢迎界面

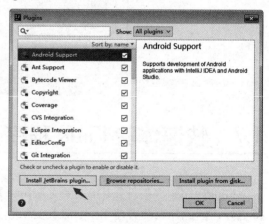

图 1-19　IDEA 插件选择窗口

在弹出窗口的左侧选择Scala插件（或者在上方的搜索框中搜索"Scala"关键字，然后选择搜索结果中的Scala插件），然后单击窗口右侧的Install按钮进行安装，如图1-20所示。

安装成功后，重启IDEA使其生效。

3. 配置IDEA使用的默认JDK

启动IDEA后，选择欢迎界面下方的Configure→Project Defaults→Project Structure命令，如图1-21所示。

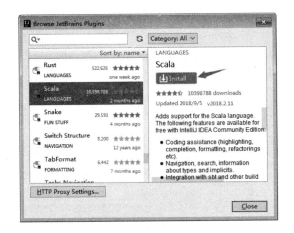

图 1-20　选择 Scala 插件并安装

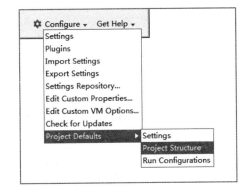

图 1-21　配置项目默认环境

在弹出的窗口中选择左侧的Project项，然后单击窗口右侧的New...按钮，选择JDK项，设置项目使用的默认JDK，如图1-22所示。

在弹出的窗口中选择本地JDK的安装主目录，此处选择JDK1.8版本，如图1-23所示。

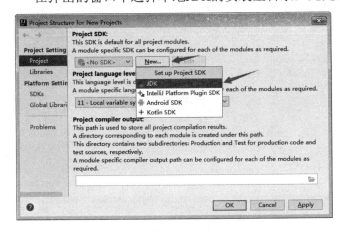

图 1-22　设置项目默认 JDK

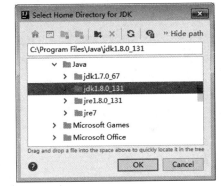

图 1-23　选择 JDK 安装主目录

然后连续单击OK按钮返回欢迎界面。

至此，IDEA中的Scala插件安装完成。接下来就可以在IDEA中创建Flink项目了。

1.7.2　IntelliJ IDEA 创建 Flink 项目

在IDEA中选择File→new→Project...，在弹出的窗口中选择左侧的Maven项，然后在右侧勾选Create from archetype并选择下方出现的scala-archetype-simple项（表示使用scala-archetype-simple模板构建Maven项目）。注意上方的Project SDK应为默认的JDK1.8，若不存在，则需要单击右侧的New...按钮关联JDK。最后单击Next按钮，如图1-24所示。

在弹出的窗口中填写GroupId与ArtifactId，Version保持默认即可。然后单击Next按钮，如图1-25所示。

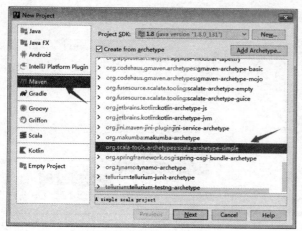

图 1-24 选择 Maven 项目

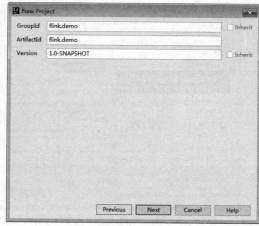

图 1-25 填写 GroupId 与 ArtifactId

在弹出的窗口中从本地系统选择Maven安装的主目录的路径、Maven的配置文件settings.xml的路径以及Maven仓库的路径。然后单击Next按钮，如图1-26所示。

在弹出的窗口中填写项目名称FlinkWordCount，然后单击Finish按钮，如图1-27所示。

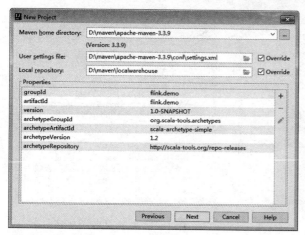

图 1-26 选择 Maven 主目录、配置文件以及仓库的路径

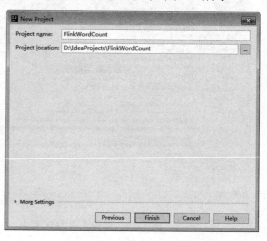

图 1-27 填写项目名称

接下来在生成的Maven项目中的pom.xml中添加以下内容，引入Scala和Flink的依赖库。若该文件中默认引用了Scala库，则将其修改为需要使用的版本（本例使用的Scala版本为2.11）。

```xml
<!--引入Scala依赖库-->
<dependency>
    <groupId>org.scala-lang</groupId>
    <artifactId>scala-library</artifactId>
    <version>2.11.8</version>
</dependency>
<!--引入Scala版本的批量计算依赖库-->
<dependency>
    <groupId>org.apache.flink</groupId>
    <artifactId>flink-scala_2.11</artifactId>
```

```
    <version>1.13.0</version>
</dependency>
<!--引入Scala版本的流式计算依赖库-->
<dependency>
    <groupId>org.apache.flink</groupId>
    <artifactId>flink-streaming-scala_2.11</artifactId>
    <version>1.13.0</version>
</dependency>
```

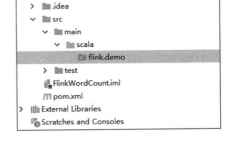

需要注意的是，Flink依赖库flink-scala_2.11和flink-streaming-scala_2.11中的2.11代表使用的Scala版本，必须与引入的Scala库的版本一致。

至此，基于Maven管理的Flink项目就搭建完成了。项目默认结构如图1-28所示。

1.7.3 示例：批处理单词计数

图 1-28 基于 Maven 管理的 Flink 项目

单词计数（WordCount）是学习分布式计算的入门程序，有很多种实现方式，例如MapReduce，而使用Flink提供的操作算子可以更加轻松地实现单词计数。

在项目的flink.demo包中新建一个WordCount.scala类，然后向其写入批处理单词计数的程序，程序编写步骤如下。

首先创建一个执行环境对象ExecutionEnvironment，然后使用该对象提供的readTextFile()方法读取外部单词数据，同时将数据转为DataSet数据集，代码如下：

```
val env=ExecutionEnvironment.getExecutionEnvironment
val inputDataSet: DataSet[String] = env.readTextFile("D:\\zwy\\words.txt")
```

本地文件D:\\zwy\\words.txt中存储了单词数据，数据内容如下：

```
hello hadoop
hello java
hello scala
java
```

数据转换流程如图1-29所示。

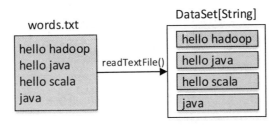

图 1-29 读取的单词数据为 DataSet 数据集

接下来对读取的数据集应用flatMap()转换操作（也称转换算子），将单词按照空格进行分割并合并为一个新的DataSet数据集，代码如下：

```
val wordDataSet: DataSet[String] = inputDataSet.flatMap(_.split(" "))
```

数据转换流程如图1-30所示。

接下来对wordDataSet数据集应用map()转换操作，将每一个单词转换成(单词,1)格式的元组，并产生一个新的DataSet数据集，代码如下：

```
val tupleDataSet: DataSet[(String, Int)] = wordDataSet.map((_,1))
```

数据转换流程如图1-31所示。

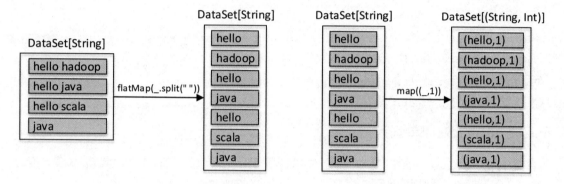

图 1-30　对数据集应用 flatMap()转换操作　　　图 1-31　对数据集应用 map()转换操作

接下来对tupleDataSet数据集应用groupBy()操作进行聚合，按照每个元素的第一个字段进行重新分区（关于分区，将在2.3节详细讲解），第一个字段（即单词）相同的元素将被分配到同一个分区中。聚合后将产生一个GroupedDataSet数据集，代码如下：

```
val groupedDataSet: GroupedDataSet[(String, Int)] = tupleDataSet.groupBy(0)
```

数据转换流程如图1-32所示。

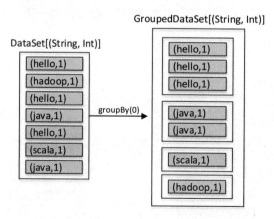

图 1-32　对数据集应用 groupBy(0)重分区操作

接下来对groupedDataSet数据集应用sum()操作，计算相同key值（单词）下第二个字段的求和运算，代码如下：

```
val resultDataSet: DataSet[(String, Int)] = groupedDataSet.sum(1)
```

数据转换流程如图1-33所示。

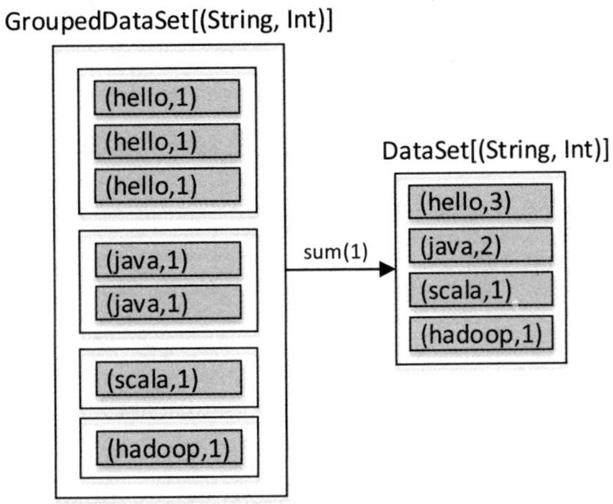

GroupedDataSet[(String, Int)]

图 1-33 对数据集应用 sum() 求和操作

最后将结果DataSet打印到控制台，代码如下：

```
resultDataSet.print()
```

整个过程的完整代码如下：

```scala
package flink.demo
import org.apache.flink.api.scala._
/**
  * 单词计数批处理
  */
object WordCount {
    def main(args: Array[String]): Unit = {
        //第一步：创建批处理的执行环境
        val env=ExecutionEnvironment.getExecutionEnvironment
        //第二步：读取本地数据，并转为DataSet数据集
        val inputDataSet: DataSet[String] =
env.readTextFile("D:\\zwy\\words.txt")
        //第三步：转换数据
        //将单词按照空格进行分割并合并为一个新的DataSet数据集
        val wordDataSet: DataSet[String] = inputDataSet.flatMap(_.split(" "))
        //将数据集的每个元素转为(单词,1)形式的元组
        val tupleDataSet: DataSet[(String, Int)] = wordDataSet.map((_,1))
        //将数据集按照元素中的第一个字段重新分区
        val groupedDataSet: GroupedDataSet[(String, Int)] =
tupleDataSet.groupBy(0)
        //对相同key值（单词）下的第二个字段进行求和运算
        val resultDataSet: DataSet[(String, Int)] = groupedDataSet.sum(1)
        //第四步：打印结果到控制台
        resultDataSet.print()
    }
}
```

在IDEA中直接运行上述代码,控制台输出结果如下:

```
(hadoop,1)
(java,2)
(scala,1)
(hello,3)
```

1.7.4 示例:流处理单词计数

1. 程序编写

在项目的flink.demo包中新建一个StreamWordCount.scala类,然后向其写入流处理单词计数的程序,程序编写步骤如下。

首先创建一个流处理的执行环境对象StreamExecutionEnvironment,然后使用该对象提供的socketTextStream()方法实时读取外部单词数据,同时将数据转为DataStream数据集,代码如下:

```
val env=StreamExecutionEnvironment.getExecutionEnvironment
val data:DataStream[String]=env.socketTextStream("localhost",9999)
```

socketTextStream()方法将创建一个DataStream数据集,其中包含从套接字(Socket)无限接收的字符串。接收到的字符串由系统的默认字符集解码。该方法的两个参数分别为指定数据源的连接地址和端口。

接下来对读取的数据集应用一系列转换操作进行处理。例如,使用flatMap()操作将单词按照空格进行分割并将结果合并为一个新的DataStream数据集;使用filter()操作过滤数据集中的空字段;使用keyBy(_._1)操作按照每个元素的第一个字段进行重新分区(关于分区,将在2.3节详细讲解),第一个字段(即单词)相同的元素将被分配到同一个分区中;使用sum(1)操作按照数据集元素的第二个字段进行求和累加。代码如下:

```
val result:DataStream[(String,Int)]=data.flatMap(_.split(" "))
    .filter(_.nonEmpty)
    .map((_,1))
    .keyBy(_._1)
    .sum(1)
```

最后将结果DataStream打印到控制台,代码如下:

```
result.print()
```

与批处理不同的是,流处理需要在程序最后调用StreamExecutionEnvironment对象的execute()方法触发任务的执行,并指定作业名称,否则任务不会执行。execute()方法返回一个JobExecutionResult对象,该对象中包含程序执行的时间和累加器等指标,代码如下:

```
//触发执行,指定作业名称为StreamWordCount
env.execute("StreamWordCount")
```

整个过程的完整代码如下:

```
package flink.demo
import org.apache.flink.streaming.api.scala._
/**
```

```
 * 单词计数流处理
 */
object StreamWordCount {
    def main(args: Array[String]): Unit = {
        //第一步：创建流处理的执行环境
        val env=StreamExecutionEnvironment.getExecutionEnvironment
        //第二步：读取流数据
        val data:DataStream[String]=env.socketTextStream("localhost",9999)
        //第三步：转换数据
        val result:DataStream[(String,Int)]=data.flatMap(_.split(" "))
            .filter(_.nonEmpty)              //过滤空字段
            .map((_,1))                     //转换成（单词,1）类型
            .keyBy(_._1)                    //按照key（元组中的第一个值）对数据重分区
            .sum(1)                         //执行求和运算
        //第四步：输出结果到控制台
        result.print()
        //第五步：触发任务执行
        env.execute("StreamWordCount")      //指定作业名称
    }
}
```

2. 程序执行

流式应用程序的执行需要有外部持续产生数据的数据源。此处使用本地Windows系统中安装的Netcat服务器作为数据源（关于Netcat的安装，此处不做讲解），Netcat安装好后，在CMD窗口中执行以下命令启动Netcat，并使其处于持续监听9999端口的状态：

```
nc -l -p 9999
```

接下来在IDEA中运行上述流式单词计数应用程序，程序启动后将实时监听本地9999端口产生的数据。

此时在已经启动的Netcat中输入单词数据（分两次输入，一次一行），如图1-34所示。

观察IDEA控制台输出的单词计数结果，如图1-35所示。

图 1-34　在 Netcat 中输入单词数据

```
StreamWordCount ×
SLF4J: Failed to load class "org.slf4j.impl.StaticLoggerBinder".
SLF4J: Defaulting to no-operation (NOP) logger implementation
SLF4J: See http://www.slf4j.org/codes.html#StaticLoggerBinder for further details.
2> (hello, 1)
2> (hello, 2)
3> (world, 1)
```

图 1-35　IDEA 控制台实时输出的计算结果

计数结果前面的数字表示的是执行线程的编号，且相同单词所属的线程编号一定是相同的。从计数结果可以看出，随着数据源不停地发送数据，单词的计数数量也在不断增加。

总的来说，批处理与流处理应用程序的编写步骤基本相同，都包含以下4步：

1）创建执行环境。

2）读取源数据。

3）转换数据。

4）输出转换结果。

流处理应用程序除了上述4步外，还需要有第5步：

5）触发任务执行。

第 **2** 章

Flink 运行架构及原理

本章内容

本章首先讲解 Flink 运行时架构，包括 Standalone 架构和 On YARN 架构等；然后介绍 Flink 任务调度的原理，包括任务链、并行度、数据流等；最后讲解 Flink 数据的分区数量和分区策略。

本章目标

* 掌握Flink运行时架构。
* 掌握Flink任务链原理。
* 掌握Flink并行度原理。
* 掌握Flink数据流与执行图原理。
* 掌握Flink的数据分区和策略。

2.1　Flink 运行时架构

Flink有多种运行模式，可以运行在一台机器上，称为本地（单机）模式；也可以使用YARN或Mesos作为底层资源调度系统以分布式的方式在集群中运行，称为Flink On YARN模式（目前企业中使用最多的模式）；还可以使用Flink自带的资源调度系统，不依赖其他系统，称为Flink Standalone模式。

本地模式通常用于对应用程序的简单测试。接下来将重点讲解几种常用集群模式的运行架构。

2.1.1　YARN 集群架构

在讲解Flink集群架构之前，先了解一下YARN集群架构对后续的学习会有很大的帮助。

YARN集群总体上是经典的主/从（Master/Slave）架构，主要由ResourceManager、NodeManager、ApplicationMaster和Container等几个组件构成，YARN集群架构如图2-1所示。

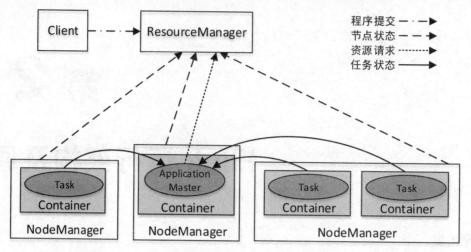

图 2-1 YARN 集群架构

各个组件解析如下。

1. ResourceManager

以后台进程的形式运行，负责对集群资源进行统一管理和任务调度。ResourceManager的主要职责如下：

- 接收来自客户端的请求。
- 启动和管理各个应用程序的ApplicationMaster。
- 接收来自ApplicationMaster的资源申请，并为其分配Container。
- 管理NodeManager，接收来自NodeManager的资源和节点健康情况汇报。

2. NodeManager

集群中每个节点上的资源和任务管理器，以后台进程的形式运行。它会定时向ResourceManager汇报本节点上的资源（内存、CPU）使用情况和各个Container的运行状态，同时会接收并处理来自ApplicationMaster的Container启动/停止等请求。NodeManager不会监视任务，它仅监视Container中的资源使用情况，例如。如果一个Container消耗的内存比最初分配的更多，就会结束该Container。

3. Task

应用程序具体执行的任务。一个应用程序可能有多个任务，例如一个MapReduce程序可以有多个Map任务和多个Reduce任务。

4. Container

YARN中资源分配的基本单位，封装了CPU和内存资源的一个容器，相当于一个Task运行环境的抽象。从实现上看，Container是一个Java抽象类，定义了资源信息。应用程序的Task将会被发布到Container中运行，从而限定了Task使用的资源量。Container类的部分源码如下：

```
public abstract class Container implements Comparable<Container> {
  public Container() {
  }

  public static Container newInstance(ContainerId containerId, NodeId nodeId,
String nodeHttpAddress, Resource resource, Priority priority, Token containerToken) {
    Container container = (Container)Records.newRecord(Container.class);
    container.setId(containerId);
    container.setNodeId(nodeId);
    container.setNodeHttpAddress(nodeHttpAddress);
    container.setResource(resource);
    container.setPriority(priority);
    container.setContainerToken(containerToken);
    return container;
  }

}
```

从上述代码中可以看出，Container类中定义的一个重要属性类型是Resource，内存和CPU的资源信息正是存储于Resource类中。Resource类也是一个抽象类，其中定义了内存和CPU核心数，该类的部分源码如下：

```
public abstract class Resource implements Comparable<Resource> {
  public Resource() {
  }

  public static Resource newInstance(long memory, int vCores) {
    Resource resource = (Resource)Records.newRecord(Resource.class);
    resource.setMemorySize(memory);
    resource.setVirtualCores(vCores);
    return resource;
  }

}
```

Container的大小取决于它所包含的资源量。一个节点上的Container数量由节点空闲资源总量（总CPU数和总内存）决定。

在YARN的NodeManager节点上拥有许多动态创建的Container。NodeManager会将机器的CPU和内存的一定值抽离成虚拟的值，然后这些虚拟的值根据配置组成多个Container，当应用程序提出申请时，就会对其分配相应的Container。

此外，一个应用程序所需的Container分为两类：运行ApplicationMaster的Container和运行各类Task的Container。前者是由ResourceManager向内部的资源调度器申请和启动的，后者是由ApplicationMaster向ResourceManager申请的，并由ApplicationMaster请求 NodeManager进行启动。

我们可以将Container类比成数据库连接池中的连接，需要的时候进行申请，使用完毕后进行释放，而不需要每次独自创建。

5. ApplicationMaster

应用程序管理者主要负责应用程序的管理，以后台进程的形式运行，为应用程序向ResourceManager申请资源（CPU、内存），并将资源分配给所管理的应用程序的Task。

一个应用程序对应一个ApplicationMaster。例如，一个MapReduce应用程序对应一个ApplicationMaster（MapReduce应用程序运行时会在NodeManager节点上启动一个名为MRAppMaster的进程，该进程是MapReduce的ApplicationMaster实现），一个Flink应用程序也对应一个ApplicationMaster。

在用户提交一个应用程序时，会启动一个ApplicationMaster实例，ApplicationMaster会启动所有需要的Task来完成它负责的应用程序，并且监视Task运行状态和运行进度，重新启动失败的Task等。应用程序完成后，ApplicationMaster 会关闭自己并释放自己的Container，以便其他应用程序的ApplicationMaster或Task转移至该Container中运行，提高资源利用率。

ApplicationMaster自身和应用程序的Task都在Container中运行。

ApplicationMaster 可 在 Container 内 运 行 任 何 类 型 的 Task 。 例 如 ， MapReduce ApplicationMaster请求一个容器来启动Map Task或Reduce Task。也可以实现一个自定义的ApplicationMaster来运行特定的Task，以便任何分布式框架都可以受 YARN 支持，只要实现了相应的ApplicationMaster即可。

总的来说，我们可以这样认为：ResourceManager管理整个集群，NodeManager管理集群中的单个节点，ApplicationMaster管理单个应用程序（集群中可能同时有多个应用程序在运行，每个应用程序都有各自的ApplicationMaster）。

YARN集群中应用程序的执行流程如图2-2所示。

1）客户端提交应用程序（可以是MapReduce程序、Spark程序等）到ResourceManager。

2）ResourceManager分配用于运行ApplicationMaster的Container，然后与NodeManager通信，要求它在该Container中启动ApplicationMaster。ApplicationMaster启动后，它将负责此应用程序的整个生命周期。

3）ApplicationMaster向ResourceManager注册（注册后可以通过ResourceManager查看应用程序的运行状态）并请求运行应用程序各个Task所需的Container（资源请求是对一些Container的请求）。如果符合条件，ResourceManager会分配给 ApplicationMaster所需的Container（表达为Container ID和主机名）。

4）ApplicationMaster请求NodeManager使用这些Container来运行应用程序的相应Task（即将Task发布到指定的Container中运行）。

此外，各个运行中的Task会通过RPC协议向ApplicationMaster汇报自己的状态和进度，这样一旦某个Task运行失败，ApplicationMaster就可以对其重新启动。当应用程序运行完成时，ApplicationMaster会向ResourceManager申请注销自己。

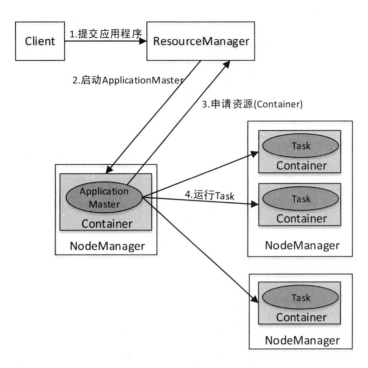

图 2-2 YARN 应用程序的执行流程

2.1.2 Flink Standalone 架构

Flink Standalone模式为经典的主从（Master/Slave）架构，资源调度是Flink自己实现的。集群启动后，主节点上会启动一个JobManager进程，类似YARN集群的ResourceManager，因此主节点也称为JobManager节点；各个从节点上会启动一个TaskManager进程，类似YARN集群的NodeManager，因此从节点也称为TaskManager节点。从Flink 1.6版本开始，将主节点上的进程名称改为了StandaloneSessionClusterEntrypoint，从节点的进程名称改为了TaskManagerRunner，在这里为了方便使用，仍然沿用之前版本的称呼，即JobManager和TaskManager。Flink Standalone模式的运行架构如图2-3所示。

Client接收到Flink应用程序后，将作业提交给JobManager。JobManager要做的第一件事就是分配Task（任务）所需的资源。完成资源分配后，Task将被JobManager提交给相应的TaskManager，TaskManager会启动线程开始执行。在执行过程中，TaskManager会持续向JobManager汇报状态信息，例如开始执行、进行中或完成等状态。作业执行完成后，结果将通过JobManager发送给Client。

Flink所有组件之间的通信使用的是Akka框架，组件之间的数据交互使用的是Netty框架。

1. Client

Client是提交作业的客户端，虽然不是运行时和作业执行时的一部分，但它负责准备和提交作业到JobManager，它可以运行在任何机器上，只要与JobManager环境连通即可。提交完成后，Client可以断开连接，也可以保持连接来接收进度报告。Client既可以作为触发执行的Java/Scala程序的一部分，也可以在命令行（命令行的使用见3.3节）进程中运行。

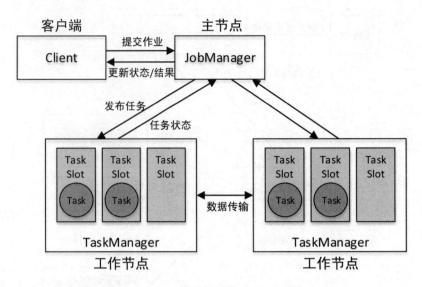

图 2-3 Standalone 模式的架构（Client 提交方式）

2. JobManager

JobManager根据客户端提交的应用将应用分解为子任务，从资源管理器（YARN等）申请所需的计算资源，然后分发任务到TaskManager执行，并跟踪作业的执行状态等。

JobManager决定何时调度下一个任务（Task或一组Task），对完成的Task或失败的Task做出反应，并且协调从失败中恢复等。

总的来说，JobManager的主要作用是协调资源分配、任务调度、故障恢复等。整个集群有且仅有一个活跃的JobManager。

3. TaskManager

TaskManager是Flink集群的工作进程。Task被调度到TaskManager上执行。TaskManager 相互通信，只为在后续的Task之间交换数据。

TaskManager的主要作用如下：

- 接收JobManager分配的任务，负责具体的任务执行。TaskManager会在同一个JVM进程内以多线程的方式执行任务。
- 负责对应任务在每个节点上的资源申请，管理任务的启动、停止、销毁、异常恢复等生命周期。
- 负责对数据进行缓存。TaskManager之间采用数据流的形式进行数据交互。

4. Task

Flink中的每一个操作算子称为一个Task(任务)，例如1.7.3节的单词计数中使用的flatMap()算子、map()算子等。每个Task在一个JVM线程中执行。多个Task可以在同一个JVM进程中共享TCP连接（通过多路复用技术）和心跳信息。它们还可能共享数据集和数据结构，从而降低每个Task的开销。

Task是基本的工作单元，由 Flink的Runtime来执行。Task正好封装了一个算子或者算子链（见2.2.1节的任务链）的并行实例。

5. Task Slot

TaskManager为了控制执行的Task数量，将计算资源（内存）划分为多个Task Slot（任务槽），每个Task Slot代表TaskManager的一份固定内存资源，Task则在Task Slot中执行。例如，具有3个Task Slot的TaskManager会将其管理的内存资源分成3等份给每个Task Slot。这种划分方式可以更好地对多个Task进行内存隔离（没有进行CPU隔离），使其不会竞争资源。

由于每个Task Slot只对应一个执行线程，当TaskManager只配置一个Task Slot时，这个TaskManager上运行的Task就独占了整个JVM进程。

Task Slot是一个静态概念，TaskManager在启动的时候就设置好了Task Slot的数量。Task Slot的数量决定了TaskManager具有的并发执行能力。因此，建议将Task Slot的数量设置为节点CPU的核心数，以最大化利用资源，提高计算效率。Task Slot的数量设置可以修改Flink配置文件flink-conf.yaml中的taskmanager.numberOfTaskSlots属性值，默认为1。

2.1.3　Flink On YARN 的架构

Flink On YARN模式遵循YARN的官方规范，YARN只负责资源的管理和调度，运行哪种应用程序由用户自己实现，因此可能在YARN上同时运行MapReduce程序、Spark程序、Flink程序等。YARN很好地对每一个程序实现了资源的隔离，这使得Spark、MapReduce、Flink等可以运行于同一个集群中，共享集群存储资源与计算资源。Flink On YARN模式的运行架构如图2-4所示。

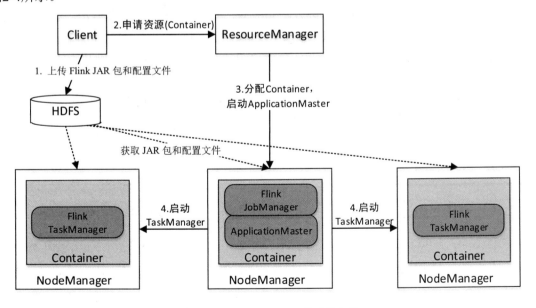

图 2-4　Flink On YARN 模式的架构

1）当启动一个Client（客户端）会话时，Client首先会上传Flink应用程序JAR包和配置文件到HDFS。

2）Client向ResourceManager申请用于运行ApplicationMaster的Container。

3）ResourceManager分配用于运行ApplicationMaster的Container，然后与NodeManager通信，要求它在该Container中启动ApplicationMaster（ApplicationMaster与Flink JobManager运行于同一Container中，这样ApplicationMaster就能知道Flink JobManager的地址）。ApplicationMaster启动后，它将负责此应用程序的整个生命周期。另外，ApplicationMaster还提供了Flink的WebUI服务。

4）ApplicationMaster向ResourceManager注册（注册后可以通过ResourceManager查看应用程序的运行状态）并请求运行Flink TaskManager所需的Container（资源请求是对一些Container的请求）。如果符合条件，ResourceManager会分配给ApplicationMaster所需的Container（表达为Container ID和主机名）。ApplicationMaster请求NodeManager使用这些Container来运行Flink TaskManager。各个NodeManager从HDFS中下载Flink JAR包和配置文件。至此，Flink相关任务就可以运行了。

此外，各个运行中的Flink TaskManager会通过RPC协议向ApplicationMaster汇报自己的状态和进度。

2.2 Flink 任务调度原理

2.2.1 任务链

根据前面的讲解我们已经知道，Flink中的每一个操作算子称为一个Task（任务），算子的每个具体实例则称为SubTask（子任务），SubTask是Flink中最小的处理单元，多个SubTask可能在不同的机器上执行。一个TaskManager进程包含一个或多个执行线程，用于执行SubTask。TaskManager中的一个Task Slot对应一个执行线程，一个执行线程可以执行一个或多个SubTask，如图2-5所示。

由于每个SubTask只能在一个线程中执行，为了能够减少线程间切换和缓冲的开销，在降低延迟的同时提高整体吞吐量，Flink可以将多个连续的SubTask链接成一个Task在一个线程中执行。这种将多个SubTask连在一起的方式称为任务链。在图2-6中，一个Source类算子的SubTask和一个map()算子的SubTask连在了一起，组成了任务链。

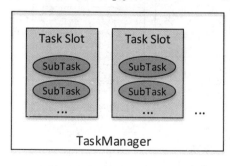

图 2-5　TaskManager 的工作方式

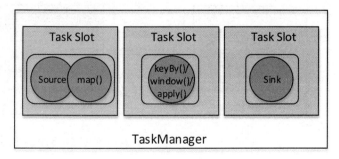

图 2-6　Flink 任务链

任务链的好处是，同一任务链内的SubTask可以彼此直接传递数据，而无须通过序列化或Flink的网络栈。

2.2.2　并行度

Flink应用程序可以在分布式集群上并行运行，其中每个算子的各个并行实例会在单独的线程中独立运行，并且通常情况下会在不同的机器上运行。

为了充分利用计算资源，提高计算效率，可以增加算子的实例数（SubTask数量）。一个特定算子的SubTask数量称为该算子的并行度，且任意两个算子的并行度之间是独立的，不同算子可能拥有不同的并行度。例如，将Source算子、map()算子、keyby()/window()/apply()算子的并行度设置为2，Sink算子的并行度设置为1，运行效果如图2-7所示。

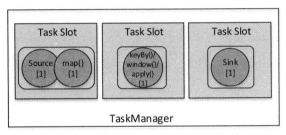
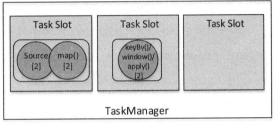

图 2-7　算子最高并行度为 2

由于一个Task Slot对应一个执行线程，因此并行度为2的算子的SubTask将被分配到不同的Task Slot中执行。

假设一个作业图（JobGraph）有A、B、C、D、E五个算子，其中A、B、D的并行度为4，C、E的并行度为2，该作业在TaskManager中的详细数据流程可能如图2-8所示。

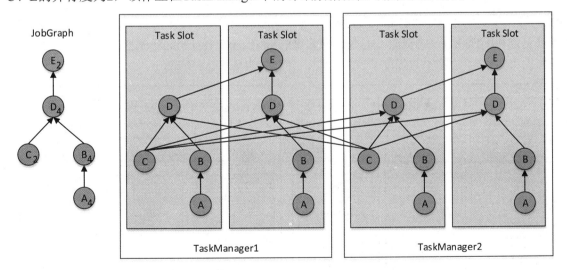

图 2-8　算子并行度执行图

Flink中并行度的设置有4种级别：算子级别、执行环境（Execution Environment）级别、客户端（命令行）级别、系统级别。

（1）算子级别

每个算子、Source和Sink都可以通过调用setParallelism()方法指定其并行度。例如以下代码设置flatMap()算子的并行度为2：

```
data.flatMap(_.split(" ")).setParallelism(2)
```

（2）执行环境级别

调用执行环境对象的setParallelism()方法可以指定Flink应用程序中所有算子的默认并行度，代码如下：

```
val env=ExecutionEnvironment.getExecutionEnvironment
env.setParallelism(2)
```

（3）客户端（命令行）级别

在向集群提交Flink应用程序时使用-p选项可以指定并行度。例如以下提交命令：

```
bin/flink run -p 2 WordCount.jar
```

（4）系统级别

影响所有运行环境的系统级别的默认并行度可以在配置文件flink-conf.yaml中的parallelism.default属性中指定，默认为1。

4种并行度级别的作用顺序为：算子级别>执行环境级别>客户端级别>系统级别。

2.2.3 共享 Task Slot

默认情况下，Flink允许SubTask之间共享Task Slot，即使它们是不同Task（算子）的SubTask，只要它们来自同一个作业（Job）即可。在没有共享Task Slot的情况下，简单的SubTask（source()、map()等）将会占用和复杂的SubTask（keyBy()、window()等）一样多的资源，通过共享Task Slot可以充分利用Task Slot的资源，同时确保繁重的SubTask在TaskManager之间公平地获取资源。例如，将图2-7中的算子并行度从2增加到6，并行效果如图2-9所示。

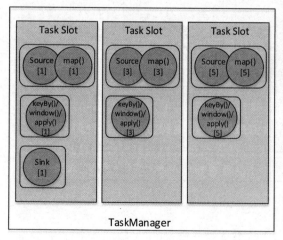
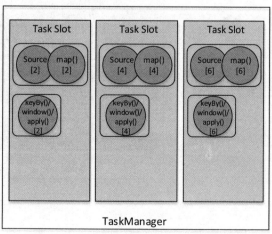

图2-9 算子最高并行度为6

Flink集群的Task Slot数量最好与作业中使用的最高并行度一致，这样不需要计算作业总共包含多少个具有不同并行度的Task。

在图2-9中，最左侧的Task Slot负责作业的整个管道（Pipeline）。所谓管道，即同一作业的一个数据传输通路，它用于连接多个算子，将一个算子的执行结果输出给下一个算子。例如，算子Source[1]、map()[1]、keyBy()/window()/apply()[1]、Sink[1]可连接成一个管道。这种方式类似于Linux系统中的管道模式，将多个独立命令内聚在一起执行，形成一个工作流，上一个命令的输出可作为下一个命令的输入，以降低命令之间的耦合与协调编程的难度。例如以下Linux命令中，管道将ls -al的输出作为下一个命令less的输入，以方便浏览。

```
$ ls -al /etc | less
```

2.2.4　数据流

一个Flink应用程序会被映射成逻辑数据流（Dataflow），而Dataflow都是以一个或多个Source开始、以一个或多个Sink结束的，且始终包括Source、Transformation、Sink三部分。Dataflow描述了数据如何在不同算子之间流动，将这些算子用带方向的直线连接起来会形成一个关于计算路径的有向无环图，称为DAG（Directed Acyclic Graph，有向无环图）或Dataflow图。各个算子的中间数据会被保存在内存中，如图2-10所示。

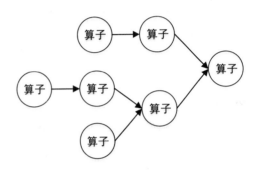

图 2-10　Flink 算子组成的 DAG

假设一个Flink应用程序在读取数据后先对数据进行了map()操作，然后进行了keyBy()/window()/apply()操作，最后将计算结果输出到了指定的文件中，则该程序的Dataflow图如图2-11所示。

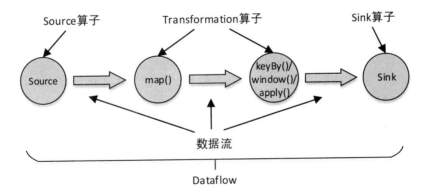

图 2-11　程序 Dataflow 图

假设该程序的Source、map()、keyBy()/window()/apply()算子的并行度为2，Sink算子的并行度为1，则该程序的逻辑数据流图、物理（并行）数据流图和Flink优化后的数据流图如图2-12所示。

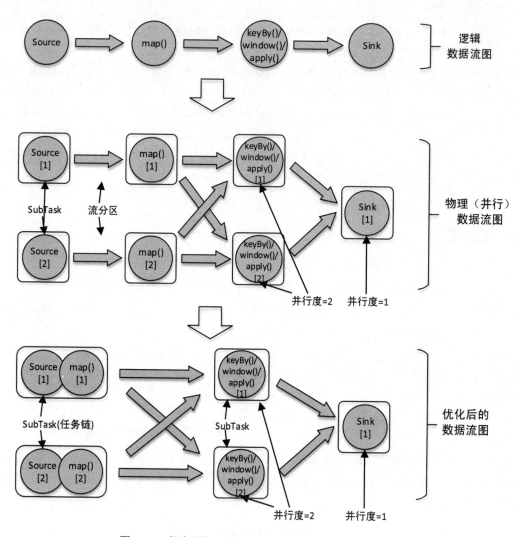

图 2-12 程序逻辑、物理（并行）和优化后的数据流图

Flink应用程序在执行时，为了降低线程开销，会将多个SubTask连接在一起组成任务链，在一个线程中运行。对于图2-12的物理（并行）数据流来说，Flink执行时会对其进行优化，将Source[1]和map()[1]、Source[2]和map()[2]分别连接成一个任务，这是因为Source和map()之间采用了一对一的直连模式，而且没有任何的重分区（重分区往往发生在聚合阶段，类似于Spark的Shuffle。关于分区，将在2.3节详细讲解），它们之间可以直接通过缓存进行数据传递，而不需要通过网络或序列化（如果不使用任务链，Source和map()可能在不同的机器上，它们之间的数据传递就需要通过网络）。这种优化在很大程度上提升了Flink的执行效率。

2.2.5 执行图

Flink应用程序执行时会根据数据流生成多种图，每种图对应了作业的不同阶段，根据不同图的生成顺序，主要分为4层：StreamGraph→JobGraph→ExecutionGraph→物理执行图，如图2-13所示。

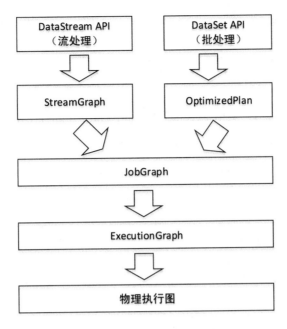

图 2-13　Flink 层次执行图

- StreamGraph: 流图。使用DataStream API编写的应用程序生成的最初的图代表程序的拓扑结构，描述了程序的执行逻辑。StreamGraph在Flink客户端中生成，在客户端应用程序最后调用execute()方法时触发StreamGraph的构建。
- JobGraph: 作业图。所有高级别API都需要转换为JobGraph。StreamGraph经过优化（例如任务链）后生成了JobGraph，以提高执行效率。StreamGraph和JobGraph都是在本地客户端生成的数据结构，而JobGraph需要被提交给JobManager进行解析。
- ExecutionGraph: 执行图。JobManager对JobGraph进行解析后生成的并行化执行图是调度层最核心的数据结构。它包含对每个中间数据集或数据流、每个并行任务以及它们之间的通信的描述。
- 物理执行图: JobManager根据ExecutionGraph对作业进行调度后，在各个TaskManager上部署Task后形成的"图"。物理执行图并不是一个具体的数据结构，而是各个Task分布在不同的节点上所形成的物理上的关系表示。

DataSet API所编写的批处理程序跟DataStream API所编写的流处理程序在生成JobGraph之前的实现差别很大。流处理程序会生成StreamGraph，然后在StreamGraph的基础上生成JobGraph；而批处理程序则先生成计划（Plan），然后由优化器对其进行优化并生成优化计划（Optimized Plan），优化计划准确描述了应用程序应该如何执行。在优化计划的基础上生成对应的JobGraph。

2.2.6　执行计划

Flink的优化器会根据数据量或集群机器数等的不同自动地为程序选择执行策略。因此，准确地了解Flink如何执行编写的应用程序是很有必要的。

接下来我们对1.7.4节流处理单词计数例子的代码进行更改，从执行环境级别设置并行度为2，代码如下：

```
val env=StreamExecutionEnvironment.getExecutionEnvironment
env.setParallelism(2)
```

将最后的触发任务执行代码env.execute("StreamWordCount")改为：

```
println(env.getExecutionPlan)//打印计划描述
```

直接在本地运行程序，将从控制台打印应用程序的逻辑执行计划对应的JSON描述，JSON字符串内容如下：

```
{
  "nodes": [{
    "id": 1,
    "type": "Source: Socket Stream",
    "pact": "Data Source",
    "contents": "Source: Socket Stream",
    "parallelism": 1
  }, {
    "id": 2,
    "type": "Flat Map",
    "pact": "Operator",
    "contents": "Flat Map",
    "parallelism": 2,
    "predecessors": [{
      "id": 1,
      "ship_strategy": "REBALANCE",
      "side": "second"
    }]
  }, {
    "id": 3,
    "type": "Filter",
    "pact": "Operator",
    "contents": "Filter",
    "parallelism": 2,
    "predecessors": [{
      "id": 2,
      "ship_strategy": "FORWARD",
      "side": "second"
    }]
  }, {
    "id": 4,
    "type": "Map",
    "pact": "Operator",
    "contents": "Map",
```

```
        "parallelism": 2,
        "predecessors": [{
          "id": 3,
          "ship_strategy": "FORWARD",
          "side": "second"
        }]
      }, {
        "id": 6,
        "type": "aggregation",
        "pact": "Operator",
        "contents": "aggregation",
        "parallelism": 2,
        "predecessors": [{
          "id": 4,
          "ship_strategy": "HASH",
          "side": "second"
        }]
      }, {
        "id": 7,
        "type": "Sink: Print to Std. Out",
        "pact": "Data Sink",
        "contents": "Sink: Print to Std. Out",
        "parallelism": 2,
        "predecessors": [{
          "id": 6,
          "ship_strategy": "FORWARD",
          "side": "second"
        }]
      }]
    }
```

　　Flink为执行计划提供了可视化工具，它可以把用JSON格式表示的作业执行计划以图的形式展现，并且其中包含完整的执行策略标注。

　　将上述JSON字符串粘贴到可视化工具网址（http://flink.apache.org/visualizer/）提供的文本框中，可将JSON字符串解析为可视化图，该可视化图对应的是StreamGraph，如图2-14所示。

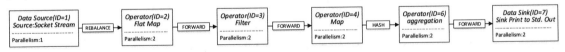

图 2-14　执行计划可视化图

　　将应用程序提交到Flink集群后（关于应用程序的提交，将在3.4节讲解），在Flink的WebUI中还可以看到另一张可视化图，即JobGraph，如图2-15所示。

　　此处的单词数据来源于HDFS存储系统，而不是本地文件。

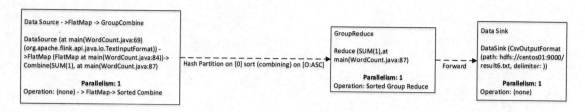

图 2-15　作业的 JobGraph 可视化图

2.3　Flink 数据分区

在Flink中，数据流或数据集被划分成多个独立的子集，这些子集分布到了不同的节点上，而每一个子集称为分区（Partition）。因此可以说，Flink中的数据流或数据集是由若干个分区组成的。数据流或数据集与分区的关系如图2-16所示。

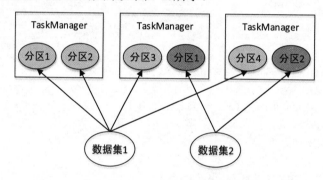

图 2-16　数据集与分区的关系

通过将每个记录分配给一个或多个分区来把数据流或数据集划分为多个分区。在运行期间，Task会消费数据流或数据集的分区。改变数据流或数据集分区方式的转换通常称为重分区。

2.3.1　分区数量

在运行期间，每个数据记录将被分配给一个或多个分区，各个分区中的数据可以并行计算。我们已经知道，数据是由上游算子的某个实例（SubTask）发往下游算子的一个或多个实例，而一个算子实例只负责计算一个分区的数据。因此，分区的数量是由下游算子的实例数量（并行度）决定的，发往下游算子的数据分区数量等于下游算子的实例数量。

如图2-17所示，上游Source算子的并行度为1，下游map()算子的并行度为2，数据由Source发往map()，因此将分成两个分区，map()的两个实例各自执行一个分区的数据。

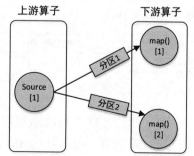

图 2-17　数据的数量

数据分区的一个原则是使得分区的数量尽量等于集群节点CPU的核心数量，而前面提到过，算子的并行度应尽量等于集群节点CPU的核心数量，可见两者保持一致。

2.3.2　分区策略

Flink分区策略决定了一条数据如何发送给下游算子的不同实例，或者说如何在下游算子的不同实例之间进行数据划分。程序运行时，系统会根据算子的语义和配置的并行度自动选择数据的分区策略。当然，也可以在程序中显式指定分区策略。

Flink常见的分区策略如下。

1. 转发策略

在上游算子实例和下游算子实例之间一对一地进行数据传输。这种策略不会产生重分区（改变数据流或数据集分区方式的转换通常称为重分区），且可以避免网络传输，以提高传输效率。假设上游算子A和下游算子B的并行度都为2，使用转发策略的效果如图2-18所示。

2. 广播策略

上游算子实例的每个数据记录都会发往下游算子的所有实例。这种策略会把数据复制多份，向下游算子的每个实例发送一份，且涉及网络传输，代价较高。使用广播策略的效果如图2-19所示。

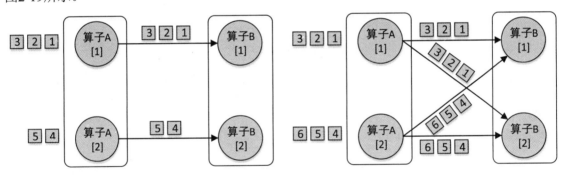

图 2-18　转发策略　　　　　　　　　　图 2-19　广播策略

3. 键值策略

根据数据记录中的键对数据进行重分区，键相同的数据记录一定会被发送给下游同一个算子实例，键不同的数据记录可能会被发送到下游不同的算子实例，也可能会被发送到下游同一个算子实例。这种策略要求数据记录的格式为(键,值)形式，如图2-20所示。

4. 随机策略

将数据记录进行随机重分区，数据记录会被均匀分配到下游算子的每个实例。这种策略可以实现计算任务的负载均衡，如图2-21所示。

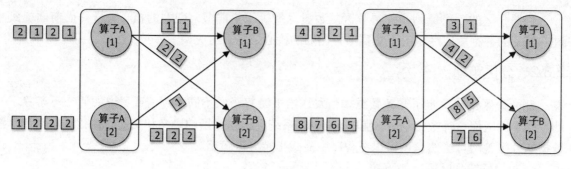

图 2-20 键值策略　　　　　　　　　　　图 2-21 随机策略

5. 全局策略

将上游所有数据记录发送到下游第一个算子实例，如图2-22所示。

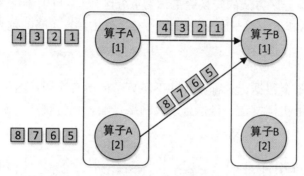

图 2-22 全局策略

6. 自定义策略

如果内置的分区策略不能满足当前需求，则可以在程序中自定义分区策略。更多分区策略及在程序中的API应用见4.9节。

第 3 章

Flink 安装及部署

本章内容

本章主要讲解 Flink 本地模式、Standalone 模式、On YARN 模式的集群搭建步骤以及 HA 模式的架构和集群搭建步骤，并在 Standalone 模式上进行命令行界面的操作讲解，最后讲解向 Flink 集群中提交应用程序的步骤以及 Flink Shell 命令的使用。

本章目标

❋ 掌握Flink各种模式的集群搭建。
❋ 掌握Flink HA模式的集群搭建和架构原理。
❋ 掌握Flink命令行界面的操作。
❋ 掌握Flink应用程序提交的操作。
❋ 掌握Flink Shell的使用。

3.1 Flink 集群搭建

Flink可以在Linux、macOS和Windows上运行。前提条件是集群各节点提前安装JDK 8以上版本，并配置好SSH免密登录，因为集群各节点之间需要相互通信，Flink主节点需要对其他节点进行远程管理和监控。

从Flink官网下载页面（https://flink.apache.org/downloads.html）下载二进制安装文件，并选择对应的Scala版本，此处选择Apache Flink 1.13.0 for Scala 2.11（Flink版本为1.13.0，使用的Scala版本为2.11）。

由于当前版本的Flink不包含Hadoop相关依赖库，如果需要结合Hadoop（例如读取HDFS中的数据），还需要下载预先捆绑的Hadoop JAR包，并将其放置在Flink安装目录的lib目录中。此处选择Pre-bundled Hadoop 2.8.3（适用于Hadoop 2.8.3），如图3-1所示。

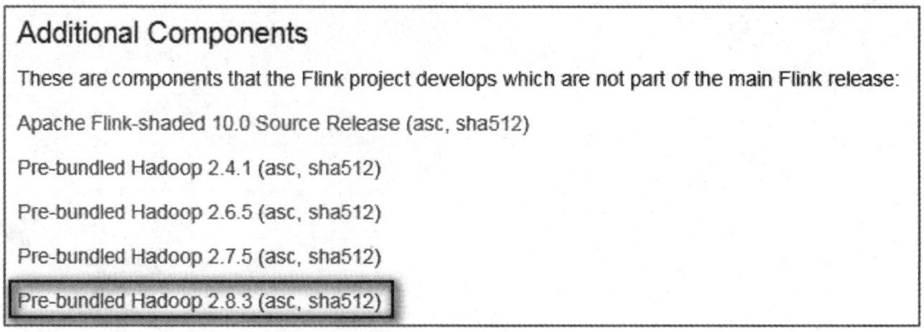

Additional Components

These are components that the Flink project develops which are not part of the main Flink release:

Apache Flink-shaded 10.0 Source Release (asc, sha512)

Pre-bundled Hadoop 2.4.1 (asc, sha512)

Pre-bundled Hadoop 2.6.5 (asc, sha512)

Pre-bundled Hadoop 2.7.5 (asc, sha512)

Pre-bundled Hadoop 2.8.3 (asc, sha512)

图 3-1　下载预先捆绑的 Hadoop JAR 包

接下来使用3个节点（主机名分别为centos01、centos02、centos03）讲解Flink各种运行模式的搭建。3个节点的主机名与IP的对应关系如表3-1所示。

表3-1　3个节点的主机名与IP的对应关系

主 机 名	IP
centos01	192.168.170.133
centos02	192.168.170.134
centos03	192.168.170.135

3.1.1　Flink 本地模式搭建

本节讲解在CentOS 7操作系统中搭建Flink本地模式。

1. 上传解压安装包

将下载的Flink安装包flink-1.13.0-bin-scala_2.11.tgz上传到centos01节点的/opt/softwares目录，然后进入该目录，执行以下命令将其解压到目录/opt/modules中。

```
$ tar -zxvf flink-1.13.0-bin-scala_2.11.tgz -C /opt/modules/
```

2. 启动Flink

进入Flink安装目录，执行以下命令启动Flink：

```
$ bin/start-cluster.sh
```

启动时的输出日志如图3-2所示。

```
[root@centos01 flink-1.13.0]# bin/start-cluster.sh
Starting cluster.
Starting standalonesession daemon on host centos01.
Starting taskexecutor daemon on host centos01.
```

图 3-2　Flink 本地模式启动日志

启动后，使用jps命令查看Flink的JVM进程，命令如下：

```
$ jps
13309 StandaloneSessionClusterEntrypoint
13599 TaskManagerRunner
```

若出现上述进程，则代表启动成功。StandaloneSessionClusterEntrypoint为Flink主进程，即JobManager；TaskManagerRunner为Flink从进程，即TaskManager。

也可以通过检查Flink安装目录下的log目录中的日志文件来验证系统是否正在运行，命令如下：

```
$ tail log/flink-*-standalonesession-*.log
```

部分输出日志如下：

```
INFO ... - Start SessionDispatcherLeaderProcess.
INFO ... - Recover all persisted job graphs.
INFO ... - Successfully recovered 0 persisted job graphs.
INFO ... - ResourceManager
akka.tcp://flink@localhost:6123/user/resourcemanager was granted leadership...
INFO ... - Starting the SlotManager.
INFO ... - Starting RPC endpoint for
org.apache.flink.runtime.dispatcher.StandaloneDispatcher at
akka://flink/user/dispatcher .
INFO ... - Ignoring outdated TaskExecutorGateway connection.
INFO ... - Registering TaskManager ... at ResourceManager
```

从上述日志可以看出，系统已正常运行。

3. 查看WebUI

在浏览器中访问服务器8081端口即可查看Flink的WebUI，此处访问地址http://192.168.170.133:8081/，如图3-3所示。

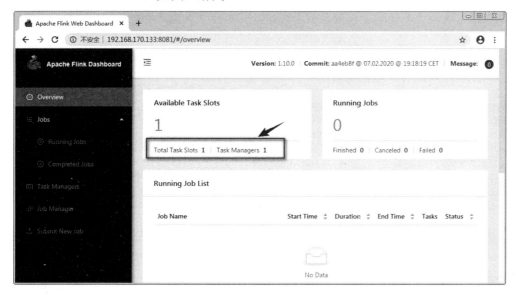

图 3-3　Flink WebUI 界面

从WebUI中可以看出，当前本地模式的Task Slot数量和TaskManager数量都为1（Task Slot数量默认为1）。

> **注　意**
>
> 如果想停止Flink，执行bin/stop-cluster.sh命令即可；如果想通过主机名访问Flink WebUI（例如http://centos01:8081/），需要提前在Windows的hosts文件中配置好主机名和IP的映射关系。

3.1.2　Flink Standalone 搭建

Flink Standalone模式的搭建需要在集群的每个节点都安装Flink，集群角色分配如表3-2所示。

表3-2　Flink集群角色分配

节　　点	角　　色
centos01	Master（JobManager）
centos02	Slave（TaskManager）
centos03	Slave（TaskManager）

集群搭建的操作步骤如下。

1. 上传解压安装包

将下载的Flink安装包flink-1.13.0-bin-scala_2.11.tgz上传到centos01节点的/opt/softwares目录，然后进入该目录，执行以下命令将其解压到目录/opt/modules中。

```
$ tar -zxvf flink-1.13.0-bin-scala_2.11.tgz -C /opt/modules/
```

2. 修改配置文件

Flink的配置文件都存放于安装目录下的conf目录，进入该目录，执行以下操作。

（1）修改 flink-conf.yaml 文件

```
$ vim conf/flink-conf.yaml
```

将文件中jobmanager.rpc.address属性的值改为centos01，命令如下：

```
jobmanager.rpc.address: centos01
```

上述配置表示指定集群主节点（JobManager）的主机名（或IP），此处为centos01。flink-conf.yaml文件中的其他几个重要参数解析如下：

- **jobmanager.rpc.port**：JobManager的RPC访问端口，默认为6123。
- **jobmanager.heap.size**：JobManager JVM的堆内存大小，默认1024MB。可根据集群配置适当增加。
- **taskmanager.heap.size**：TaskManager JVM的堆内存大小，默认1024MB。可根据集群配置适当调整。
- **taskmanager.numberOfTaskSlots**：每个TaskManager提供的Task Slot数量（默认为1），Task Slot数量代表TaskManager的最大并行度，生产环境中建议将Task Slot的数量设置为节点CPU的核心数，以最大化利用资源。一个Task Slot可以运行整个作业管道。

- **parallelism.default**：系统级别的默认并行度（默认为1）。也可以在应用程序或提交命令时指定并行度。设置合适的并行度可以提高运行效率，但是不能超过集群CPU核心总数。

（2）修改 workers 文件

workers文件必须包含所有需要启动的TaskManager节点的主机名，且每个主机名占一行。执行以下命令修改workers文件：

```
$ vim conf/workers
```

改为以下内容：

```
centos02
centos03
```

上述配置表示将centos02和centos03节点设置为集群的从节点（TaskManager节点）。

3. 复制Flink安装文件到其他节点

在centos01节点中进入/opt/modules/目录执行以下命令，将Flink安装文件复制到其他节点：

```
$ scp -r flink-1.13.0/ centos02:/opt/modules/
$ scp -r flink-1.13.0/ centos03:/opt/modules/
```

4. 启动Flink集群

在centos01节点上进入Flink安装目录，执行以下命令启动Flink集群：

```
$ bin/start-cluster.sh
```

集群启动时的输出日志如图3-4所示。

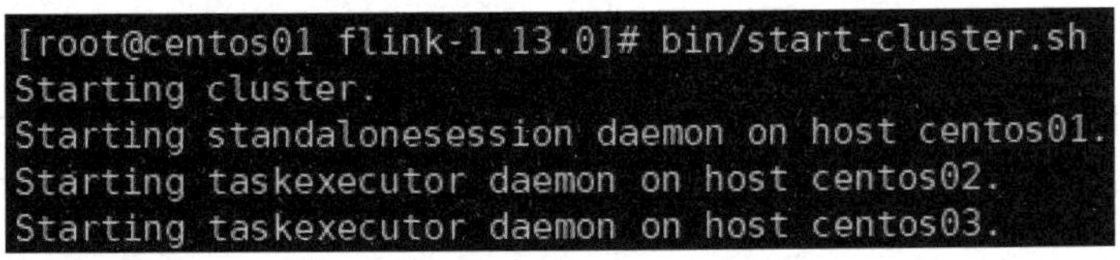

```
[root@centos01 flink-1.13.0]# bin/start-cluster.sh
Starting cluster.
Starting standalonesession daemon on host centos01.
Starting taskexecutor daemon on host centos02.
Starting taskexecutor daemon on host centos03.
```

图 3-4　Flink 集群的启动日志

启动完毕后，分别在各节点执行jps命令，查看启动的Java进程。若各节点存在以下进程，则说明集群启动成功。

```
centos01节点：StandaloneSessionClusterEntrypoint
centos02节点：TaskManagerRunner
centos03节点：TaskManagerRunner
```

> **注　意**
>
> 尽管在配置文件flink-conf.yaml中配置了集群JobManager节点为centos01，但实际上当前执行启动命令的节点即为JobManager节点，会产生JobManager进程。本例中，如果在centos02节点上执行start-cluster.sh命令启动Flink集群，则centos02节点为JobManager节点。同理，停止Flink集群时，需要在JobManager所在节点执行相关命令。

5. 查看WebUI

集群启动后，在浏览器中访问JobManager节点的8081端口即可查看Flink的WebUI，此处访问地址http://192.168.170.133:8081/，如图3-5所示。

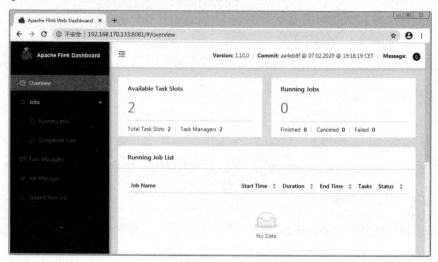

图 3-5　Flink 集群 WebUI 界面

从WebUI中可以看出，当前集群总的Task Slot数量（每个节点的Task Slot数量默认为1）和TaskManager数量都为2。

6. 其他命令

停止Flink集群可以执行以下命令：

```
$ bin/stop-cluster.sh
```

如果集群中的JobManager进程意外停止了，可使用以下命令对其单独启动：

```
$ bin/jobmanager.sh start
```

同理，手动停止JobManager进程的命令如下：

```
$ bin/jobmanager.sh stop
```

如果集群中的TaskManager进程意外停止了，或需要向正在运行的集群中增加新的TaskManager节点，可使用以下命令对TaskManager进程单独启动：

```
$ bin/taskmanager.sh start
```

同理，手动停止TaskManager进程的命令如下：

```
$ bin/taskmanager.sh stop
```

3.1.3　Flink On YARN 搭建

Flink On YARN模式的搭建比较简单，仅需要在YARN集群的一个节点上安装Flink即可，该节点可作为提交Flink应用程序到YARN集群的客户端。

若要在YARN上运行Flink应用，则需要注意以下几点：

1）Hadoop版本应在2.2以上。

2）必须事先确保环境变量文件中配置了HADOOP_CONF_DIR、YARN_CONF_DIR或者HADOOP_HOME，Flink客户端会通过该环境变量读取YARN和HDFS的配置信息，以便正确加载Hadoop配置以访问YARN，否则将启动失败。

3）需要下载预先捆绑的Hadoop JAR包，并将其放置在Flink安装目录的lib目录中，本例使用flink-shaded-hadoop-2-uber-2.8.3-10.0.jar。具体下载方式见3.1节的Flink集群搭建。

4）需要提前将HDFS和YARN集群启动。

本例使用的Hadoop集群各节点的角色分配如表3-3所示。

表 3-3　Hadoop 集群角色分配

节　　点	IP	角　　色
centos01	192.168.170.133	NameNode SecondaryNameNode DataNode ResourceManager NodeManager
centos02	192.168.170.134	DataNode NodeManager
centos03	192.168.170.135	DataNode NodeManager

表3-3中的角色指的是Hadoop集群各节点所启动的守护进程，其中的NameNode、DataNode和SecondaryNameNode是HDFS集群所启动的进程，ResourceManager和NodeManager是YARN集群所启动的进程。

在Flink On YARN模式中，根据作业的运行方式不同，又分为两种模式：Flink YARN Session模式和Flink Single Job（独立作业）模式。

Flink YARN Session模式需要先在YARN中启动一个长时间运行的Flink集群，也称为Flink YARN Session集群，该集群会常驻在YARN集群中，除非手动停止。客户端向Flink YARN Session集群中提交作业时，相当于连接到一个预先存在的、长期运行的Flink集群，该集群可以接受多个作业提交。即使所有作业完成后，集群（和JobManager）仍将继续运行直到手动停止。该模式下，Flink会向YARN一次性申请足够多的资源，资源永久保持不变，如果资源被占满，则下一个作业无法提交，只能等其中一个作业执行完成后释放资源，如图3-6所示。

拥有一个预先存在的集群可以节省大量时间申请资源和启动TaskManager。作业可以使用现有资源快速执行计算是非常重要的。

Flink Single Job模式不需要提前启动Flink YARN Session集群，直接在YARN上提交Flink作业即可。每一个作业会根据自身情况向YARN申请资源，不会影响其他作业运行，除非整个YARN集群已无任何资源。并且每个作业都有自己的JobManager和TaskManager，相当于为每个作业提供了一个集群环境，当作业结束后，对应的组件也会同时释放。该模式不会额外占用资源，使资源利用率达到最大，在生产环境中推荐使用这种模式，如图3-7所示。

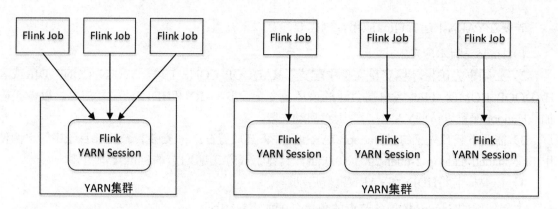

图 3-6　Flink YARN Session 模式　　　　图 3-7　Flink Single Job 模式

Flink Single Job模式适合长期运行、具有高稳定性要求且对较长的启动时间不敏感的大型作业。

1. Flink YARN Session模式操作

（1）启动 Flink YARN Session 集群

在启动HDFS和YARN集群后，在YARN集群主节点（此处为centos01节点）安装好Flink，进入Flink主目录执行以下命令，即可启动Flink YARN Session集群：

```
$ bin/yarn-session.sh -jm 1024 -tm 2048
```

上述命令中的参数-jm表示指定JobManager容器的内存大小（单位为MB），参数-tm表示指定TaskManager容器的内存大小（单位为MB）。除此之外，还可以使用其他参数，如表3-4所示。

表3-4　yarn-session.sh的常用参数介绍

参　　数	描　　述
-D <property=value>	动态参数。在启动 Flink YARN Session 集群时使用指定的属性值
-d,--detached	以分离模式运行作业，即 Flink 客户端在启动 Flink YARN Session 集群后，就不再属于 YARN 集群的一部分。若不使用分离模式，则客户端退出，Flink YARN Session 集群也将退出
-id,--applicationId <arg>	Flink 客户端绑定已有的 Flink YARN Session 集群。与-d 参数功能相反，当使用分离模式启动 Flink YARN Session 集群后，如果需要再次将 Flink 客户端与 Flink YARN Session 集群绑定，使用该参数指定 Flink YARN Session 集群在 YARN 中对应的 applicationId 即可（Flink YARN Session 集群启动后，在 YARN 中会产生一个 applicationId）
-j,--jar <arg>	Flink JAR 文件的路径
-jm,--jobManagerMemory <arg>	JobMananger 容器的内存大小，默认以 MB 为单位
-m,--jobmanager <arg>	指定 JobMananger 的连接地址
-nm,--name <arg>	设置 YARN 的应用程序名称，在 YARN 的 WebUI 中会显示
-q,--query	显示可用的 YARN 资源（内存、CPU 核心数）
-s,--slots <arg>	每一个 TaskManager 中 Task Slot 的数量

（续表）

参　　数	描　　述
-tm,--taskManagerMemory <arg>	每个 TaskManager 容器的内存大小，默认以 MB 为单位
-z,--zookeeperNamespace <arg>	高可用性模式下创建 Zookeeper 子路径的命名空间

若启动过程中报如图3-8所示的错误，则原因是在Flink安装目录的lib目录中缺少预先捆绑的Hadoop JAR包，需要将相应JAR包放到该目录中。

```
Error: A JNI error has occurred, please check your installation and try again
Exception in thread "main" java.lang.NoClassDefFoundError: org/apache/hadoop/yarn/exceptions/YarnException
        at java.lang.Class.getDeclaredMethods0(Native Method)
        at java.lang.Class.privateGetDeclaredMethods(Class.java:2701)
        at java.lang.Class.privateGetMethodRecursive(Class.java:3048)
        at java.lang.Class.getMethod0(Class.java:3018)
        at java.lang.Class.getMethod(Class.java:1784)
        at sun.launcher.LauncherHelper.validateMainClass(LauncherHelper.java:544)
        at sun.launcher.LauncherHelper.checkAndLoadMain(LauncherHelper.java:526)
Caused by: java.lang.ClassNotFoundException: org.apache.hadoop.yarn.exceptions.YarnException
        at java.net.URLClassLoader.findClass(URLClassLoader.java:381)
        at java.lang.ClassLoader.loadClass(ClassLoader.java:424)
        at sun.misc.Launcher$AppClassLoader.loadClass(Launcher.java:335)
        at java.lang.ClassLoader.loadClass(ClassLoader.java:357)
        ... 7 more
```

图 3-8　Flink YARN Session 集群启动错误信息

若启动过程中报如图3-9所示的错误，则原因是YARN Container试图使用过多的内存，但NodeManager内存不足，从而把Container杀掉了。

```
Diagnostics from YARN: Application application_1593594948539_0003 failed 1 times (global limit =2; local limit is =1) due to A
M Container for appattempt_1593594948539_0003_000001 exited with  exitCode: -103
Failing this attempt.Diagnostics: Container [pid=5640,containerID=container_1593594948539_0003_01_000001] is running beyond vi
rtual memory limits. Current usage: 68.0 MB of 1 GB physical memory used; 2.1 GB of 2.1 GB virtual memory used. Killing contai
ner.
```

图 3-9　Flink YARN Session 集群启动错误信息

解决方法是在执行bin/yarn-session.sh命令时使用相应参数指定合适的内存（小量），但如果指定的内存太小，仍然会报错。可以修改Hadoop各个节点的配置文件yarn-site.xml，在其中添加以下内容：

```
<!--关闭物理内存检查-->
<property>
    <name>yarn.nodemanager.pmem-check-enabled</name>
    <value>false</value>
</property>
<!--关闭虚拟内存检查-->
<property>
    <name>yarn.nodemanager.vmem-check-enabled</name>
    <value>false</value>
</property>
```

上述配置属性解析如下：

- **yarn.nodemanager.pmem-check-enabled**：是否开启物理内存检查，默认为true。若开启，则NodeManager会启动一个线程检查每个Container中的Task任务使用的物理内存量，如果超出分配值，则直接将其杀掉。

- **yarn.nodemanager.vmem-check-enabled**：是否开启虚拟内存检查，默认为true。若开启，则NodeManager会启动一个线程检查每个Container中的Task任务使用的虚拟内存量，如果超出分配值，则直接将其杀掉。

需要注意的是，yarn-site.xml文件修改完毕后，记得将该文件同步到集群其他节点。

同步完毕后，重启YARN集群，然后使用bin/yarn-session.sh命令启动Flink YARN Session集群。启动完毕后，会在启动节点（此处为centos01节点）产生一个名为FlinkYarnSessionCli的进程，该进程是Flink客户端进程；在其中一个NodeManager节点产生一个名为YarnSessionClusterEntrypoint的进程，该进程是Flink JobManager进程。而Flink TaskManager进程不会启动，在后续向集群提交作业时才会启动。例如，启动完毕后查看centos01节点的进程可能如下：

```
$ jps
7232 NodeManager
6626 NameNode
14422 YarnSessionClusterEntrypoint
14249 FlinkYarnSessionCli
6956 SecondaryNameNode
7116 ResourceManager
17612 Jps
6750 DataNode
```

注　意

Flink YARN Session集群可以启动多个，每一个都对应一个Flink JobManager进程。

此时可以在浏览器访问YARN ResourceManager节点的8088端口，此处地址为http://192.168.170.133:8088/，在YARN的WebUI中可以查看当前Flink应用程序（Flink YARN Session集群）的运行状态，如图3-10所示。

ID	User	Name	Application Type	Queue	Application Priority	StartTime	FinishTime	State	FinalStatus	Running Containers	Allocated CPU VCores	Allocated Memory MB	% of Queue	% of Cluster	Progress	Tracking UI
application_1593598182412_0002	hadoop	Flink session cluster	Apache Flink	default	0	Wed Jul 1 18:14:17 +0800 2020	N/A	RUNNING	UNDEFINED	1	1	1024	12.5	12.5		ApplicationMaster

图 3-10　YARN WebUI 显示应用程序运行状态

从图3-10可以看出，一个Flink YARN Session集群实际上就是一个长时间在YARN中运行的应用程序（Application），后面的Flink作业也会提交到该应用程序中。

单击图3-10中的ApplicationMaster超链接即可进入Flink YARN Session集群的WebUI，如图3-11所示。

（2）提交 Flink 作业

接下来向Flink YARN Session集群提交Flink自带的单词计数程序。

首先在HDFS中准备/input/word.txt文件，内容如下：

```
hello hadoop
hello java
```

```
hello scala
java
```

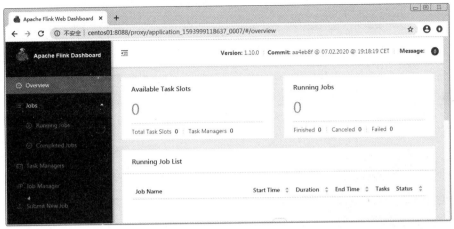

图 3-11　Flink YARN Session 集群的 WebUI

然后在Flink客户端（centos01节点）中执行以下命令，提交单词计数程序到Flink YARN Session集群：

```
$ bin/flink run ./examples/batch/WordCount.jar \
-input hdfs://centos01:9000/input/word.txt \
-output hdfs://centos01:9000/result.txt
```

上述命令通过参数-input指定输入数据目录，-output指定输出数据目录。

在执行过程中，查看Flink YARN Session集群的WebUI，如图3-12所示。

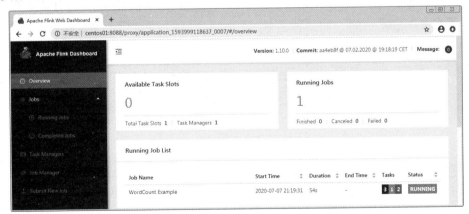

图 3-12　Flink YARN Session 集群的 WebUI

从图3-12中可以看出，当前正在运行的作业数量为1，总Task Slot数量为1，TaskManager数量为1（默认每个TaskManager中的Task Slot数量为1）。此时在某个NodeManager节点上可以看到多了一个名为YarnTaskExecutorRunner的进程，该进程正是Flink TaskManager进程。这更加验证了Flink TaskManager在作业提交后任务执行时才会启动。

当作业执行完毕后，查看HDFS/result.txt文件中的结果，如图3-13所示。

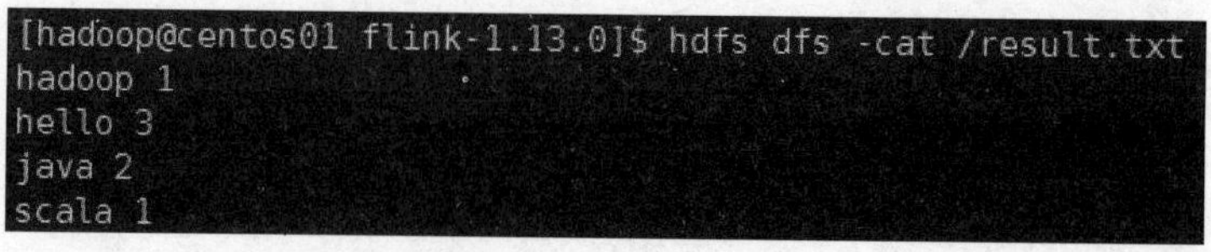

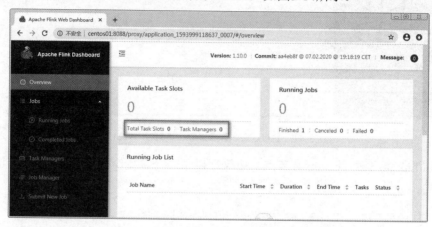

```
[hadoop@centos01 flink-1.13.0]$ hdfs dfs -cat /result.txt
hadoop 1
hello 3
java 2
scala 1
```

图 3-13　查看单词计数的执行结果

说明向Flink YARN Session集群中提交Flink自带的单词计数程序执行成功。

此时再次查看Flink YARN Session集群的WebUI，如图3-14所示。

图 3-14　Flink YARN Session 集群的 WebUI

发现总Task　Slot数量和TaskManager数量都变为0，这说明在Flink作业执行完毕后，TaskManager将退出，以释放资源。

接下来单击WebUI中如图3-15所示的作业名称WordCount　Example，可以查看单词计数作业的执行数据流图。

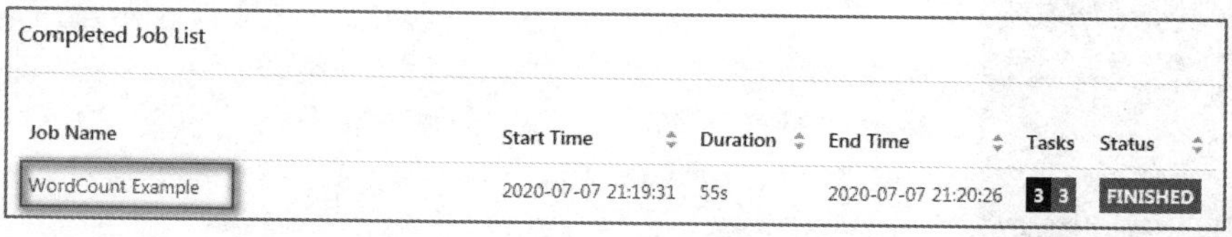

图 3-15　已经执行完成的作业列表

执行数据流图如图3-16所示。

通过上面的操作可以发现一个问题，Flink YARN Session集群启动后，Flink客户端一直处于监听状态。若退出客户端连接，则Flink JobManager进程（YarnSessionClusterEntrypoint）和Flink客户端进程（FlinkYarnSessionCli）也将退出，Flink YARN Session集群将终止。

（3）分离模式

如果希望将启动的Flink　YARN　Session集群在后台独立运行，与Flink客户端进程脱离关系，可以在启动时添加-d或--detached参数，表示以分离模式运行作业，即Flink客户端在启动Flink YARN Session集群后，就不再属于YARN集群的一部分。例如以下代码：

```
$ bin/yarn-session.sh -jm 1024 -tm 2048 -d
```

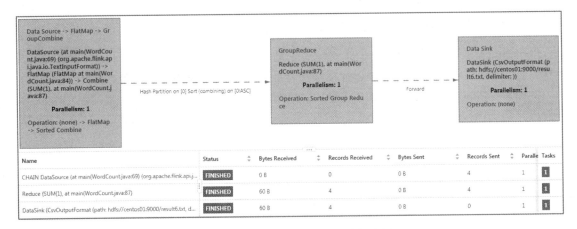

图 3-16 单词计数作业的执行数据流图

在以上述方式启动Flink YARN Session集群后，若要停止集群，则需要使用YARN的操作命令将YARN中Flink YARN Session集群对应的应用程序杀掉（前面提到过，一个Flink YARN Session集群实际上就是一个长时间在YARN中运行的应用程序），命令格式如下：

```
$ yarn application -kill [applicationId]
```

例如，Flink YARN Session集群对应的applicationId为application_1593999118637_0009（Flink YARN Session集群启动后，在YARN中会产生一个applicationId），则停止Flink YARN Session集群的命令如下：

```
$ yarn application -kill application_1593999118637_0009
```

（4）进程绑定

与分离模式相反，当使用分离模式启动Flink YARN Session集群后，如果需要再次将Flink客户端与Flink YARN Session集群绑定，则使用-id或--applicationId参数指定Flink YARN Session集群在YARN中对应的applicationId即可，命令格式如下：

```
$ bin/yarn-session.sh -id [applicationId]
```

例如，将Flink客户端（执行绑定命令的本地客户端）与applicationId为application_1593999118637_0009的Flink YARN Session集群绑定，命令如下：

```
$ bin/yarn-session.sh -id application_1593999118637_0009
```

执行上述命令后，在Flink客户端会产生一个名为FlinkYarnSessionCli的客户端进程。此时就可以在Flink客户端对Flink YARN Session集群进行操作，包括执行停止命令等。例如执行Ctrl+C命令或输入stop命令即可停止Flink YARN Session集群。

注　意

一个Flink YARN Session集群可以绑定多个Flink客户端，每个Flink客户端都可以对Flink YARN Session集群进行操作。例如，在centos01节点和centos02节点都安装Flink，则在这两个节点上都可以执行绑定命令。

2. Flink Single Job模式操作

Flink Single Job模式可以将单个作业直接提交到YARN中，每次提交的Flink作业都是一个独立的YARN应用程序，应用程序运行完毕后释放资源，这种模式适合批处理应用。

例如，在Flink客户端（centos01节点）中执行以下命令，以Flink Single Job模式提交单词计数程序到YARN集群：

```
$ bin/flink run -m yarn-cluster examples/batch/WordCount.jar \
-input hdfs://centos01:9000/input/word.txt \
-output hdfs://centos01:9000/result.txt
```

上述命令通过参数-m指定使用YARN集群（即以Flink Single Job模式提交），-input指定输入数据目录，-output指定输出数据目录。

提交完毕后，可以在浏览器访问YARN ResourceManager节点的8088端口，此处地址为http://192.168.170.133:8088/，在YARN的WebUI中可以查看当前Flink应用程序的运行状态，如图3-17所示。

ID	User	Name	Application Type	Queue	Application Priority	StartTime	FinishTime	State	FinalStatus	Running Containers	Allocated CPU VCores	Allocated Memory MB	% of Queue	% of Cluster	Progress	Tracking UI
application_1595404004052_0002	hadoop	Flink per-job cluster	Apache Flink	default	0	Wed Jul 22 16:00:43 +0800 2020	N/A	RUNNING	UNDEFINED	2	2	3072	37.5	37.5		ApplicationMaster

图 3-17　YARN WebUI 显示应用程序运行状态

与Flink YARN Session模式一样，单击ApplicationMaster超链接即可进入Flink集群的WebUI。但不同的是，在Flink Single Job模式下，若Flink应用程序在YARN中的运行状态为FINISHED（已完成），则无法查看Flink集群的WebUI，因为此时Flink集群已经退出。

注　意

使用yarn-session.sh命令启动Flink YARN Session集群时，需要在YARN的ResourceManager所在节点执行，否则可能产生找不到ResourceManager的错误。同理，向YARN中提交Flink作业时，无论是Flink YARN Session模式还是Flink Single Job模式，都需要在YARN的ResourceManager所在节点执行。

3.2　Flink HA 模式

Flink集群架构模式为经典的主从架构，与大部分主从架构一样，也存在单点故障问题。由于JobManager是整个Flink集群的管理节点，负责整个集群的任务调度和资源管理，默认情况下每个Flink集群只有一个JobManager实例，如果JobManager崩溃，则无法提交任何新应用程序，并且正在运行的应用程序也会失败。解决Flink集群单点故障的方式可以配置集群HA（High Availability，高可用性）。目前，Flink支持Flink Standalone和Flink On YARN两种模式配置集群HA。

3.2.1　Flink Standalone 模式的 HA 架构

在 Flink Standalone 模式下，实现 HA 的方式可以利用 ZooKeeper 在所有正在运行的 JobManager 实例之间进行分布式协调，实现多个 JobManager 无缝切换，类似于 HDFS 的 NameNode HA 或 YARN 的 ResourceManager HA。Flink Standalone 模式的 HA 架构如图 3-18 所示。

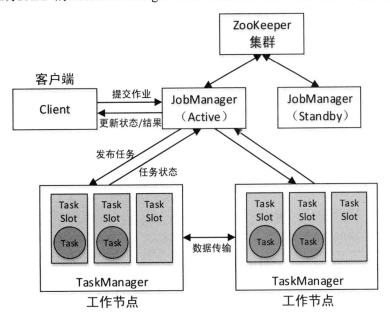

图 3-18　Flink Standalone 模式的 HA 架构

可以在集群中启动多个 JobManager，并使它们都向 ZooKeeper 进行注册，ZooKeeper 利用自身的选举机制保证同一时间只有一个 JobManager 是活动状态（Active）的，其他的都是备用状态（Standby）。当活动状态的 JobManager 出现故障时，ZooKeeper 会从其他备用状态的 JobManager 选出一个成为活动 JobManager，整个恢复过程大约在 1 分钟之内，如图 3-19 所示。

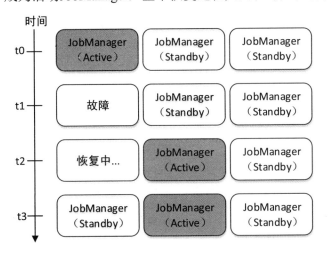

图 3-19　JobManager 故障恢复过程

此外，活动状态的JobManager在工作时会将其元数据（JobGraph、应用程序JAR文件等）写入一个远程持久化存储系统（例如HDFS）中，还会将元数据存储的位置和路径信息写入ZooKeeper存储，以便能够进行故障恢复，如图3-20所示。

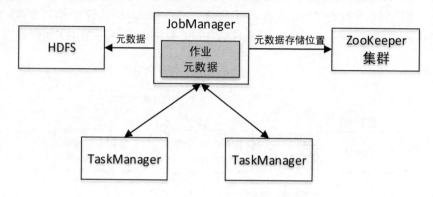

图 3-20　JobManager 元数据存储

当活动状态的JobManager出现故障时，备用状态的JobManager会向ZooKeeper请求元数据存储位置，然后从HDFS中获取JobGraph、应用程序JAR文件、相应状态信息等元数据，以便接管发生故障的JobManager。

3.2.2　Flink Standalone 模式 HA 集群搭建

下面仍然在3个节点（centos01、centos02、centos03）上进行Flink Standalone模式的HA集群搭建，在前面已经搭建好的Flink Standalone集群上进行操作，集群角色分配如表3-5所示。

表3-5　Flink Standalone HA集群角色分配

节　　点	角　　色
centos01	JobManager
	FlinkZooKeeperQuorumPeer
centos02	JobManager
	TaskManager
	FlinkZooKeeperQuorumPeer
centos03	TaskManager
	FlinkZooKeeperQuorumPeer

搭建步骤如下。

1. 修改masters文件

Flink的masters文件用于配置所有需要启动的JobManager节点以及每个JobManager的WebUI绑定的端口。

进入centos01节点的Flink安装主目录，修改conf/masters文件，内容如下：

```
centos01:8081
centos02:8081
```

上述配置表示在集群centos01和centos02节点上启动JobManager，并且每个JobManager的WebUI访问端口分别为8081。

2. 修改flink-conf.yaml文件

进入centos01节点的Flink安装主目录，修改conf/flink-conf.yaml文件，添加以下内容：

```
#（必须）将高可用模式设置为ZooKeeper，默认集群不会开启高可用状态
high-availability: zookeeper
#（必须）ZooKeeper集群主机名（或IP）与端口列表，多个以逗号分隔
high-availability.zookeeper.quorum:
centos01:2181,centos02:2181,centos03:2181
#（可选）Flink在ZooKeeper中的根节点名称，Flink的状态数据都放在该节点下
high-availability.zookeeper.path.root: /flink
#（可选）ZooKeeper中配置集群的唯一标识，用以区分不同的Flink集群
high-availability.cluster-id: /default_ns
#（必须）用于持久化JobManager元数据（JobGraph、应用程序JAR文件等）的HDFS地址，以便进
行故障恢复，ZooKeeper上存储的只是元数据所在的位置路径信息
high-availability.storageDir: hdfs://centos01:9000/flink/recovery
```

3. 修改zoo.cfg文件

Flink内置了ZooKeeper服务和相关脚本文件，如果你的集群中没有安装ZooKeeper，则可以通过修改zoo.cfg文件配置Flink内置的ZooKeeper。生产环境建议使用独立的外部ZooKeeper。

进入centos01节点的Flink安装主目录，修改conf/zoo.cfg文件，添加以下内容，配置ZooKeeper启动节点与选举相关端口：

```
server.1=centos01:2888:3888
server.2=centos02:2888:3888
server.3=centos03:2888:3888
```

上述配置表示在centos01、centos02和centos03节点上启动ZooKeeper服务，其中1、2、3表示每个ZooKeeper服务器的唯一ID。

zoo.cfg文件中的其他配置属性保持默认即可。

4. 复制Flink安装文件到其他节点

将centos01节点配置好的Flink安装文件复制到centos02、centos03节点：

```
$ scp -r flink-1.13.0/ centos02:/opt/modules/
$ scp -r flink-1.13.0/ centos03:/opt/modules/
```

5. 启动HDFS集群

由于在flink-conf.yaml文件中配置了用于持久化JobManager元数据的HDFS地址，因此需要启动HDFS集群。

6. 启动ZooKeeper集群

如果使用Flink内置的ZooKeeper，在centos01节点执行以下命令，即可启动整个ZooKeeper集群：

```
$ bin/start-zookeeper-quorum.sh
```

启动过程如图3-21所示。

```
[hadoop@centos01 flink-1.13.0]$ bin/start-zookeeper-quorum.sh
Starting zookeeper daemon on host centos01.
Starting zookeeper daemon on host centos02.
Starting zookeeper daemon on host centos03.
```

图 3-21　ZooKeeper 集群的启动过程

启动成功后，在每个Flink节点上都会产生一个名为FlinkZooKeeperQuorumPeer的进程，该进程是ZooKeeper服务的守护进程。

如果使用独立外部ZooKeeper，在每个ZooKeeper节点上执行以下命令启动ZooKeeper集群（需要提前安装配置好ZooKeeper）：

```
$ bin/zkServer.sh start
```

本例使用Flink内置的ZooKeeper，关于ZooKeeper，此处不做详细讲解。

7. 启动Flink Standalone HA集群

在centos01节点上执行以下命令，启动Flink Standalone HA集群：

```
$ bin/start-cluster.sh
```

启动过程如图3-22所示。此时使用jps命令查看每个节点的JVM进程，如图3-23～图3-25所示。

```
[hadoop@centos01 flink-1.13.0]$ bin/start-cluster.sh
Starting HA cluster with 2 masters.
Starting standalonesession daemon on host centos01.
Starting standalonesession daemon on host centos02.
Starting taskexecutor daemon on host centos02.
Starting taskexecutor daemon on host centos03.
```

图 3-22　Flink Standalone HA 集群的启动过程

```
[hadoop@centos01 flink-1.13.0]$ jps
3843 SecondaryNameNode
3514 NameNode
3644 DataNode
22540 FlinkZooKeeperQuorumPeer
23292 Jps
23181 StandaloneSessionClusterEntrypoint
```

图 3-23　centos01 节点的 JVM 进程

```
[hadoop@centos02 flink-1.13.0]$ jps
2914 DataNode
17315 Jps
16520 FlinkZooKeeperQuorumPeer
16859 StandaloneSessionClusterEntrypoint
17179 TaskManagerRunner
```

图 3-24　centos02 节点的 JVM 进程

```
[hadoop@centos03 flink-1.13.0]$ jps
2904 DataNode
20009 FlinkZooKeeperQuorumPeer
20505 Jps
20431 TaskManagerRunner
```

图 3-25　centos03 节点的 JVM 进程

可以发现，centos01节点和centos02节点都产生了一个JobManager进程，即StandaloneSessionClusterEntrypoint；而centos02节点和centos03节点都产生了一个TaskManager进程，即TaskManagerRunner。

此时分别访问以下网址：

```
http://centos01:8081/
http://centos02:8081/
```

两个页面都可以查看Flink集群的WebUI，如图3-26和图3-27所示。

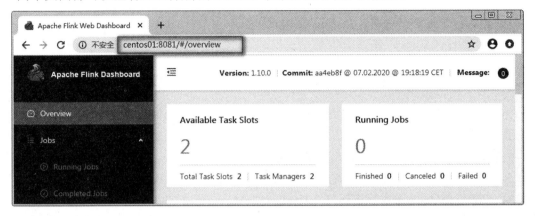

图 3-26　在 centos01 节点查看 Flink 集群的 WebUI

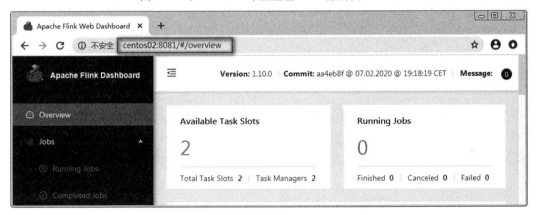

图 3-27　在 centos02 节点查看 Flink 集群的 WebUI

8. 测试Flink Standalone HA

在centos01节点上执行以下命令，向集群提交Flink自带的单词计数程序（默认使用Flink
单词计数程序中自带的单词数据，计数结果将打印到控制台）：

```
$ bin/flink run ./examples/batch/WordCount.jar
```

若控制台打印出单词计数结果，则说明提交成功。

此时使用kill -9命令杀掉centos01节点的JobManager进程，然后刷新两个节点的WebUI，发
现centos01节点的WebUI已不可访问；而centos02节点的WebUI仍可成功访问（若centos02节点
的JobManager是Standby状态，会有一个切换为Active的时间间隔，切换完毕后即可成功访问
centos02节点的WebUI）。

接下来在centos01节点上再次提交Flink自带的单词计数程序，发现仍然能够提交成功。

9. 停止Flink Standalone HA集群

若要停止Flink Standalone HA集群，在centos01节点上首先执行以下命令停止整个Flink集群：

```
$ bin/stop-cluster.sh
```

然后执行以下命令，停止ZooKeeper集群：

```
$ bin/stop-zookeeper-quorum.sh
```

3.2.3 Flink On YARN 模式 HA 集群搭建

在Flink On YARN模式下，HA集群的实现主要依赖YARN的任务恢复机制，因为YARN本身对运行在YARN上的应用程序具有一定的容错保证。同时，仍然需要使用ZooKeeper，Flink在任务恢复时需要使用HDFS中存储的JobManager元数据（JobGraph、应用程序JAR文件等），而ZooKeeper存储元数据在HDFS中的位置路径信息。从2.1.3节的Flink On YARN运行架构中可以看出，Flink JobManager实际上运行在ApplicationMaster所在的Container（容器）中。

对于Flink On YARN模式下的HA集群，YARN只能运行一个JobManager实例，而不能运行多个。当Flink YARN Session集群中的JobManager出现故障时，YARN将对ApplicationMaster进行重启来恢复JobManager，通过这种方式达到HA的目的。

Flink On YARN模式下HA的搭建步骤如下。

1. 修改yarn-site.xml文件

配置YARN集群的yarn-site.xml文件中的yarn.resourcemanager.am.max-attempts属性，该属性的含义是允许ApplicationMaster的最大启动上限，即最大启动次数（包含初始启动），默认值为2（表示可以容忍一次JobManager故障）。例如在yarn-site.xml文件中添加以下内容：

```
<property>
    <name>yarn.resourcemanager.am.max-attempts</name>
    <value>4</value>
</property>
```

2. 修改flink-conf.yaml文件

除了3.2.2节的Flink Standalone模式下flink-conf.yaml文件的HA配置内容外，还必须在flink-conf.yaml文件中配置JobManager最大启动次数。例如配置最大启动次数为10（包含初始启动），内容如下：

```
yarn.application-attempts: 10
```

上述配置表示允许JobManager能够启动的次数为10（9次重试+1次初始尝试）。如果YARN的其他操作需要进行重启，例如节点硬件故障、与NodeManager重新同步等，则这些重启不计入yarn.application-attempts设置的次数。

需要注意的是，YARN中设置的yarn.resourcemanager.am.max-attempts是整个应用程序重新启动的上限，Flink中设置的yarn.application-attempts不能超过YARN中的设置，二者的关系如下：

```
yarn.application-attempts<=yarn.resourcemanager.am.max-attempts
```

flink-conf.yaml文件中需要添加的完整内容如下：

```
# （必须）将高可用模式设置为ZooKeeper，默认集群不会开启高可用状态
high-availability: zookeeper
# （必须）ZooKeeper集群主机名（或IP）与端口列表，多个以逗号分隔
high-availability.zookeeper.quorum:
centos01:2181,centos02:2181,centos03:2181
# （可选）Flink在ZooKeeper中的根节点名称，Flink的状态数据都放在该节点下
high-availability.zookeeper.path.root: /flink
# （必须）用于持久化JobManager元数据（例如持久数据流图）的HDFS地址，以便进行故障恢复
#ZooKeeper上存储的只是指向该元数据的指针信息
high-availability.storageDir: hdfs://centos01:9000/flink/recovery
# （必须）允许JobManager能够启动的最大次数
yarn.application-attempts: 10
```

上述配置与Flink Standalone模式下flink-conf.yaml文件的HA配置内容相比，去掉了用于配置集群唯一标识的high-availability.cluster-id属性，原因是在Flink On YARN模式下，如果不配置该属性，会默认使用YARN的applicationId，从而保证全局唯一性；否则在提交作业时就要手动保证。

3. 修改zoo.cfg文件

ZooKeeper的配置见3.2.2节的Flink Standalone模式HA集群的搭建。

4. 启动集群

1）启动HDFS集群。
2）启动YARN集群。
3）启动ZooKeeper集群。

ZooKeeper集群的启动见3.2.2节的Flink Standalone模式HA集群的搭建。
至此，Flink On YARN模式HA集群搭建完毕。

3.3 Flink 命令行界面

Flink提供了命令行界面（Command-Line Interface，CLI），用于运行打包为JAR的应用程序，并对应用程序进行管理。CLI是Flink的一部分，在Flink本地模式和分布式环境下都可以使用。可以在Flink安装目录下执行bin/flink命令使用CLI，但前提条件是Flink集群的JobManager或YARN集群已经启动。CLI启动时将连接到conf/flink-config.yaml中指定的正在运行的JobManager。默认情况下，连接到从同一安装目录启动的正在运行的Flink主服务器（JobManager）。

Flink CLI命令的语法如下：

```
./flink <行为> [选项] [参数]
```

在Flink安装目录中执行bin/flink --help命令即可显示CLI所有可用的行为命令及相应选项和参数。常用行为及解析如下。

1. run

用于运行一个Flink应用程序，语法如下：

```
./flink run [选项] <jar文件> <参数>
```

run行为的选项及描述如表3-6所示。

表 3-6 Flink CLI run 行为常用选项介绍

选　　项	介　　绍
-c,--class <classname>	应用程序入口类（main()方法所在类）。仅当 JAR 文件的 manifest 清单中没有指定入口类时才需要
-d,--detached	使用分离模式运行作业。所谓分离模式，即提交作业后，CLI 将退出
-n,--allowNonRestoredState	允许跳过无法还原的 Savepoint 状态。如果从应用程序中删除了一个操作算子（该操作算子在触发 Savepoint 时是程序的一部分），则需要允许跳过。关于 Savepoint，在 4.13.4 节将详细讲解
-p,--parallelism <parallelism>	程序运行的并行度，指定后将覆盖配置文件中的默认配置
-s,--fromSavepoint <savepointPath>	Savepoint 数据的存储路径，例如 hdfs:///flink/savepoint-1537
-m,--jobmanager <arg>	指定 JobMananger 的连接地址（host:port）。若不指定该选项，则默认将连接到配置文件 conf/flink-conf.yaml 中 jobmanager.rpc.address 属性指定的 JobManager 所在节点，使用该选项可以连接到与配置文件中指定的不同的 JobManager。需要注意的是，连接端口指的是 Flink 的 REST 通信端口，而不是 RPC 端口，RPC 端口默认为 6123，REST 通信端口默认为 8081。当取值为 yarn-cluster 时，表示以 Flink Single Job 模式运行应用程序
-z,--zookeeperNamespace <arg>	在高可用性模式下创建 ZooKeeper 子路径的命名空间

以Flink自带的单词计数程序作为示例，相关运行命令如下。

运行示例程序，连接指定的JobManager（若要连接的JobManager与配置文件中指定的JobManager在同一节点，则可以省略-m选项）：

```
$ ./bin/flink run -m centos01:8081 ./examples/batch/WordCount.jar
```

运行示例程序，不添加任何参数：

```
$ ./bin/flink run ./examples/batch/WordCount.jar
```

运行示例程序，添加输入和输出参数：

```
$ ./bin/flink run ./examples/batch/WordCount.jar \
--input file:///home/user/words.txt \
--output file:///home/user/wordcount_out
```

运行示例程序，指定程序入口类（main方法所在类）：

```
$ ./bin/flink run \
-c org.apache.flink.examples.java.wordcount.WordCount \
./examples/batch/WordCount.jar \
```

运行示例程序，指定并行度为6：

```
$ ./bin/flink run -p 6 ./examples/batch/WordCount.jar
```

运行示例程序，并禁用日志输出：

```
$ ./bin/flink run -q ./examples/batch/WordCount.jar
```

以分离模式运行示例程序：

```
$ ./bin/flink run -d ./examples/batch/WordCount.jar
```

以Flink Single Job模式运行示例程序：

```
$ ./bin/flink run -m yarn-cluster ./examples/batch/WordCount.jar \
```

2. info

将应用程序的优化执行计划显示为JSON字符串，语法如下：

```
./flink info [选项] <jar文件> <参数>
```

info行为的选项及描述如下：

- -c,--class <classname>：应用程序入口类（main()方法所在类）。仅当JAR文件的manifest 清单中没有指定入口类时才需要。
- -p,--parallelism <parallelism>：程序运行的并行度，指定后将覆盖配置文件中的默认配置。

例如，将Flink自带的单词计数程序的优化执行计划显示为JSON字符串，命令如下：

```
$ ./bin/flink info ./examples/batch/WordCount.jar \
--input file:///home/user/words.txt
--output file:///home/user/wordcount_out
```

3. list

列出计划运行和正在运行的作业，包括它们的作业ID，语法如下：

```
./flink list [选项]
```

list行为的选项及描述如表3-7所示。

表 3-7　Flink CLI list 行为常用选项介绍

选　　项	介　　绍
-a,--all	列出所有现有作业，包括它们的作业 ID
-r,--running	列出正在运行的作业，包括它们的作业 ID
-s,--scheduled	列出计划运行的作业，包括它们的作业 ID

（续表）

选　　项	介　　绍
-m,--jobmanager <arg>	指定 JobMananger 的连接地址（host:port）。若不指定该选项，则默认将连接到配置文件 conf/flink-conf.yaml 中 jobmanager.rpc.address 属性指定的 JobManager 所在节点，使用该选项可以连接到与配置文件中指定的不同的 JobManager。需要注意的是，连接端口指的是 Flink 的 REST 通信端口，而不是 RPC 端口，RPC 端口默认为 6123，REST 通信端口默认为 8081。当取值为 yarn-cluster 时，表示以 Flink Single Job 模式运行应用程序
-z,--zookeeperNamespace <arg>	在高可用性模式下创建 ZooKeeper 子路径的命名空间

以Flink自带的单词计数程序作为示例，相关运行命令如下。

列出计划运行和正在运行的作业，包括它们的作业ID：

```
$ ./bin/flink list
```

列出计划运行的作业，包括它们的作业ID：

```
$ ./bin/flink list -s
```

列出正在运行的作业，包括它们的作业ID：

```
$ ./bin/flink list -r
```

列出所有现有作业，包括它们的作业ID：

```
$ ./bin/flink list -a
```

列出正运行在Flink YARN Session集群中的作业：

```
$ ./bin/flink list -m yarn-cluster -yid <yarnApplicationID> -r
```

4. stop

以Savepoint的方式停止正在运行的作业（仅用于流式作业），语法如下：

```
$ ./bin/flink stop [选项] <作业ID>
```

stop行为的选项及描述如表3-8所示。

表 3-8　Flink CLI stop 行为常用选项介绍

选　　项	介　　绍
-d,--drain	在获取 Savepoint、停止作业管道之前发送 MAX_WATERMARK（最大水印，关于水印详见 4.11 节）
-p,--savepointPath <savepointPath>	Savepoint 数据的存储目录（例如 hdfs:///flink/savepoint-1537），如果没有指定，将使用配置文件 flink-conf.yaml 中的属性 state.savepoints.dir 的配置

（续表）

选　　项	介　　绍
-m,--jobmanager \<arg\>	指定 JobMananger 的连接地址（host:port）。若不指定该选项，则默认将连接到配置文件 conf/flink-conf.yaml 中 jobmanager.rpc.address 属性指定的 JobManager 所在节点，使用该选项可以连接到与配置文件中指定的不同的 JobManager。需要注意的是，连接端口指的是 Flink 的 REST 通信端口，而不是 RPC 端口，RPC 端口默认为 6123，REST 通信端口默认为 8081。当取值为 yarn-cluster 时，表示以 Flink Single Job 模式运行应用程序
-z,--zookeeperNamespace \<arg\>	在高可用性模式下创建 ZooKeeper 子路径的命名空间

5. Savepoint

关于Savepoint行为将在4.13.4节详细讲解。

3.4　Flink 应用提交

本节在Flink Standalone集群模式下讲解已经打包好的Flink应用程序的提交。

1. 命令行界面提交

例如，将Flink自带的批处理单词计数程序提交到Flink集群，执行如下命令：

```
$ bin/flink run examples/batch/WordCount.jar
```

控制台输出的部分结果（由于结果太多，只显示其中一部分）如下：

```
(a,5)
(action,1)
(after,1)
(against,1)
(all,2)
(and,12)
(arms,1)
...
```

若单词数据来源于外部存储系统（例如HDFS），则需要下载Hadoop依赖库flink-shaded-hadoop-2-uber-2.8.3-10.0.jar，并将该JAR包上传到集群每个节点的Flink安装主目录的lib文件夹中，然后重启Flink集群。

例如，word.txt单词数据内容如下：

```
hello hadoop
hello java
hello scala
java
```

将word.txt上传到HDFS的/input目录中，然后将1.7.3节的批处理单词计数程序的数据读取部分改为以下代码：

```
readTextFile("hdfs://centos01:9000/input/word.txt")
```

接下来将项目导出为flink.demo.jar，上传到centos01节点的/opt/softwares目录中，执行以下命令提交应用程序到Flink集群：

```
$ bin/flink run -c flink.demo.WordCount /opt/softwares/flink.demo.jar
```

可见控制台输出结果如下：

```
(hadoop,1)
(hello,3)
(java,2)
(scala,1)
```

2. WebUI界面提交

除了上述提交方式外，也可以在Flink提供的WebUI中提交Flink应用程序。单击WebUI的Submit New Job菜单，在右侧的页面中单击Add New按钮，在弹出的窗口中选择本地要提交的JAR包即可，如图3-28所示。

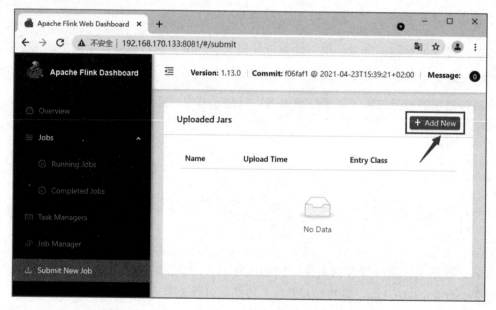

图 3-28　通过 Flink 集群的 WebUI 提交应用程序

选择完本地的JAR包后，JAR包将被上传到服务器。单击列表中的JAR包名称，下方将出现多个文本框，用于添加相关参数，此处填写执行的主类为flink.demo.WordCount。也可以添加并行度、程序参数值、Savepoint（在4.13.4节将详细讲解）路径等，如图3-29所示。

单击Submit按钮即可提交flink.demo.jar应用程序到集群运行。

单击Submit按钮左侧的Show Plan按钮，可以查看当前程序的执行计划图，如图3-30所示。

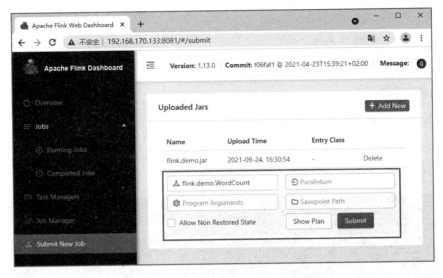

图 3-29　Flink WebUI 添加提交参数

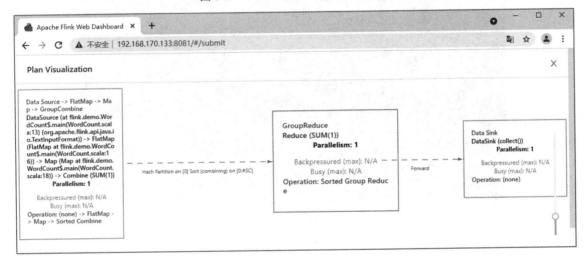

图 3-30　Flink WebUI 查看应用程序执行计划

3.5　Flink Shell 的使用

Flink集成了交互式Scala Shell，在本地模式和集群模式下都可以使用。在Flink Shell中可以直接编写Flink任务，然后提交到集群与分布式数据进行交互，并且可以立即查看输出结果。Flink Shell提供了一种学习Flink API的简单方式，可以使用Scala语言进行程序的编写。

进入Flink安装目录，执行以下命令，可以查看Flink Shell的相关使用说明：

```
$ bin/start-scala-shell.sh --help
```

启动Flink Shell的命令语法如下：

```
$ bin/start-scala-shell.sh [local|remote|yarn] [options] <args>...
```

- local：以本地模式启动Flink Shell。
- remote：连接到远程集群，启动Flink Shell（Flink Standalone模式）。
- yarn：连接到YARN集群，启动Flink Shell（Flink On YARN模式）。

1. 本地模式启动

执行以下命令，以本地模式启动Flink Shell：

```
$ bin/start-scala-shell.sh local
```

启动过程如图3-31所示。

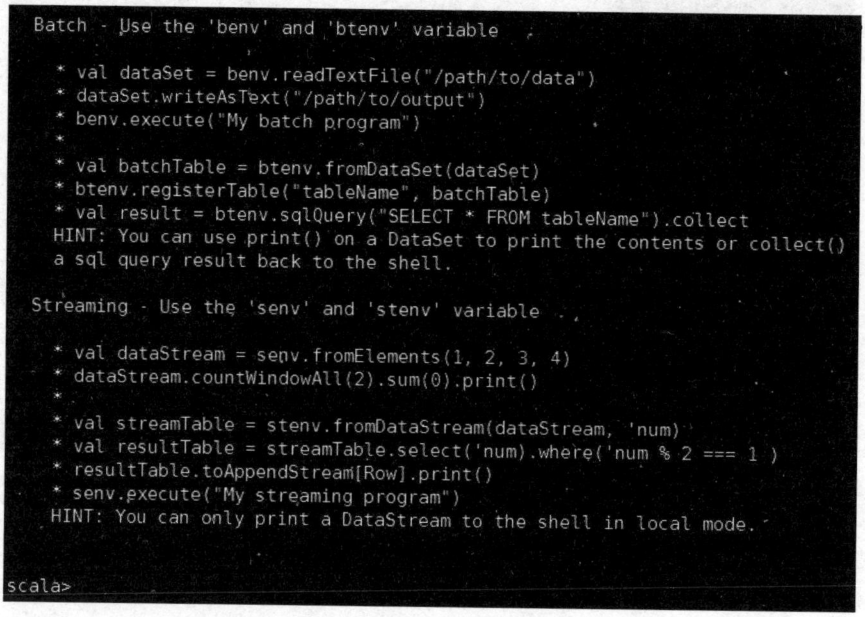

```
Batch - Use the 'benv' and 'btenv' variable

 * val dataSet = benv.readTextFile("/path/to/data")
 * dataSet.writeAsText("/path/to/output")
 * benv.execute("My batch program")
 *
 * val batchTable = btenv.fromDataSet(dataSet)
 * btenv.registerTable("tableName", batchTable)
 * val result = btenv.sqlQuery("SELECT * FROM tableName").collect
 HINT: You can use print() on a DataSet to print the contents or collect()
 a sql query result back to the shell.

Streaming - Use the 'senv' and 'stenv' variable

 * val dataStream = senv.fromElements(1, 2, 3, 4)
 * dataStream.countWindowAll(2).sum(0).print()
 *
 * val streamTable = stenv.fromDataStream(dataStream, 'num)
 * val resultTable = streamTable.select('num).where('num % 2 === 1 )
 * resultTable.toAppendStream[Row].print()
 * senv.execute("My streaming program")
 HINT: You can only print a DataStream to the shell in local mode.

scala>
```

图 3-31　Flink Shell 启动过程

Flink Shell支持DataSet、DataStream、Table API和SQL。启动Flink Shell后会自动创建4个不同的执行环境来实现批处理或流处理程序（即自动创建4个变量）。使用benv和senv分别代表批处理环境（ExecutionEnvironment）和流处理环境（StreamExecutionEnvironment），使用btenv 和 stenv 分别代表批处理表环境（BatchTableEnvironment）和流处理表环境（StreamTableEnvironment）。进一步讲，这4个变量分别是ExecutionEnvironment、StreamExecutionEnvironment、BatchTableEnvironment、StreamTableEnvironment的实例，可以在Flink Shell中直接使用，不需要再次创建。

本地模式启动后会在本地产生一个名为FlinkShell的进程。

此时在浏览器中访问当前主机的8081端口即可查看Flink的WebUI，此处访问http://192.168.170.133:8081/，如图3-32所示。

执行启动命令时，也可以使用-a或--addclasspath选项指定外部依赖的JAR包，在执行任务时将与Flink Shell程序一起发送给JobManager，例如以下命令：

```
$ bin/start-scala-shell.sh local -a /path/to/demo.jar
```

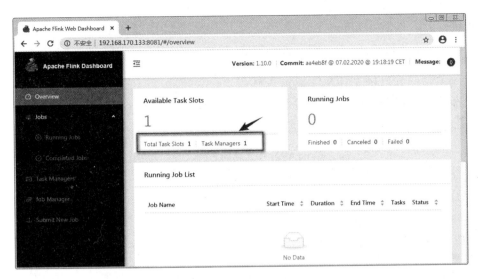

图 3-32 Flink WebUI 界面

2. Flink Standalone模式启动

假设Flink Standalone集群的JobManager位于centos01节点，JobManager的REST访问端口为8081（即WebUI端口），则在集群任一节点执行以下命令即可启动Flink Shell：

```
$ bin/start-scala-shell.sh remote centos01 8081
```

如果把上述主机名和端口写错了，也能启动Flink Shell，但是当在Flink Shell中执行任务时会抛出异常。

与本地模式一样，执行启动命令时，也可以使用-a或--addclasspath选项指定外部依赖的JAR包，在执行任务时将与Flink Shell程序一起发送给JobManager，例如以下命令：

```
$ bin/start-scala-shell.sh remote centos01 8081 -a /path/to/demo.jar
```

Flink Standalone模式启动的Flink Shell仍然会在启动节点产生一个名为FlinkShell的进程。

3. Flink On YARN模式启动

（1）连接到现有的 Flink YARN Session 集群

如果之前已经启动了Flink YARN Session集群，则执行以下命令可以启动Flink Shell并连接到上一次启动的Flink YARN Session集群：

```
$ bin/start-scala-shell.sh yarn
```

例如，启动一个Flink YARN Session集群，在YARN的WebUI中查看当前Flink YARN Session集群的运行状态，如图3-33所示。

图 3-33 Flink YARN Session 集群的运行状态

此时执行上述命令启动Flink Shell即可连接该集群，后续在Flink Shell中提交的作业将在该集群中运行。若退出Flink Shell，则不影响集群的运行。

（2）新启动一个 Flink YARN Session 集群

如果希望在启动Flink Shell时连接到一个新的Flink YARN Session集群，则可以添加表3-9所示的任意一个选项。

表 3-9   Flink On YARN 模式启动 Flink Shell 常用选项介绍

选 项	介 绍
-jm, --jobManagerMemory<arg>	JobMananger 容器的内存大小，默认以 MB 为单位
-tm, --taskManagerMemory <arg>	TaskMananger 容器的内存大小，默认以 MB 为单位
-nm, --name <value>	设置 YARN 的应用程序名称，在 YARN 的 WebUI 中会显示
-s, --slots <arg>	指定每个 TaskManager 中的 Task Slots 数量
-a, --addclasspath <path/to/jar>	指定要在 Flink 中使用的外部依赖 JAR 包
--configDir <value>	指定配置文件目录
-qu, --queue <arg>	指定 YARN 队列

例如，启动Flink Shell连接到一个新的Flink YARN Session集群，并定义YARN中的应用程序名称为FlinkApp，命令如下：

```
$ bin/start-scala-shell.sh yarn -nm 'FlinkApp'
```

执行上述命令后，将启动一个Flink YARN Session集群，并使用Flink Shell进行连接。此时查看YARN的WebUI，如图3-34所示。

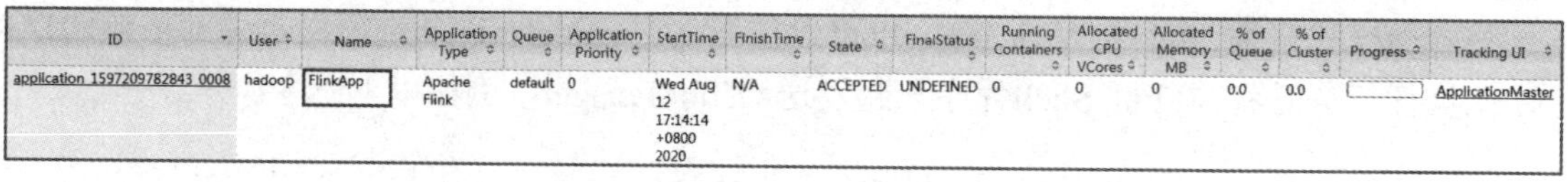

ID	User	Name	Application Type	Queue	Application Priority	StartTime	FinishTime	State	FinalStatus	Running Containers	Allocated CPU VCores	Allocated Memory MB	% of Queue	% of Cluster	Progress	Tracking UI
application_1597209782843_0008	hadoop	FlinkApp	Apache Flink	default	0	Wed Aug 12 17:14:14 +0800 2020	N/A	ACCEPTED	UNDEFINED	0	0	0	0.0	0.0		ApplicationMaster

图 3-34   新启动的 Flink YARN Session 集群的运行状态

4. Flink Shell单词计数

Flink Shell启动后，可以使用Scala语言编写Flink应用程序并提交，例如编写一个批处理的单词计数程序，代码如下：

```scala
scala> val text = benv.fromElements(
  "To be, or not to be,--that is the question:--",
  "Whether 'tis nobler in the mind to suffer",
  "The slings and arrows of outrageous fortune",
  "Or to take arms against a sea of troubles,")

scala> val counts = text
    .flatMap { _.toLowerCase.split("\\W+") }
    .map { (_, 1) }.groupBy(0).sum(1)

scala> counts.print()
```

上述代码中，当执行print()算子时，将触发任务执行（把指定的任务发送到JobManager执行），并在Flink Shell中显示计算结果。

编写一个流处理的单词计数程序，代码如下：

```scala
scala> val textStreaming = senv.fromElements(
  "To be, or not to be,--that is the question:--",
  "Whether 'tis nobler in the mind to suffer",
  "The slings and arrows of outrageous fortune",
  "Or to take arms against a sea of troubles,")

scala> val countsStreaming = textStreaming
    .flatMap { _.toLowerCase.split("\\W+") }
    .map { (_, 1) }.keyBy(_._1).sum(1)

scala> countsStreaming.print()
scala> senv.execute("Streaming Wordcount")
```

在流处理程序中，print()算子不会自动触发任务执行，需要在最后调用execute()算子执行。

第 4 章

Flink DataStream API

本章内容

    本章首先讲解 Flink DataStream API 的基本概念、流与批的执行模式；然后介绍 Flink 的作业流程、DataStream 程序的结构，并重点讲解 Source 数据源、Transformation 数据转换、Sink 数据输出的相关 API 及操作；最后讲解 Flink 内置的分区策略和自定义分区策略以及 DataStream API 的窗口计算和数据流水印的处理，并对数据状态和容错处理进行进一步的讲解。

本章目标

* 了解 Flink DataStream 流计算的基本概念。
* 了解 Flink 的流与批的执行模式。
* 掌握 Flink 作业执行流程。
* 掌握 Flink 流程序的结构。
* 掌握 Flink 常用的 Source 数据源、数据转换等 API。
* 掌握 Flink 分区策略和自定义分区。
* 掌握 Flink 窗口计算 API 的使用。
* 掌握 Flink 水印的原理及使用。
* 掌握 Flink 数据状态管理和容错机制的原理及使用。

4.1　基本概念

    DataStream API 的名称来自一个特殊的 DataStream 类，该类用于表示 Flink 程序中的数据集合。你可以将它视为包含重复项的不可变数据集合。这些数据可以是有限的，也可以是无限的，用于处理这些数据的 API 是相同的。

Flink中使用DataSet和DataStream表示数据的基本抽象，可以将它们视为包含特定类型的元素集合，类似于常规Java集合。但不同的是，集合数据不可变，集合一旦被创建，就不能添加或删除元素。对于DataSet，数据是有限的，而对于DataStream，元素的数量可以是无限的。

DataSet和DataStream数据集都是分布式数据集，分布式数据集是指：一个数据集存储在不同的服务器节点上，每个节点存储数据集的一部分。例如，将数据集(hello,world,scala,spark,love,spark,happy)存储在3个节点上，节点一存储(hello,world)，节点二存储(scala,spark,love)，节点三存储(spark,happy)，这样对3个节点的数据可以并行计算，并且3个节点的数据共同组成了一个DataSet/DataStream，如图4-1所示。

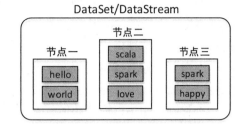

图 4-1　DataSet/DataStream 分布式数据集

分布式数据集类似于HDFS中的文件分块，不同的块存储在不同的节点上；而并行计算类似于使用MapReduce读取HDFS中的数据并进行Map和Reduce操作。Flink包含这两种功能，并且计算更加灵活。

DataSet/DataStream数据集的全部或部分可以缓存在内存中，并且可以在多次计算时重用。数据也可以持久化到磁盘，具有高效的容错能力。

DataSet的主要特征如下（DataStream同样拥有）：

- 数据是不可变的，但可以将DataSet转换成新的DataSet进行操作。
- 数据是可分区的。DataSet由很多分区组成，每个分区对应一个Task任务来执行。
- 对DataSet进行操作，相当于对每个分区进行操作。
- DataSet拥有一系列对分区进行计算的函数，称为算子（关于算子将在4.6节详细讲解）。
- DataSet之间存在依赖关系，可以实现管道化，避免了中间数据的存储。

在编程时，可以把DataSet/DataStream看作一个数据操作的基本单位，而不必关心数据的分布式特性，Flink会自动将其中的数据分发到集群的各个节点。Flink中对数据的操作主要是对DataSet/DataStream的操作（创建、转换、求值等）。

4.2　执行模式

DataStream API 支持不同的运行时执行模式，可以根据用例的要求和作业的特征从中进行选择。DataStream API比较"经典"的执行行为称为"流"执行模式，主要用于需要连续增量处理并无限期保持在线的无限作业。

此外，还有一种"批"处理执行模式。该模式以一种类似于MapReduce等批处理框架的方式执行作业，主要用于具有已知固定输入并且不会连续运行的有界作业。

Apache Flink对流和批处理的统一意味着可以在有界输入上执行DataStream应用程序，而不管配置的执行模式如何。

"批"处理执行模式只能用于有界的作业。有界性是数据源的一个属性，它告诉我们来自该源的所有输入在执行之前是否已知，或者新数据是否会出现（可能会无限期地出现）。反过来，如果其所有源都是有界的，则作业是有界的，否则是无界的。

而"流"执行模式可用于有界和无界作业。实际使用时，当你的作业程序有界时，应该使用"批"执行模式，因为这样会更有效率。当你的作业程序无界时，必须使用"流"执行模式，因为只有这种模式足够通用才能处理连续的数据流。

当需要为最终使用无界源运行的代码编写测试时，可以使用"流"模式运行有界作业。在测试情况下使用有界源会更自然。

不管配置的执行模式如何，在有界输入上执行的DataStream应用程序都会产生相同的最终结果。以流模式执行的作业可能会产生增量更新，而批作业最终只会产生一个最终结果。如果解释正确，最终结果将是相同的，但实现方法可能不同。

通过启用批执行，允许Flink应用额外的优化，只有当你知道输入是有限的时才能这样做。例如，除了允许更有效的任务调度和故障恢复行为的不同Shuffle实现之外，可以使用不同的连接/聚合策略。

执行模式可以通过execution.runtime-mode属性来配置。其有3种可能的值：

- STREAMING：典型的DataStream执行模式（默认）。
- BATCH：在DataStream API上以批处理方式执行。
- AUTOMATIC：让系统根据数据源的有界性来决定。

也可以通过使用bin/flink run命令行参数配置，或在Flink应用程序中创建StreamExecutionEnvironment对象时以编程方式指定。

通过命令行配置执行模式，代码如下：

```
$ bin/flink run -Dexecution.runtime-mode=BATCH
examples/streaming/WordCount.jar
```

上述代码向Flink集群中提交了单词计数程序，并指定使用批执行模式。

在Flink应用程序中通过代码配置执行模式，代码如下：

```
StreamExecutionEnvironment env = StreamExecutionEnvironment.
getExecutionEnvironment();
env.setRuntimeMode(RuntimeExecutionMode.BATCH);
```

建议不要在应用程序中设置运行时模式，而是在提交应用程序时使用命令行设置。保持应用程序代码不配置可以带来更大的灵活性，因为同一个应用程序可以在任何执行模式下执行。

Flink作业由不同的算子组成，这些算子在数据流图中连接在一起。系统决定如何在不同的进程/机器（TaskManager）上调度这些算子的执行，以及数据如何在它们之间被打乱（发送）。

可以使用链接特性将多个算子链接在一起。Flink将一个或多个算子作为调度单元的一组称为任务（Task）。通常，子任务是指在多个TaskManager上并行运行的单个任务实例。

对于批和流执行模式，任务调度和网络Shuffle的工作方式是不同的。这主要是因为输入数据是以批执行模式所限制的，这样允许Flink使用更有效的数据结构和算法。

下面使用一个例子来解释任务调度和网络传输的区别，代码如下：

```
//得到流执行环境
StreamExecutionEnvironment env = StreamExecutionEnvironment.
getExecutionEnvironment();
//读取流数据
DataStreamSource<String> source = env.fromElements(...);
//执行操作
source.name("source")
    .map(...).name("map1")
    .map(...).name("map2")
    .rebalance()
    .map(...).name("map3")
    .map(...).name("map4")
    .keyBy((value) -> value)
    .map(...).name("map5")
    .map(...).name("map6")
    .sinkTo(...).name("sink");
```

上述代码在算子之间隐含一对一连接模式的操作，如map()、flatMap()或filter()，可以直接将数据转发给下一个算子，从而允许将这些算子链接在一起。这意味着Flink通常不会在它们之间插入网络Shuffle。

另一方面，像keyBy()或rebalance()这样的操作需要在不同的并行任务实例之间进行数据转移。这就导致了网络Shuffle。

对于上面的例子，Flink会以如下方式将算子操作分组为Task任务：

```
Task1: source, map1, and map2
Task2: map3, map4
Task3: map5, map6, and sink
```

并且在Task1和Task2以及Task2和Task3之间有一个网络Shuffle，如图4-2所示。

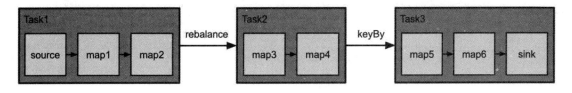

图 4-2　Flink Task 任务作业流程

1. 流执行模式

在流执行模式下，所有任务都需要在线/一直运行。这允许Flink通过整个管道立即处理新记录，这是我们需要的连续和低延迟流处理。这也意味着分配给作业的TaskManager需要有足够的资源来同时运行所有任务。

网络Shuffle是流水线的，这意味着记录被立即发送到下游任务，在网络层有一些缓冲。同样，这也是必要的，因为在处理连续的数据流时，没有自然的时间点可以在任务（或任务管道）之间物化数据。这与批执行模式相反，在批执行模式中，中间结果可以实体化。

2. 批执行模式

在批处理执行模式下，作业的任务可以被划分为几个阶段，这些阶段可以一个接一个地执行。因为输入是有界的，因此Flink可以在进入下一个阶段之前完全处理管道的一个阶段。在上面的例子中，该任务将有3个阶段，对应由Shuffle分隔的3个任务。

与将记录立即发送到下游任务（如上所述的流模式）不同，分阶段处理需要Flink将任务的中间结果实现到一些非临时存储，以便在上游任务已经离线后，下游任务可以读取它们。这将增加处理的延迟，还伴随着其他有趣的特性。首先，这允许Flink在发生故障时回溯到最新的可用结果，而不是重新启动整个作业。另一个作用是，批作业可以在更少的资源上执行（根据TaskManager上的可用Task Slot），因为系统可以依次执行任务。

TaskManager将保持中间结果，至少在下游任务没有消耗它们的情况下（从技术上讲，它们将被保留，直到消费管道区域产生它们的输出）。在此之后，它们将在允许的时间内保留，以便在出现故障时允许回溯到之前的结果。

4.3　作业流程

Flink的作业执行流程如图4-3所示。

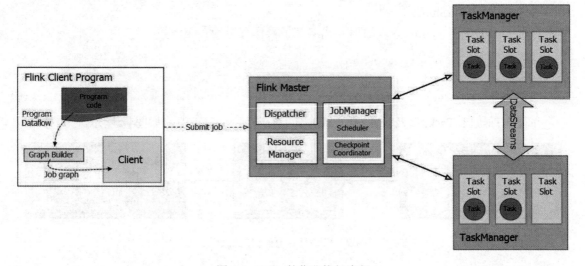

图 4-3　Flink 的作业执行流程

Flink JobManager是Flink集群的主节点。它包含3个不同的组件：Flink Resource Manager、Dispatcher、运行每个Flink Job的JobMaster。

在一个作业提交前，JobManager和TaskManager等进程需要先被启动。可以在Flink安装目录中执行bin/start-cluster.sh命令来启动这些进程。JobManager和TaskManager被启动后，TaskManager需要将自己注册给JobManager中的ResourceManager（资源注册）。这个初始化和资源注册过程发生在单个作业提交前。

Flink作业的具体执行流程如下：

1）用户编写应用程序代码，并通过Flink客户端提交作业。程序一般为Java或Scala语言，调用Flink API构建逻辑数据流图，然后转为作业图JobGraph，并附加到StreamExecutionEnvironment中。代码和相关配置文件被编译打包，被提交到JobManager的Dispatcher，形成一个应用作业。

2）Dispatcher（JobManager的一个组件）接收到这个作业，启动JobManager，JobManager负责本次作业的各项协调工作。

3）接下来JobManager向ResourceManager申请本次作业所需的资源。

4）JobManager将用户作业中的作业图JobGraph转化为并行化的物理执行图，对作业并行处理并将其子任务分发部署到多个TaskManager上执行。每个作业的并行子任务将在Task Slot中执行。至此，一个Flink作业就开始执行了。

5）TaskManager在执行计算任务的过程中可能会与其他TaskManager交换数据，会使用相应的数据交换策略。同时，TaskManager也会将一些任务状态信息反馈给JobManager，这些信息包括任务启动、运行或终止的状态、快照的元数据等。

4.4　程序结构

Flink中的DataStream程序是对数据流进行转换的常规程序（例如过滤、更新状态、定义窗口、聚合）。数据流最初是从各种数据源创建的（例如消息队列、套接字流、文件）。结果通过接收器返回，例如将数据写入文件，或写入标准输出（例如命令行终端）。Flink程序可以在不同的上下文中运行，可以独立运行，也可以嵌入其他程序中。同时，Flink程序可以在本地JVM中执行，也可以在多台机器的集群中执行。

Flink DataStream程序都包含相同的基本部分：

1）获取执行环境。

2）加载/创建初始数据。

3）对初始数据进行转换。

4）指定计算结果的输出位置。

5）触发程序执行。

接下来将对每个步骤进行简单讲解，可以在org.apache.flink.streaming.api.scala中找到Scala DataStream API的所有核心类。

StreamExecutionEnvironment 是 所 有 Flink 流 程 序 的 基 础 。 我 们 可 以 在 StreamExecutionEnvironment上使用以下静态方法来获得一个执行环境：

- getExecutionEnvironment()：创建一个执行环境，该环境表示程序当前执行的上下文。如果单独调用程序，则此方法返回本地执行环境。如果从要提交给集群的命令行客户端中调用程序，则此方法返回该集群的执行环境。

- createLocalEnvironment()：创建本地执行环境。本地执行环境将在与创建环境相同的JVM中以多线程方式运行程序。并行度使用执行环境的默认并行度，也可以使用setDefaultLocalParallelism()方法设置默认并行度，例如设置默认并行度为2：StreamExecutionEnvironment.setDefault-LocalParallelism(2)。

- createRemoteEnvironment(host: String, port: Int, jarFiles: String*)：创建远程执行环境。远程环境将程序发送到集群中执行。需要注意的是，程序中使用的所有文件路径必须可以从集群中访问。程序执行时将使用集群的默认并行度，除非通过StreamExecutionEnvironment. setParallelism()显式设置该并行度。该方法的host参数表示集群主节点（JobManager）的主机名或IP地址；port参数表示集群主节点（JobManager）的访问端口；jarFiles参数表示需要发送到集群的包含代码的JAR文件，如果程序使用用户定义的函数、用户定义的输入格式或任何库，则必须都包含在JAR文件中。

一般来说，只需要使用getExecutionEnvironment()方法即可，因为该方法将根据上下文自动获取当前正确的执行环境。如果是在IDE中执行程序或作为常规Java程序执行，它将创建一个本地环境，程序将在本地机器上执行。如果将程序打包成一个JAR文件，并通过集群的命令行执行它，那么Flink集群管理器将执行程序的main方法，而getExecutionEnvironment()将返回一个集群执行环境。

有多种方法可以为执行环境指定数据源，例如从CSV文件中逐行读取或从其他数据源中读取。按行读取文本文件中的数据，代码如下：

```
val env = StreamExecutionEnvironment.getExecutionEnvironment()
val text: DataStream[String] = env.readTextFile("file:///path/to/file")
```

上述代码将得到一个数据流，接下来可以在该数据流上应用转换算子来创建新的派生数据流。例如，将数据流中的每个元素转为整数，使用map转换代码如下：

```
val input: DataStream [String] = ...
val mapped = input.map { x => x.toInt }
```

上述代码通过将原始集合中的每个字符串转换为整数来创建一个新的数据流。

一旦有了包含最终结果的数据流，就可以通过创建接收器将流数据写入外部系统。创建接收器的示例方法代码如下：

```
//将数据流以字节数组的形式写入Socket
dataStream.writeToSocket()
//将数据流写入标准输出流(stdout)，数据流的每个元素将以toString的方式转为字符串
dataStream.print()
```

完整程序写完后，最后需要通过在StreamExecutionEnvironment上调用execute()来触发程序执行。根据执行环境的类型（本地或集群），执行将在本地计算机上触发或提交程序以在集群上执行。

execute()方法将等待作业完成，然后返回JobExecutionResult，其中包含执行时间和累加器结果。如果不想等待作业完成，可以通过在StreamExecutionEnvironment上调用executeAsync()来触发异步作业执行。它将返回一个JobClient，可以通过JobClient与刚刚提交的作业进行通信。例如以下代码通过使用executeAsync()实现execute()功能。

```
final JobClient jobClient = env.executeAsync();
final JobExecutionResult jobExecutionResult = jobClient.
getJobExecutionResult().get();
```

　　所有Flink程序都是延迟（惰性）执行的：执行程序的main()方法时，不会直接进行数据加载和转换，而是将每个操作添加到数据流图，当在执行环境中调用execute()显式触发执行时才会执行这些操作。程序是在本地执行还是在群集上执行取决于执行环境的类型。惰性计算允许构建复杂的程序，Flink将其作为一个整体规划的单元执行。

　　回顾1.6.3节我们知道，一个Flink应用程序由3部分构成：Source、Transformation和Sink。Source是数据源部分，Transformation是数据转换部分，Sink是数据输出部分。下面使用DataStream API针对这3部分进行重点讲解。

4.5　Source 数据源

　　DataStream API中直接提供了对一些基本数据源的支持，例如文件系统、Socket连接等，也提供了非常丰富的高级数据源连接器（Connector），例如Kafka Connector、Elasticsearch Connector等。用户也可以实现自定义Connector数据源，以便使Flink能够与其他外部系统进行数据交互。

4.5.1　基本数据源

1. 文件数据源

　　Flink可以将文件内容读取到系统中，并转换成分布式数据集DataStream进行处理。

　　使用readTextFile(path)方法可以逐行读取文本文件内容，并作为字符串返回。例如，读取HDFS文件系统中的/input/words.txt文件内容，创建一个DataStream，代码如下：

```
//第一步：创建流处理的执行环境
val senv=StreamExecutionEnvironment.getExecutionEnvironment
//第二步：读取流数据，创建DataStream
val data:DataStream[String]=senv
    .readTextFile("hdfs://centos01:9000/input/words.txt")
```

　　Flink将监视HDFS目录并处理该目录中的所有文件。Flink将文件读取过程分为两个子任务，即目录监视和数据读取。监视由单个任务实现（非并行），而读取由并行运行的多个任务执行，后者的并行性等于作业并行性。单个监视任务的作用是扫描目录，查找要处理的文件。

　　也可以使用readFile(fileInputFormat,path)方法根据给定的输入格式读取指定路径的文件。输入格式可以使用系统已经定义好的InputFormat实现类，例如CsvInputFormat；也可以使用自定义实现InputFormat接口的类。文件路径应该以URI的形式传递（例如file:///some/local/file或hdfs://host:port/file/path）。例如以下代码使用CsvInputFormat读取CSV文件：

```
val path=new Path("/user/file/demo.csv")
val csvInputFormat=new CsvInputFormat[String](path) {
    override def fillRecord(reuse: String, parsedValues: Array[AnyRef]):
String = {
        null
    }
```

```
}
senv.readFile(csvInputFormat,"/user/file/demo.csv")
```

readTextFile(path)方法和readFile(fileInputFormat,path)方法实际上内部都调用了以下方法：

```
readFile(fileInputFormat, path, watchType, interval, pathFilter)
```

该方法可以指定多个参数对读取的文件进行更精确的控制，各个参数解析如下：

- fileInputFormat：文件输入格式。
- path：文件URI路径。
- watchType：文件监视类型，即监视路径并对新数据做出反应。该参数有两种取值类型，第一种是FileProcessingMode.PROCESS_ONCE，表示当文件的内容发生变化时只会将变化的内容读取到Flink中，且数据只会被读取和处理一次；第二种是FileProcessingMode.PROCESS_CONTINUOUSLY，表示一旦检测到文件内容发生变化，就会将该文件内容全部加载到Flink中进行处理。
- interval：周期性监视指定路径文件的时间间隔（以毫秒为单位）。默认情况下，每100毫秒检查一次新文件。
- pathFilter：文件路径过滤条件，即过滤需要排除的文件。

2. Socket数据源

通过监听Socket端口接收数据创建DataStream。例如以下代码从本地的9999端口接收数据：

```
//第一步：创建流处理的执行环境
val senv=StreamExecutionEnvironment.getExecutionEnvironment
//第二步：读取流数据，创建DataStream
val data:DataStream[String]=senv.socketTextStream("localhost",9999)
```

3. 集合数据源

从java.util.collection集合创建DataStream。集合中的所有元素必须是相同类型的，例如以下代码：

```
//第一步：创建流处理的执行环境
val senv=StreamExecutionEnvironment.getExecutionEnvironment
//第二步：读取流数据，创建DataStream
val data:DataStream[String]=senv.fromCollection(
  List("hello","flink","scala")
)
```

当然，也可以从迭代器中创建DataStream，例如以下代码：

```
//第一步：创建流处理的执行环境
val senv=StreamExecutionEnvironment.getExecutionEnvironment
//第二步：读取流数据，创建DataStream
val it = Iterator("hello","flink","scala")
val data:DataStream[String]=senv.fromCollection(it)
```

还可以直接从元素集合中创建DataStream，例如以下代码：

```
//第一步：创建流处理的执行环境
val senv=StreamExecutionEnvironment.getExecutionEnvironment
//第二步：读取流数据，创建DataStream
val data:DataStream[String]=senv.fromElements("hello","flink","scala")
```

上述从Collection和迭代器中读取数据的操作是非并行的，即并行度为1。也可以使用fromParallelCollection()方法，该方法从迭代器并行地创建DataStream。

4.5.2　高级数据源

Flink可以从Kafka、Flume、Kinesis等数据源读取数据，使用时需要引入第三方依赖库。例如，在Maven工程中引入Flink针对Kafka的API依赖库，代码如下：

```
<dependency>
    <groupId>org.apache.flink</groupId>
    <artifactId>flink-connector-kafka_2.11</artifactId>
    <version>1.13.0</version>
</dependency>
```

然后使用addSource()方法接入Kafka数据源，代码示例如下：

```
val senv = StreamExecutionEnvironment.getExecutionEnvironment()
val myConsumer = new FlinkKafkaConsumer08[String](...)
val stream = senv.addSource(myConsumer)
```

Flink与Kafka的详细整合步骤见4.18节。

4.5.3　自定义数据源

在Flink中，用户也可以自定义数据源，以满足不同数据源的接入需求。自定义数据源有3种方式：

1）实现SourceFunction接口定义非并行数据源（单线程）。SourceFunction是Flink中所有流数据源的基本接口。

2）实现ParallelSourceFunction接口定义并行数据源。

3）继承RichParallelSourceFunction抽象类定义并行数据源。该类已经实现了ParallelSourceFunction接口，是实现并行数据源的基类，在执行时，Flink Runtime将执行与该类源代码配置的并行度一样多的并行实例。

4）继承RichSourceFunction抽象类定义并行数据源。该类是实现并行数据源的基类，该数据源可以通过父类AbstractRichFunction的getRuntimeContext()方法访问上下文信息，通过父类AbstractRichFunction的open()和close()方法访问生命周期信息。

数据源相关类的继承关系如图4-4所示。

数据源定义好后，可以使用StreamExecutionEnvironment.addSource(sourceFunction)将数据源附加到程序中，这样就可以将外部数据转换为DataStream。

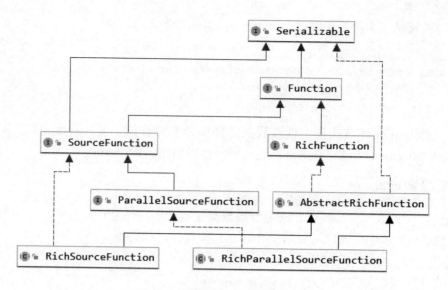

图 4-4　数据源相关类的继承关系

例如，自定义MySQL数据源，读取MySQL中的表数据，实现步骤如下。

（1）引入数据库驱动

在Maven工程中引入MySQL数据库连接驱动的依赖库，代码如下：

```
<dependency>
    <groupId>mysql</groupId>
    <artifactId>mysql-connector-java</artifactId>
    <version>5.1.49</version>
</dependency>
```

（2）创建表

在MySQL数据库中创建一张student表并添加测试数据，如图4-5所示。

id	name	age
1	张三	19
2	李四	22
3	王五	20

图 4-5　MySQL 中的 student 表数据

（3）定义样例类

定义样例类Student用于存储数据，代码如下：

```
package flink.demo
object Domain {
    case class Student(id: Int, name: String, age: Int)
}
```

（4）创建 JDBC 工具类

创建一个JDBC工具类，用于获得MySQL数据库连接，代码如下：

```
import java.sql.DriverManager
import java.sql.Connection

/**
  * JDBC工具类
```

```
    */
object JDBCUtils {
    //数据库驱动类
    private val driver = "com.mysql.jdbc.Driver"
    //数据库连接地址
    private val url = "jdbc:mysql://localhost:3306/student_db"
    //数据库账号
    private val username = "root"
    //数据库密码
    private val password = "123456"

    /**
     * 获得数据库连接
     */
    def getConnection(): Connection = {
        Class.forName(driver)//加载驱动
        val conn = DriverManager.getConnection(url, username, password)
        conn
    }
}
```

（5）创建自定义数据源类

创建自定义MySQL数据源类MySQLSource，继承RichSourceFunction类，并重写open()、run()、cancel()方法，代码如下：

```
import java.sql.{Connection, PreparedStatement}
import flink.demo.Domain.Student
import org.apache.flink.streaming.api.functions.source.{RichSourceFunction,
SourceFunction}
import org.apache.flink.configuration.Configuration

/**
 * 自定义MySQL数据源
 */
class MySQLSource extends RichSourceFunction[Student] {

    var conn: Connection = _//数据库连接对象
    var ps: PreparedStatement = _//SQL命令执行对象
    var isRunning=true//是否运行（是否持续从数据源读取数据）

    /**
     * 初始化方法
     * @param parameters 存储键/值对的轻量级配置对象
     */
    override def open(parameters: Configuration): Unit = {
        //获得数据库连接
        conn = JDBCUtils.getConnection
        //获得命令执行对象
        ps = conn.prepareStatement("select * from student")
```

```scala
    }

    /**
      * 当开始从数据源读取元素时，该方法将被调用
      * @param ctx 用于从数据源发射元素
      */
    override def run(ctx: SourceFunction.SourceContext[Student]): Unit = {
        //执行查询
        val rs = ps.executeQuery()
        //循环读取集合中的数据并发射出去
        while (isRunning&&rs.next()) {
            val student = Student(
                rs.getInt("id"),
                rs.getString("name"),
                rs.getInt("age")
            )
            //从数据源收集一个元素数据并发射出去，而不附加时间戳（默认方式）
            ctx.collect(student)
        }
    }

    /**
      * 取消数据源读取
      * 大多数自定义数据源在run()方法中会有while循环，需要确保调用该方法后跳出run()方法
中的while循环
      * 典型的解决方法是使用布尔类型的变量isRunning,在该方法中将变量置为false,在while
循环中检查该变量
      * 当数据源读取操作被取消时，执行线程也会被中断。中断严格地发生在此方法被调用之后
      */
    override def cancel(): Unit = {
        this.isRunning=false
    }
}
```

（6）测试程序

创建测试类StreamTest，从自定义数据源中读取流数据，打印到控制台，代码如下：

```scala
import org.apache.flink.streaming.api.scala.{DataStream, _}

/**
  * 测试类
  */
object StreamTest {
    def main(args: Array[String]): Unit = {
        //创建流处理执行环境
        val senv=StreamExecutionEnvironment.getExecutionEnvironment
        //从自定义数据源中读取数据，创建DataStream
```

```
                val dataStream: DataStream[Domain.Student] = senv.addSource(new
MySQLSource)
            //打印流数据到控制台
            dataStream.print()
            //触发任务执行，指定作业名称
            senv.execute("StreamMySQLSource")
        }
    }
```

直接在IDEA中运行上述测试类，控制台输出结果如下：

```
3> Student(2,李四,22)
2> Student(1,张三,19)
4> Student(3,王五,20)
```

结果前面的数字表示执行线程的编号。

4.6　Transformation 数据转换

在 Flink 中，Transformation（转换）算子就是将一个或多个DataStream转换为新的DataStream，可以将多个转换组合成复杂的数据流（Dataflow）拓扑。

Transformation应用于一个或多个数据流或数据集，并产生一个或多个输出数据流或数据集。Transformation可能会在每个记录的基础上更改数据流或数据集，但也可以只更改其分区或执行聚合。

常用的Transformation算子介绍如下。

1. map(func)

map()算子接收一个函数作为参数，并把这个函数应用于DataStream的每个元素，最后将函数的返回结果作为结果DataStream中对应元素的值，即将DataStream的每个元素转换成新的元素。

如以下代码所示，对dataStream1应用map()算子，将dataStream1中的每个元素加一并返回一个名为dataStream2的新DataStream：

```
val dataStream1=senv.fromCollection(List(1,2,3,4,5,6))
val dataStream2=dataStream1.map(x=>x+1)
```

上述代码中，向算子map()传入了一个函数x=>x+1。其中x为函数的参数名称，也可以使用其他字符，例如a=>a+1。Flink会将DataStream中的每个元素传入该函数的参数中。当然，也可以将参数使用下画线"_"代替。例如以下代码：

```
val dataStream1=senv.fromCollection(List(1,2,3,4,5,6))
val dataStream2=dataStream1.map(_+1)
```

上述代码中的下画线代表dataStream1中的每个元素。

若需要查看计算结果，则可使用print()算子将结果打印到控制台，print()算子可以将DataStream写入标准输出流。然后触发任务执行，例如以下代码：

```
//打印结果到控制台
dataStream2.print()
//触发任务执行，指定作业名称
senv.execute("MyJob")
```

控制台输出结果如下：

```
3> 3
3> 7
4> 4
1> 5
2> 2
2> 6
```

上述使用map()算子的运行过程如图4-6所示。

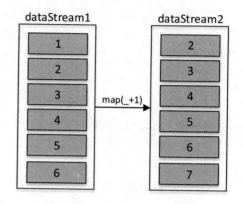

图4-6 map()算子的运行过程

2. flatMap(func)

与map()算子类似，但是每个传入该函数func的DataStream元素会返回0到多个元素，最终会将返回的所有元素合并到一个DataStream。

例如以下代码将集合List转为dataStream1，然后调用dataStream1的flatMap()算子将dataStream1的每个元素按照空格分割成多个元素，最终合并所有元素到一个新的DataStream。

```
//创建DataStream
val dataStream1=senv.fromCollection(
    List("hadoop hello scala","flink hello")
)
//调用flatMap()算子进行运算
val dataStream2=dataStream1.flatMap(_.split(" "))
//打印结果到控制台
dataStream2.print()
//触发任务执行，指定作业名称
senv.execute("MyJob")
```

上述代码中的下画线"_"代表dataStream1中的每个元素。
控制台输出结果如下：

```
2> hadoop
3> flink
3> hello
2> hello
2> scala
```

上述使用flatMap()算子的运行过程如图4-7所示。

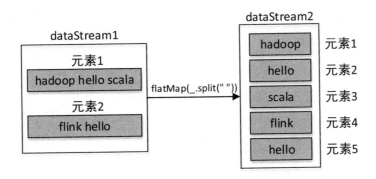

图 4-7　flatMap()算子的运行过程

3. filter(func)

通过函数filter对源DataStream的每个元素进行过滤，并返回一个新的DataStream。例如以下代码，过滤出dataStream1中大于3的所有元素，并输出结果。

```
val dataStream1=senv.fromCollection(List(1,2,3,4,5,6))
val dataStream2=dataStream1.filter(_>3)
dataStream2.print()
```

控制台输出结果如下：

```
1> 4
2> 5
3> 6
```

4. keyBy()

keyBy()算子主要作用于元素类型是元组或数组的DataStream上。使用该算子可以将DataStream中的元素按照指定的key（指定的字段）进行分组，具有相同key的元素将进入同一个分区中（不进行聚合），并且不改变原来元素的数据结构。例如，根据元素的形状对元素进行分组，相同形状的元素将被分配到一起，可被后续算子统一处理，如图4-8所示。

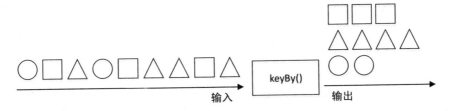

图 4-8　keyBy()算子的执行原理示意图

假设有两个同学zhangsan和lisi，zhangsan的语文和数学成绩分别为98、78，lisi的语文和数学成绩分别为88、79。将数据集的姓名作为key进行keyBy()操作，代码如下：

```
val dataStream=senv.fromCollection(
    List(("zhangsan",98),("zhangsan",78),("lisi",88),("lisi",79))
)
//使用数字位置指定，按照第一个字段分组
```

```
val keyedStream: KeyedStream[(String, Int), Tuple]=dataStream.keyBy(_._1)
keyedStream.print()
```

控制台输出结果如下:

```
4> (lisi,88)
4> (lisi,79)
3> (zhangsan,98)
3> (zhangsan,78)
```

从上述输出结果可以看出，同一组的元素被同一个线程执行。运行过程如图4-9所示。

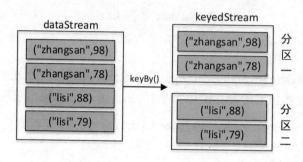

图 4-9   keyBy()算子的运行过程

需要注意的是，keyBy()算子的执行对象是DataStream，执行结果则是KeyedStream。KeyedStream实际上是一种特殊的DataStream，因为其继承了DataStream。KeyedStream用来表示根据指定的key进行分组的数据流。

5. reduce()

reduce()算子主要作用于KeyedStream上，对KeyedStream数据流进行滚动聚合，即将当前元素与上一个聚合值进行合并，并且发射出新值。该算子的原理与MapReduce中的Reduce类似，聚合前后的元素类型保持一致，如图4-10所示。

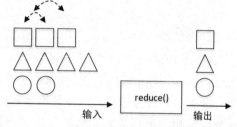

图 4-10   reduce ()算子的执行原理示意图

reduce()算子始终以滚动的方式将两个元素合并为一个元素，最终将一组元素合并为单个元素。reduce()算子可以用于整个数据集，也可以用于分组的数据集。该算子的执行效率比较高，因为它允许系统使用更有效的执行策略。

继续对前面两个同学zhangsan和lisi的成绩进行reduce()操作，求出每个同学的总成绩，代码如下:

```
val reducedDataStream: DataStream[(String, Int)] = keyedStream
  .reduce((t1, t2) => {
//聚合规则：将每一组的第二个字段进行累加，第一个字段保持不变。注意聚合后数据类型与聚合前保
持一致(String, Int)
    (t1._1, t1._2 + t2._2)
  })
reducedDataStream.print()
```

上述代码调用了KeyedStream的reduce()算子，并传入了聚合函数作为参数，聚合函数的参数t1、t2分别为KeyedStream中需要滚动聚合的两个元素。

控制台输出结果如下：

```
3> (zhangsan,98)
4> (lisi,88)
3> (zhangsan,176)
4> (lisi,167)
```

可以看出，输出的结果并不是一次将整个数据集的求和结果输出，而是将每条记录所滚动叠加的结果输出。

当然，也可以自定义聚合函数进行聚合运算。自定义聚合函数需要将ReduceFunction接口的实例作为参数传入reduce()算子中，代码如下：

```
val reduced=keyedStream.reduce(new ReduceFunction[(String, Int)] {
    //实现reduce()方法
override def reduce(t1: (String, Int), t2: (String, Int)): (String, Int) = {
        (t1._1, t1._2 + t2._2)//聚合逻辑
    }
})
reduced.print()
```

ReduceFunction是Flink聚合函数的基本接口，通过始终取两个元素并将它们组合为一个元素，最终将元素组合为一个值。像所有函数一样，ReduceFunction需要是可序列化的。

ReduceFunction接口的继承关系和方法如图4-11所示。

ReduceFunction的Java定义源码如下：

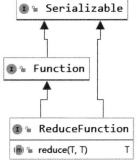

图 4-11　ReduceFunction 接口的继承关系图

```
/**
 * 聚合算子reduce()的基本接口
 * @param <T> 此函数处理的元素类型
 */
@Public
@FunctionalInterface
public interface ReduceFunction<T> extends Function, Serializable {

    /**
     * ReduceFunction的核心方法，将两个值合并成一个相同类型的值
     * 该函数连续地应用于组中的所有值，直到只剩下一个值为止
     *
     * @param value1 要合并的第一个值
     * @param value2 要合并的第二个值
     * @return 两个输入值的合并值
     */
```

```
    T reduce(T value1, T value2) throws Exception;
}
```

下面的例子增加了聚合的复杂度，需要对以下数据按照姓名进行聚合，求每个人的总成绩。

```
"Zhang", "English", 98 //姓名、科目、成绩
"Li", "English", 88
"Zhang", "Math", 78
"Li", "Math", 79
```

实现步骤如下。

（1）创建样例类
创建成绩样例类Score，代码如下：

```
case class Score(name: String, course: String, score: Int)
```

（2）执行聚合计算
使用自定义Reduce函数对数据进行聚合操作，代码如下：

```
//创建流处理的执行环境
val senv = StreamExecutionEnvironment.getExecutionEnvironment
//创建DataStream集合
val dataStream: DataStream[Score] = senv.fromElements(
    Score("Zhang", "English", 98),//姓名、科目、成绩
    Score("Li", "English", 88),
    Score("Zhang", "Math", 78),
    Score("Li", "Math", 79)
)
//自定义Reduce函数
class MyReduceFunction() extends ReduceFunction[Score] {
    //接收两个参数的输入，输出聚合后的值
    override def reduce(s1: Score, s2: Score): Score = {
        //输出的元素数据类型应与输入的参数类型保持一致
        Score(s1.name, "Sum", s1.score + s2.score)
    }
}

val reducedDataStream = dataStream
  .keyBy(_.name)//根据姓名分组
  .reduce(new MyReduceFunction)//对同一组的数据进行聚合
//打印聚合结果到控制台
reducedDataStream.print()
//执行作业，指定作业名称
senv.execute("StreamReduce")
```

若不使用自定义函数，则可以使用以下代码进行分组和聚合：

```
val reducedDataStream = dataStream
  .keyBy(_.name) //根据姓名分组
```

```
    .reduce((s1, s2) => { //对分组后的数据进行聚合
        Score(s1.name, "Sum", s1.score + s2.score)
    })
```

控制台输出结果如下:

```
4> Score(Li,English,88)
3> Score(Zhang,English,98)
3> Score(Zhang,Sum,176)
4> Score(Li,Sum,167)
```

总的来说，KeyedStream的reduce()算子使用时可以传入两种类型的参数，一种可以直接传入(T，T) => T形式的聚合函数，聚合函数的输入输出类型保持一致；另一种可以传入接口ReduceFunction的实例，需要实现ReduceFunction中定义的reduce()方法。查看KeyedStream类的源码也可以证明这一点，KeyedStream类中有两个重载的同名reduce()算子，其参数类型不同，源码如下：

```
/**
  * 对以Key分组的流元素进行聚合，创建一个新的DataStream
  * 每个Key对应一个独立的聚合
  */
def reduce(reducer: ReduceFunction[T]): DataStream[T] = {
    if (reducer == null) {
        throw new NullPointerException("Reduce function must not be null.")
    }

    asScalaStream(javaStream.reduce(reducer))
}
/**
  * 对以Key分组的流元素进行聚合，创建一个新的DataStream
  * 每个Key对应一个独立的聚合
  */
def reduce(fun: (T, T) => T): DataStream[T] = {
    if (fun == null) {
        throw new NullPointerException("Reduce function must not be null.")
    }
    val cleanFun = clean(fun)
    //创建ReduceFunction实例
    val reducer = new ReduceFunction[T] {
        def reduce(v1: T, v2: T) : T = { cleanFun(v1, v2) }
    }
    //调用同名重载方法
    reduce(reducer)
}
```

6. Aggregation

除了reduce()算子外，其他常用的聚合算子有sum()、max()、min()等，这些聚合算子统称

为Aggregation。Aggregation算子作用于KeyedStream上，并且进行滚动聚合。与keyBy()算子类似，可以使用数字或字段名称指定需要聚合的字段。例如以下代码：

```
keyedStream.sum(0);//对第一个字段进行求和
keyedStream.sum("key");//对字段key进行求和
keyedStream.min(0);
keyedStream.min("key");
keyedStream.max(0);
keyedStream.max("key");
keyedStream.minBy(0);
keyedStream.minBy("key");
keyedStream.maxBy(0);
keyedStream.maxBy("key");
```

sum()算子对指定的字段进行求和，并把结果保存在该字段上。对于其他字段，则不保证数值。例如以下代码，按第一个字段分组，对第二个字段求和：

```
val tupleStream = senv.fromElements(
    (0, 0, 0), (0, 1, 1), (0, 2, 2),
    (1, 0, 6), (1, 1, 7), (1, 2, 8)
)
val sumStream = tupleStream
    .keyBy(_._1)
    .sum(1)
sumStream.print()
```

输出结果如下：

```
(0,0,0)
(0,1,0)
(0,3,0)
(1,0,6)
(1,1,6)
(1,3,6)
```

max()算子对指定的字段求最大值，并把结果保存在该字段上。对于其他字段，则不保证数值。例如以下代码，按第一个字段分组，对第二个字段求最大值：

```
val tupleStream = senv.fromElements(
    (0, 0, 0), (0, 1, 1), (0, 2, 2),
    (1, 0, 6), (1, 1, 7), (1, 2, 8)
)
val sumStream = tupleStream
    .keyBy(_._1)
    .max(1)
sumStream.print()
```

输出结果如下：

```
(0,0,0)
(0,1,0)
(0,2,0)
(1,0,6)
(1,1,6)
(1,2,6)
```

maxBy()与max()算子的区别在于，maxBy()返回的是指定字段中最大值所在的整个元素，即maxBy()可以得到数据流中最大的元素。例如以下代码，按第一个字段分组，对第二个字段求最大值：

```
val tupleStream = senv.fromElements(
    (0, 0, 0), (0, 1, 1), (0, 2, 2),
    (1, 0, 6), (1, 1, 7), (1, 2, 8)
)
val sumStream = tupleStream
    .keyBy(_._1)
    .maxBy(1)
sumStream.print()
```

输出结果如下：

```
(0,0,0)
(0,1,1)
(0,2,2)
(1,0,6)
(1,1,7)
(1,2,8)
```

同理，min()和minBy()的区别也是如此。

我们已经知道，keyBy()算子会将DataStream转换为KeyedStream，而Aggregation算子会将KeyedStream转换为DataStream。相关类型转换如图4-12所示。

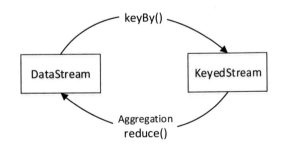

图 4-12　DataStream 与 KeyedStream 数据类型转换示意图

7. union()

union()算子用于将两个或多个数据流进行合并，创建一个包含所有数据流所有元素的新流（不会去除重复元素）。如果将一个数据流与它本身合并，在结果流中，每个元素会出现两次。使用union()算子合并数据流，如图4-13所示。

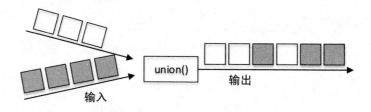

图 4-13　union()算子执行原理示意图

union()算子执行过程中，多条数据流中的元素会以先进先出的方式合并，无法保证顺序，每个输入的元素都会被发往下游算子。使用union()算子对两个数据流进行合并，代码如下：

```
//创建数据流一
val dataStream1 = senv.fromElements(
    (0, 0, 0), (1, 1, 1), (2, 2, 2)
)
//创建数据流二
val dataStream2 = senv.fromElements(
    (3, 3, 3), (4, 4, 4), (5, 5, 5)
)
//合并两个数据流
val unionDataStream=dataStream1.union(dataStream2)
unionDataStream.print()
```

输出结果如下：

```
(0,0,0)
(5,5,5)
(4,4,4)
(2,2,2)
(1,1,1)
(3,3,3)
```

需要注意的是，union()算子要求多个数据流的数据类型必须相同。

8. connect()

connect()算子可以连接两个数据流，并保持各自元素的数据类型不变，允许在两个流之间共享状态数据。与union()算子相比，二者的区别在于：

1）union()要求多个数据流的数据类型必须相同，connect()允许多个数据流中的元素类型可以不同。

2）union()可以合并多个数据流，但connect()只能连接两个数据流。

3）union()的执行结果是DataStream，而connect()的执行结果是ConnectedStreams；ConnectedStreams表示两个（可能）不同数据类型的连接流，可以对两个流的数据应用不同的处理方法，当一个流上的操作直接影响另一个流上的操作时，连接流非常有用。可以通过流之间的共享状态对两个流进行操作。

使用connect()算子连接两个数据流，代码如下：

```
//创建流处理的执行环境
val senv = StreamExecutionEnvironment.getExecutionEnvironment
//创建数据流一
val dataStream1: DataStream[Int] = senv.fromElements(1, 2, 5, 3)
//创建数据流二
val dataStream2: DataStream[String] = senv.fromElements("a", "b", "c", "d")
//连接两个数据流
val connectedStream: ConnectedStreams[Int, String] =
dataStream1.connect(dataStream2)

//CoMapFunction三个泛型分别对应第一个流的输入、第二个流的输入以及map之后的输出
class MyCoMapFunction extends CoMapFunction[Int, String, String] {❶
    //处理第一个流中的元素
    override def map1(input1: Int): String = input1.toString
    //处理第二个流中的元素
    override def map2(input2: String): String = input2
}
//对连接流进行map处理
val resultDataStream: DataStream[String] =connectedStream.map(new ❷
MyCoMapFunction)
resultDataStream.print()
```

输出结果如下：

```
3
5
a
1
b
2
c
d
```

上述代码解析如下：

❶ 定义类MyCoMapFunction并实现接口CoMapFunction。CoMapFunction接口用于对两个连接的流（ConnectedStreams）进行map()转换操作，该接口定义了两个函数map1()和map2()，map1()处理第一个流的数据，map2()处理第二个流的数据，两个函数返回的数据类型保持一致。Flink不能保证两个函数的调用顺序，两个函数的调用顺序依赖于两个数据流数据的流入先后顺序，即第一个数据流有数据到达时，map1()会被调用，第二个数据流有数据到达时，map2()会被调用。

CoMapFunction的定义源码如下：

```
/**
 * CoMapFunction对两个连接的流进行map()转换操作
 * 转换函数的相同实例用于转换两个连接的流。这样，流转换就可以共享
 *
```

```
 * @param <IN1> 第一个输入流元素的类型
 * @param <IN2> 第二个输入流元素的类型
 * @param <OUT> 输出元素类型
 */
@Public
public interface CoMapFunction<IN1, IN2, OUT> extends Function, Serializable {
    /**
     * 对连接的第一个流中的每个元素调用此方法
     *
     * @param value 流元素
     * @return 结果元素
     * @throws Exception 该函数可能抛出异常，导致流程序失败
     */
    OUT map1(IN1 value) throws Exception;

    /**
     * 对连接的第二个流中的每个元素调用此方法
     *
     * @param value 流元素
     * @return 结果元素
     * @throws Exception 该函数可能抛出异常，导致流程序失败
     */
    OUT map2(IN2 value) throws Exception;
}
```

同理，与CoMapFunction对应的接口还有CoFlatMapFunction。CoFlatMapFunction接口用于对两个连接的流（ConnectedStreams）进行flatMap()转换操作,该接口定义了两个函数flatMap1()和flatMap2()，flatMap1()处理第一个流的数据，flatMap2()处理第二个流的数据。Flink不能保证两个函数的调用顺序，两个函数的调用顺序依赖于两个数据流数据的流入先后顺序，即第一个数据流有数据到达时，flatMap1()会被调用，第二个数据流有数据到达时，flatMap2()会被调用。

CoFlatMapFunction的定义源码如下：

```
import org.apache.flink.annotation.Public;
import org.apache.flink.api.common.functions.Function;
import org.apache.flink.util.Collector;
import java.io.Serializable;
/**
 * CoFlatMapFunction对两个连接的流进行flatMap()转换操作
 * 转换函数的相同实例用于转换两个连接的流。这样，流转换就可以共享
 * @param <IN1> 第一个输入流元素的类型
 * @param <IN2> 第二个输入流元素的类型
 * @param <OUT> 输出元素类型
 */
@Public
```

```
public interface CoFlatMapFunction<IN1, IN2, OUT> extends Function,
Serializable {

    /**
     * 对连接的第一个流中的每个元素调用此方法
     *
     * @param value 流元素
     * @param out    用于发送结果元素的收集器
     * @throws Exception 该函数可能抛出异常，导致流程序失败
     */
    void flatMap1(IN1 value, Collector<OUT> out) throws Exception;

    /**
     * 对连接的第二个流中的每个元素调用此方法
     *
     * @param value 流元素
     * @param out    用于发送结果元素的收集器
     * @throws Exception 该函数可能抛出异常，导致流程序失败
     */
    void flatMap2(IN2 value, Collector<OUT> out) throws Exception;
}
```

❷ 在连接的流（ConnectedStreams）上调用map()函数，传入CoMapFunction接口的实现，最终将两个数据集合并成目标数据集。这种方式也称为对ConnectedStreams应用的CoMap转换。转换由两个独立的函数组成，其中第一个函数针对第一个连接流的每个元素调用，第二个函数针对第二个连接流的每个元素调用。

整个过程数据类型的转换如图4-14所示。

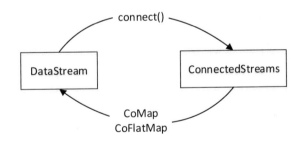

图 4-14　union()算子执行原理示意图

4.7　Sink 数据输出

Flink可以使用DataStream API将数据流输出到文件、Socket、外部系统等。Flink自带了各种内置的输出格式，说明如下。

- writeAsText()：将元素转为String类型按行写入外部输出。String类型是通过调用每个元素的toString()方法获得的。

- writeToSocket()：将元素写入Socket。
- writeAsCsv()：将元组写入以逗号分隔的文本文件。行和字段分隔符是可配置的。每个字段的值来自对象的toString()方法。
- addSink()：调用自定义接收函数。Flink可以与其他系统（如Apache Kafka）的连接器集成在一起，这些系统已经实现了自定义接收函数。

DataStream上的write*()方法主要用于调试。将数据写入目标系统取决于OutputFormat的实现。这意味着不是所有发送到OutputFormat的元素都会立即显示在目标系统中。此外，在写入失败的情况下，这些记录可能会丢失。

要可靠地将流精确地一次写入文件系统，需要使用StreamingFileSink。此外，通过. addSink()方法可以参与到Flink的检查点（Checkpoint，4.13.1节将详细讲解）中，以实现"精确的一次"语义。

关于Sink的数据输出，本书不作为重点讲解。

4.8 数据类型与序列化

Flink以其独特的方式来处理数据类型以及序列化，这种方式包括它自身的类型描述符、泛型类型提取以及类型序列化框架。

Flink对DataSet或DataStream中的元素类型进行了一些限制。这样做的原因是系统可以分析类型，以确定有效的执行策略。

Flink有7种不同的数据类型：

- Java Tuple和Scala Case Class。
- Java POJO。
- 基本数据类型。
- 通用类类型。
- 值类型。
- Hadoop Writable。
- 特殊类型。

1. Tuple和Case Class

Scala的Case类（以及Scala元组，后者是Case类的一种特殊情况）是包含固定数量的不同类型字段的复合类型。元组字段通过其偏移量的名称进行寻址，例如第一个字段为_1。Case类字段通过名称访问。例如以下代码：

```
//创建Case类
case class WordCount(word: String, count: Int)

//构建DataStream，元素为Case类
val input = env.fromElements(
    WordCount("hello", 1),
```

```
    WordCount("world", 2)) //Case类数据设置
input.keyBy(_.word)//分组
```

```
//构建DataStream，元素为Tuple
val input2 = env.fromElements(("hello", 1), ("world", 2))//Tuple数据设置
input2.keyBy(value => (value._1, value._2)) //分组
```

2. POJO

如果Java和Scala类满足以下要求，Flink会将它们视为特殊的POJO数据类型：

- 类必须是公有的。
- 必须有一个没有参数的公共构造函数（默认构造函数）。
- 所有字段要么是公共的，要么必须通过getter和setter函数访问。对于名为foo的字段，getter和setter方法必须命名为getFoo()和setFoo()。
- 已注册的序列化程序必须支持字段的类型。

POJO通常用PojoTypeInfo表示，并用PojoSerializer序列化。例外情况是，POJO实际上是Avro类型（Avro特定记录）或产生为"Avro反射类型"。在这种情况下，POJO由AvroTypeInfo表示，并用AvroSerializer序列化。如果需要，你也可以注册自己的定制序列化器。

Flink会分析POJO类型的结构，也就是说，它了解POJO的字段。因此，POJO类型比一般类型更容易使用。而且与一般类型相比，Flink可以更有效地处理POJO。

下面的示例展示了一个带有两个公共字段的简单POJO：

```
//POJO类
class WordWithCount(var word: String, var count: Int) {
    def this() {
      this(null, -1)
    }
}
//构建DataStream
val input = env.fromElements(
    new WordWithCount("hello", 1),
    new WordWithCount("world", 2)) //Case类数据设置
```

```
input.keyBy(_.word)//分组
```

3. 基本数据类型

Flink支持所有Java和Scala基本类型，如Integer、String和Double。

4. 通用类类型

Flink支持大多数Java和Scala类（API和自定义），限制适用于不能序列化字段的类，如文件指针、I/O流或其他本机资源，对遵循Java Bean约定的类支持得很好。

所有未被标识为POJO类型的类都由Flink作为通用类类型处理。Flink将这些数据类型视为黑盒子，并且无法访问其内容（例如，用于有效排序）。我们可以使用序列化框架Kryo对通用类类型进行反序列化。

5. 值类型

值类型手动描述其序列化和反序列化。它们没有使用通用的序列化框架，而是通过实现带有read和write方法的org.apache.flink.types.Value接口为这些操作提供自定义代码。当通用序列化效率非常低时，使用值类型是合理的。例如，将元素的稀疏向量实现为数组的数据类型。org.apache.flink.types.CopyableValue接口以类似的方式支持手动内部克隆逻辑。

Flink带有预定义的值类型，对应基本数据类型（ByteValue、ShortValue、IntValue、LongValue、FloatValue、DoubleValue、StringValue、CharValue、BooleanValue）。这些值类型充当基本数据类型的可变变体：它们的值可以更改，允许重用对象并减轻垃圾收集器的压力。

6. Hadoop Writable

用户可以使用实现org.apache.hadoop.Writable接口的类型。这种类型将使用write()和readFields()方法中定义的序列化逻辑进行序列化。

7. 特殊类型

特殊类型包括Scala API的Either、Option和Try。Either表示两种可能类型的值：Left或Right。对于需要输出两种不同类型记录的错误处理或操作符来说，这两种类型都很有用。与Scala的Either类似，Java API有自己的自定义实现。

4.9　分区策略

数据在算子之间流动需要依靠分区策略（分区器），Flink目前内置了8种已实现的分区策略和1种自定义分区策略。已实现的分区策略对应的API为：

```
BinaryHashPartitioner
BroadcastPartitioner
ForwardPartitioner
GlobalPartitioner
KeyGroupStreamPartitioner
RebalancePartitioner
RescalePartitioner
ShufflePartitioner
```

自定义分区策略的API为CustomPartitionerWrapper。

各个API的继承关系如图4-15所示。

ChannelSelector是分区策略的顶层接口，其决定了记录应该写入哪个逻辑通道，通道可理解为下游算子的某个实例，或下游并行算子的某个子任务。该接口的定义源码如下：

```
public interface ChannelSelector<T extends IOReadableWritable> {
    /**
     * 用输出通道的数量初始化通道选择器
     * @param numberOfChannels输出通道的总数
```

```
    */
    void setup(int numberOfChannels);
    /**
     * 决定将当前记录发送到下游哪个通道。不同的分区策略对该方法的实现不同
     * @param 要向通道输出的记录
     * @return 一个整数，表示将记录转发到输出通道的索引（相当于通道编号）
     */
    int selectChannel(T record);
    /**
     * 是否总是选择所有输出通道，即是否以广播的形式发送到下游所有的算子实例
     * @return true代表以广播的形式
     */
    boolean isBroadcast();
}
```

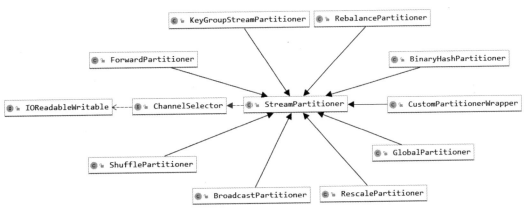

图 4-15　Flink 各个分区策略的继承关系图

抽象类StreamPartitioner实现了ChannelSelector接口，是一个用于流程序的特殊的ChannelSelector，其中定义了一些通用的分区策略方法。Flink中的所有分区策略（分区器）都继承了StreamPartitioner类，并且实现了各自独有的分区规则。

4.9.1　内置分区策略

1. BinaryHashPartitioner

该分区策略位于Blink的Table API的org.apache.flink.table.runtime.partitioner包中，是一种针对BinaryRowData的哈希分区器。BinaryRowData是RowData的实现，可以显著减少Java对象的序列化/反序列化。RowData用于表示结构化数据类型，运行时通过Table API或SQL管道传递的所有顶级记录都是RowData的实例。关于BinaryHashPartitioner，此处不做过多讲解。

2. BroadcastPartitioner

广播分区策略将上游数据记录输出到下游算子的每个并行实例中，即下游每个分区都会有上游的所有数据。使用DataStream的broadcast()方法即可设置该DataStream向下游发送数据时使用广播分区策略，Java代码如下：

```
dataStream.broadcast()
```

查看broadcast()方法的源码可以发现，其使用了BroadcastPartitioner，代码如下：

```
/**
 * 设置DataStream的分区策略为广播策略
 * @return 带有广播分区设置的DataStream
 */
public DataStream<T> broadcast() {
    return setConnectionType(new BroadcastPartitioner<T>());
}
```

下面通过一个示例来更好地理解广播分区策略。该示例首先对DataStream使用map算子输出每个元素所属的子任务编号（相当于分区编号），产生一个新的dataStreamOne；对dataStreamOne设置广播分区策略后，产生新的dataStreamTwo；对dataStreamTwo再次使用map算子输出每个元素所属的子任务编号，对比前后每个元素所属的子任务编号即可。示例完整代码如下：

```
import org.apache.flink.api.common.functions.RichMapFunction
import org.apache.flink.streaming.api.scala._
/**
 * Broadcast广播分区策略
 */
object BroadcastExample {
  def main(args: Array[String]): Unit = {
    val env=StreamExecutionEnvironment.getExecutionEnvironment
    //设置当前作业所有算子的并行度为3
    env.setParallelism(3)
    //创建DataStream
    val dataStream: DataStream[Int] = env.fromElements(1, 2, 3, 4, 5, 6)
    //1.分区策略前的操作--------------------
    //输出dataStream每个元素及所属的子任务编号，编号范围为[0,并行度-1]
    val dataStreamOne=dataStream.map(new RichMapFunction[Int,Int] {
      override def map(value: Int): Int = {
        println(
          "元素值："+value+"。分区策略前,子任务编号："+getRuntimeContext().
getIndexOfThisSubtask()
        )
        value
      }
    })
    //2.设置分区策略---------------------------
    //设置DataStream向下游发送数据时使用广播分区策略
    val dataStreamTwo=dataStreamOne.broadcast
    //3.分区策略后的操作--------------------
    //输出dataStream每个元素及所属的子任务编号，编号范围为[0,并行度-1]
    dataStreamTwo.map(new RichMapFunction[Int,Int] {
      override def map(value: Int): Int = {
```

```
            println(
                "元素值："+value+"。分区策略后,子任务编号："+getRuntimeContext().
getIndexOfThisSubtask()
                )
                value
            }
        }).print()
        env.execute("ShuffleExample");
    }
}
```

直接在IDEA中运行上述代码，控制台输出结果如下：

元素值：1。分区策略前,子任务编号：0
元素值：2。分区策略前,子任务编号：1
元素值：3。分区策略前,子任务编号：2
元素值：4。分区策略前,子任务编号：0
元素值：5。分区策略前,子任务编号：1
元素值：6。分区策略前,子任务编号：2

元素值：1。分区策略后,子任务编号：2
元素值：2。分区策略后,子任务编号：0
元素值：1。分区策略后,子任务编号：1
元素值：4。分区策略后,子任务编号：1
元素值：4。分区策略后,子任务编号：2
元素值：5。分区策略后,子任务编号：0
元素值：2。分区策略后,子任务编号：1
元素值：1。分区策略后,子任务编号：0
元素值：2。分区策略后,子任务编号：2
元素值：4。分区策略后,子任务编号：0
元素值：5。分区策略后,子任务编号：1
元素值：5。分区策略后,子任务编号：2
元素值：3。分区策略后,子任务编号：2
元素值：3。分区策略后,子任务编号：0
元素值：3。分区策略后,子任务编号：1
元素值：6。分区策略后,子任务编号：2
元素值：6。分区策略后,子任务编号：1
元素值：6。分区策略后,子任务编号：0

从输出结果可以看出，数据共分为3个分区（编号为0、1、2）。执行分区策略前，每个元素所属的分区如表4-1所示。

表 4-1　执行分区策略前每个元素所属的分区

上游分区	元　　素
0	1、4
1	2、5
2	3、6

执行分区策略后，每个元素所属的分区如表4-2所示。

表 4-2　执行分区策略后每个元素所属的分区

下游分区	元　素
0	1、2、3、4、5、6
1	1、2、3、4、5、6
2	1、2、3、4、5、6

对比表4-1和表4-2发现，广播分区策略将上游每个元素分别发送到了下游算子的所有分区，这种策略会把数据复制多份，向下游算子的每个分区发送一份。使用数据流图表示如图4-16所示。

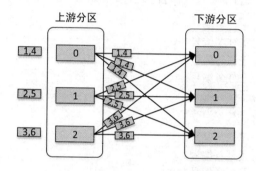

图 4-16　广播分区策略数据流图

3. ForwardPartitioner

转发分区策略只将元素转发给本地运行的下游算子的实例，即将元素发送到与当前算子实例在同一个TaskManager的下游算子实例，而不需要进行网络传输。要求上下游算子并行度一样，这样上下游算子可以同属一个子任务。

使用DataStream的forward()方法即可设置该DataStream向下游发送数据时使用转发分区策略，Java代码如下：

```
dataStream.forward()
```

查看forward ()方法的源码可以发现，其使用了ForwardPartitioner，代码如下：

```
/**
 * 设置DataStream的分区策略为转发策略
 * @return 带有转发分区设置的DataStream
 */
public DataStream<T> forward() {
    return setConnectionType(new ForwardPartitioner<T>());
}
```

将前面广播分区策略的示例代码改为转发分区策略，改动的代码如下：

```
//设置DataStream向下游发送数据时使用转发分区策略
val dataStreamTwo=dataStreamOne.forward
```

在IDEA中运行整个应用程序，控制台输出结果如下：

元素值：1。分区策略前,子任务编号：1
元素值：2。分区策略前,子任务编号：2
元素值：3。分区策略前,子任务编号：0
元素值：4。分区策略前,子任务编号：1
元素值：5。分区策略前,子任务编号：2
元素值：6。分区策略前,子任务编号：0

元素值：1。分区策略后,子任务编号：1
元素值：2。分区策略后,子任务编号：2
元素值：3。分区策略后,子任务编号：0
元素值：4。分区策略后,子任务编号：1
元素值：5。分区策略后,子任务编号：2
元素值：6。分区策略后,子任务编号：0

从输出结果可以看出，数据共分为3个分区（编号为0、1、2）。执行分区策略前，每个元素所属的分区如表4-3所示。

表 4-3　执行分区策略前每个元素所属的分区

上游分区	元　　素
0	3、6
1	1、4
2	2、5

执行分区策略后，每个元素所属的分区如表4-4所示。

表 4-4　执行分区策略后每个元素所属的分区

下游分区	元　　素
0	3、6
1	1、4
2	2、5

对比表4-3和表4-4发现，转发分区策略将上游同一个分区的元素发送到了下游同一个分区中。使用数据流图表示如图4-17所示。

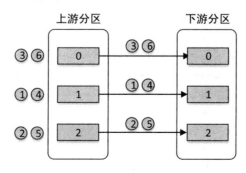

图 4-17　转发分区策略数据流图

在上下游的算子没有指定分区策略的情况下，如果上下游的算子并行度一致，则默认使用ForwardPartitioner，否则使用RebalancePartitioner。在StreamGraph类的源码中可以看到该规则：

```
if(partitioner==null
        &&upstreamNode.getParallelism()==downstreamNode.getParallelism()){
    partitioner=new ForwardPartitioner<Object>();
}else if(partitioner==null){
    partitioner=new RebalancePartitioner<Object>();
}
```

对于ForwardPartitioner，必须保证上下游算子并行度一致，否则会抛出异常。

4. GlobalPartitioner

全局分区策略将上游所有元素发送到下游子任务编号等于0的分区算子实例上（下游第一个实例）。

使用DataStream的global()方法即可设置该DataStream向下游发送数据时使用全局分区策略，Java代码如下：

```
dataStream.global()
```

查看global ()方法的源码可以发现，其使用了GlobalPartitioner，代码如下：

```
/**
 * 设置DataStream的分区策略为全局策略
 * @return 带有全局分区设置的DataStream
 */
public DataStream<T> global() {
    return setConnectionType(new GlobalPartitioner<T>());
}
```

将前面广播分区策略的示例代码改为全局分区策略，改动的代码如下：

```
//设置DataStream向下游发送数据时使用转发分区策略
val dataStreamTwo=dataStreamOne.global
```

在IDEA中运行整个应用程序，控制台输出结果如下：

```
元素值：1。分区策略前,子任务编号：1
元素值：2。分区策略前,子任务编号：2
元素值：3。分区策略前,子任务编号：0
元素值：4。分区策略前,子任务编号：1
元素值：5。分区策略前,子任务编号：2
元素值：6。分区策略前,子任务编号：0

元素值：1。分区策略后,子任务编号：0
元素值：2。分区策略后,子任务编号：0
元素值：3。分区策略后,子任务编号：0
元素值：4。分区策略后,子任务编号：0
```

元素值：5。分区策略后，子任务编号：0
元素值：6。分区策略后，子任务编号：0

从输出结果可以看出，数据共分为3个分区（编号为0、1、2）。执行分区策略前，每个
元素所属的分区如表4-5所示。

表 4-5 执行分区策略前每个元素所属的分区

上游分区	元素
0	3、6
1	1、4
2	2、5

执行分区策略后，每个元素所属的分区如表4-6所示。

表 4-6 执行分区策略后每个元素所属的分区

下游分区	元　素
0	1、2、3、4、5、6

对比表4-5和表4-6发现，全局分区策略将上游所有分区中的所有元素发送到了下游编号为0的分区中。使用数据流图表示如图4-18所示。

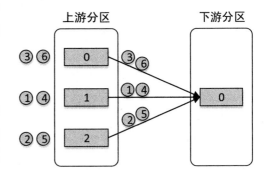

图 4-18 全局分区策略数据流图

5. KeyGroupStreamPartitioner

Key分区策略根据元素Key的Hash值输出到下游算子指定的实例。keyBy()算子底层正是使用的该分区策略，底层最终会调用KeyGroupStreamPartitioner的selectChannel()方法，计算每个Key对应的通道索引（通道编号，可理解为分区编号），根据通道索引将Key发送到下游相应的分区中。selectChannel()方法源码如下：

```
/**
 * 计算通道索引（编号），即将当前记录发送到下游哪个通道。不同的分区策略对该方法的实现不同
 * @param 要向通道输出的记录
 * @return 一个整数，表示将记录转发到输出通道的索引（相当于通道编号）
 */
public int selectChannel(SerializationDelegate<StreamRecord<T>> record) {
    K key;
    try {
        //获取元素中的Key
        key = keySelector.getKey(record.getInstance().getValue());
    } catch (Exception e) {
        throw new RuntimeException(
            "Could not extract key from " + record.getInstance().getValue(), e);
    }
    //计算通道索引（编号，可以理解为分区编号）
```

```
        return KeyGroupRangeAssignment.assignKeyToParallelOperator(
                key, maxParallelism, numberOfChannels);
    }
```

从上述源码可以看出，selectChannel()方法的作用是计算通道索引（编号，也可以理解为分区编号）。该方法首先获取元素中的Key，然后将Key传递给KeyGroupRangeAssignment 类的assignKeyToParallelOperator()方法计算通道索引。

接下来查看assignKeyToParallelOperator()方法的源码如下：

```
/**
 * 根据给定的Key计算通道索引，即给定Key应路由到的算子实例的索引
 * @param key 给定的Key
 * @param  maxParallelism 系统支持的最大并行度。如果没有进行配置，默认为128
 * @param parallelism 当前算子的并行度，即通道数量
 * @return 通道索引
 */
public static int assignKeyToParallelOperator(
                                        Object key,
                                        int maxParallelism,
                                        int parallelism) {
    Preconditions.checkNotNull(key, "Assigned key must not be null!");
    //根据给定并行度和最大并行度计算Key组所属的算子实例的索引
    return computeOperatorIndexForKeyGroup(
      maxParallelism, parallelism, assignToKeyGroup(key, maxParallelism));
}
```

上述代码最后调用了当前类的computeOperatorIndexForKeyGroup()方法，该方法的源码如下：

```
/**
 * 根据给定并行度和最大并行度计算Key组所属的算子实例的索引
 * @param maxParallelism 作业最初创建时支持的最大并行度，默认为128。必须是
0<parallelism<=maxParallelism<= Short.MAX_VALUE
 * @param parallelism 作业运行时的当前并行度，即通道数量。必须是小于等于maxParallelism
 * @param keyGroupId Key组ID, 0<=keyGroupID< maxParallelism
 * @return Key组所属的算子实例的索引
 */
public static int computeOperatorIndexForKeyGroup(
                                        int maxParallelism,
                                        int parallelism,
                                        int keyGroupId) {
    return keyGroupId * parallelism / maxParallelism;
}
```

从上述源码可以看出，最终结果由keyGroupId * parallelism / maxParallelism计算得出。而keyGroupId是由方法assignToKeyGroup(key, maxParallelism)计算得出的，该方法及其相关方法源码如下：

```
/**
 * 根据给定的Key计算Key组的索引
 * @param key 给定的Key
 * @param maxParallelism 系统支持的最大并行度，默认为128
 * @return Key组ID，即Key组的索引
 */
public static int assignToKeyGroup(Object key, int maxParallelism) {
    Preconditions.checkNotNull(key, "Assigned key must not be null!");
    return computeKeyGroupForKeyHash(key.hashCode(), maxParallelism);
}


/**
 * 根据给定的Key计算Key组的索引
 * @param keyHash Key的Hash值
 * @param maxParallelism 支持的最大并行度，默认为128
 * @return Key组ID，即Key组的索引
 */
public static int computeKeyGroupForKeyHash(int keyHash,int maxParallelism){
    return MathUtils.murmurHash(keyHash) % maxParallelism;
}
```

总的来说，Flink底层计算通道索引（分区编号）的流程如下：

1）计算Key的HashCode值。

2）将Key的HashCode值进行特殊的Hash处理，即MathUtils.murmurHash(keyHash)，返回一个非负哈希码。

3）将非负哈希码除以最大并行度取余数，得到keyGroupId，即Key组索引。

4）使用公式keyGroupId×parallelism/maxParallelism得到分区编号。parallelism为当前算子的并行度，即通道数量；maxParallelism为系统默认支持的最大并行度，即128。

6. RebalancePartitioner

平衡分区策略使用循环遍历下游分区的方式，将上游元素均匀分配给下游算子的每个实例。每个下游算子的实例都具有相等的负载。当数据流中的元素存在数据倾斜时，使用该策略对性能有很大的提升。

使用DataStream的rebalance()方法即可设置该DataStream向下游发送数据时使用平衡分区策略，Java代码如下：

```
dataStream.rebalance()
```

查看rebalance()方法的源码可以发现，其使用了RebalancePartitioner，代码如下：

```
/**
 * 设置DataStream的分区策略为平衡策略
 * @return 带有平衡分区设置的DataStream
 */
public DataStream<T> rebalance() {
```

```
            return setConnectionType(new RebalancePartitioner<T>());
    }
```

下面通过一个示例来更好地理解平衡分区策略。该示例首先对DataStream使用map算子输出每个元素所属的子任务编号（相当于分区编号），同时设置该算子的并行度为2，产生一个新的dataStreamOne；对dataStreamOne设置平衡分区策略后，产生新的dataStreamTwo；对dataStreamTwo再次使用map算子输出每个元素所属的子任务编号，同时设置该算子的并行度为3，对比前后每个元素所属的子任务编号即可。示例完整代码如下：

```scala
import org.apache.flink.api.common.functions.RichMapFunction
import org.apache.flink.streaming.api.scala._
/**
  * Rebalance平衡分区策略
  */
object RebalanceExample {
    def main(args: Array[String]): Unit = {
        val env=StreamExecutionEnvironment.getExecutionEnvironment
        //创建DataStream
        val dataStream: DataStream[Int] = env.fromElements(1, 2, 3, 4, 5, 6)
        //1.分区策略前的操作--------------------
        //输出dataStream每个元素及所属的子任务编号，编号范围为[0,并行度-1]
        val dataStreamOne=dataStream.map(new RichMapFunction[Int,Int] {
            override def map(value: Int): Int = {
                println(
                    "元素值："+value+"。分区策略前,子任务编号："+getRuntimeContext().
getIndexOfThisSubtask()
                )
                value
            }
        }).setParallelism(2)
        //2.分区策略--------------------
        //设置DataStream向下游发送数据时使用平衡分区策略
        val dataStreamTwo=dataStreamOne.rebalance
        //3.分区策略后的操作--------------------
        dataStreamTwo.map(new RichMapFunction[Int,Int] {
            override def map(value: Int): Int = {
                println(
                    "元素值："+value+"。分区策略后,子任务编号："+getRuntimeContext().
getIndexOfThisSubtask()
                )
                value
            }
        }).setParallelism(3)
          .print()

        env.execute("RebalanceExample");
    }
}
```

直接在IDEA中运行上述代码，控制台输出结果如下：

元素值：1。分区策略前,子任务编号：0
元素值：2。分区策略前,子任务编号：1
元素值：3。分区策略前,子任务编号：0
元素值：4。分区策略前,子任务编号：1
元素值：5。分区策略前,子任务编号：0
元素值：6。分区策略前,子任务编号：1

元素值：1。分区策略后,子任务编号：1
元素值：2。分区策略后,子任务编号：1
元素值：3。分区策略后,子任务编号：2
元素值：4。分区策略后,子任务编号：2
元素值：5。分区策略后,子任务编号：0
元素值：6。分区策略后,子任务编号：0

从输出结果可以看出，执行分区策略前，数据共分为两个分区（编号为0和1）。每个元素所属的分区如表4-7所示。

表 4-7　执行分区策略前每个元素所属的分区

上游分区	元　素
0	1、3、5
1	2、4、6

执行分区策略后，数据共分为3个分区（编号为0、1、2）。每个元素所属的分区如表4-8所示。

表 4-8　执行分区策略后每个元素所属的分区

下游分区	元　素
0	5、6
1	1、2
2	3、4

对比表4-7和表4-8发现，平衡分区策略将上游所有元素均匀发送到了下游算子的所有分区。使用数据流图表示如图4-19所示。

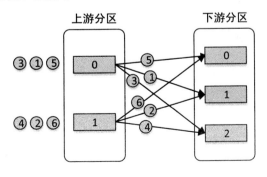

图 4-19　广播分区策略数据流图

7. RescalePartitioner

重新调节分区策略基于上下游算子的并行度，将元素以循环的方式输出到下游算子的每个实例。类似于平衡分区策略，但又与平衡分区策略不同。

上游算子将元素发送到下游哪一个算子实例，取决于上游和下游算子的并行度。例如，如果上游算子的并行度为2，而下游算子的并行度为4，那么一个上游算子实例将把元素均匀分配给两个下游算子实例，而另一个上游算子实例将把元素均匀分配给另外两个下游算子实例。相反，如果下游算子的并行度为2，而上游算子的并行度为4，那么两个上游算子实例将分配给一个下游算子实例，而另外两个上游算子实例将分配给另一个下游算子实例。

假设上游算子并行度为2，分区编号为A和B，下游算子并行度为4，分区编号为1、2、3、4，那么A将把数据循环发送给1和2，B则把数据循环发送给3和4。假设上游算子并行度为4，编号为A、B、C、D，下游算子并行度为2，编号为1、2，那么A和B把数据发送给1，C和D则把数据发送给2。

使用DataStream的rescale()方法即可设置该DataStream向下游发送数据时使用重新调节分区策略，Java代码如下：

```
dataStream.rescale()
```

查看rescale()方法的源码可以发现，其使用了RescalePartitioner，代码如下：

```
/**
 * 设置DataStream的分区策略为重新调节策略
 * @return 带有重新调节分区设置的DataStream
 */
public DataStream<T> rescale() {
    return setConnectionType(new RescalePartitioner<T>());
}
```

将前面的平衡分区策略的示例代码改为重新调节分区策略，改动的代码如下：

```
//设置DataStream向下游发送数据时使用重新调节分区策略
val dataStreamTwo=dataStreamOne.rescale
```

同时将第一个map算子的并行度设置为2，第二个map算子的并行度设置为4。

在IDEA中运行整个应用程序，控制台输出结果如下：

```
元素值：1。分区策略前,子任务编号：1
元素值：2。分区策略前,子任务编号：0
元素值：3。分区策略前,子任务编号：1
元素值：4。分区策略前,子任务编号：0
元素值：5。分区策略前,子任务编号：1
元素值：6。分区策略前,子任务编号：0

元素值：1。分区策略后,子任务编号：2
元素值：2。分区策略后,子任务编号：0
元素值：3。分区策略后,子任务编号：3
元素值：4。分区策略后,子任务编号：1
```

元素值：5。分区策略后,子任务编号：2
元素值：6。分区策略后,子任务编号：0

从输出结果可以看出，执行分区策略前，数据共分为两个分区（编号为0和1）。每个元素所属的分区如表4-9所示。

表 4-9　执行分区策略前每个元素所属的分区

上游分区	元　　素
0	2、4、6
1	1、3、5

执行分区策略后，数据共分为4个分区（编号为0、1、2、3）。每个元素所属的分区如表4-10所示。

表 4-10　执行分区策略后每个元素所属的分区

下游分区	元　　素
0	2、6
1	4
2	1、5
3	3

对比表4-9和表4-10发现，重新调节分区策略将上游0分区的所有元素均匀发送到了下游算子的0和1分区，上游1分区的所有元素均匀发送到了下游算子的2和3分区。使用数据流图表示如图4-20所示。

接下来改变map算子的并行度，将第一个map算子的并行度设置为4，第二个map算子的并行度设置为2，数据流如图4-21所示。

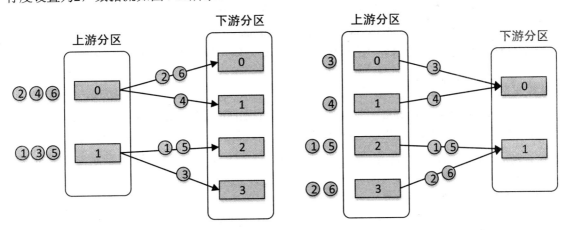

图 4-20　重新调节分区策略数据流图 1　　　　图 4-21　重新调节分区策略数据流图 2

如果想将元素均匀地输出到下游算子的每个实例，以实现负载均衡，同时又不希望使用平衡分区策略的全局负载均衡，则可以使用重新调节分区策略。该策略会尽可能避免数据在网络间传输，而能否避免还取决于TaskManager的Task Slot数量、上下游算子的并行度等。

8. ShufflePartitioner

随机分区策略将上游算子元素输出到下游算子的随机实例中。元素会被均匀分配到下游算子的每个实例。这种策略可以实现计算任务的负载均衡。

使用DataStream的shuffle()方法即可设置该DataStream向下游发送数据时使用随机分区策略，Java代码如下：

```
dataStream.shuffle()
```

查看shuffle()方法的源码可以发现，其使用了ShufflePartitioner，代码如下：

```
/**
 * 设置DataStream的分区策略为随机策略
 * @return 带有随机分区设置的DataStream
 */
public DataStream<T> shuffle() {
    return setConnectionType(new ShufflePartitioner<T>());
}
```

4.9.2 自定义分区策略

在有些情况下，使用Flink已实现的内置分区策略满足不了特定的需求。例如，某学生有以下3科成绩数据：

```
chinese,98
math,88
english,96
```

现需要将每一科成绩单独分配到一个分区中，然后将3科成绩输出到HDFS的指定目录（每个分区对应一个结果文件），此时就需要对数据进行自定义分区。

自定义分区策略的API为CustomPartitionerWrapper。该策略允许开发者自定义规则将上游算子元素发送到下游指定的算子实例中。使用自定义分区策略的步骤如下。

1. 新建自定义分区器

新建分区器类MyPartitioner并实现接口Partitioner[String]（String表示分区Key的数据类型），实现其中未实现的方法partition()，在该方法中添加相应的分区逻辑，代码如下：

```
import org.apache.flink.api.common.functions.Partitioner
/**
 * 自定义分区策略（分区器），实现对Key分区的自定义分配
 */
object MyPartitioner extends Partitioner[String]{
    /**
     * 根据给定的Key计算分区
     * @param key 分区的Key
     * @param numPartitions 分区数量，根据下游算子的并行度指定
     * @return 分区索引，相当于分区编号。如果numPartitions为3，则索引取值为0、1、2
     */
```

```scala
    override def partition(key: String, numPartitions: Int): Int = {
        if(key.equals("chinese")){//将key值为chinese的数据分到0号分区
            0
        }else if(key.equals("math")){//将key值为math的数据分到1号分区
            1
        }else{//其余数据分到2号分区
            2
        }
    }
}
```

上述代码通过partition()方法取得分区编号，将Key值等于chinese的元素分配到编号为0的分区，将Key值等于math的元素分配到编号为1的分区，其余元素分配到编号为2的分区。

2. 使用自定义分区器

调用DataStream的partitionCustom()方法传入自定义分区器类MyPartitioner的实例，可以对DataStream按照自定义规则进行重新分区，代码如下：

```scala
import org.apache.flink.api.common.functions.RichMapFunction
import org.apache.flink.streaming.api.scala._
/**
  * 自定义分区策略
  */
object CustomExample {
    def main(args: Array[String]): Unit = {
        val env=StreamExecutionEnvironment.getExecutionEnvironment
        env.setParallelism(3)
        //构建模拟数据
        val arr=Array(
            "chinese,98",
            "math,88",
            "english,96"
        )
        val dataStream: DataStream[String] = env.fromCollection(arr)
        //1.分区策略前的操作--------------------
        //输出dataStream每个元素及所属的子任务编号，编号范围为[0,并行度-1]
        val dataStreamOne=dataStream.map(new
RichMapFunction[String,(String,Int)] {
            override def map(value: String): (String,Int) = {
                println(
                    "元素值:"+value+"。分区策略前,子任务编号: "
                        +getRuntimeContext().getIndexOfThisSubtask()
                )
                (value.split(",")(0), value.split(",")(1).toInt)
            }
        }).setParallelism(2)
        //2.设置分区策略--------------------------
```

```
        //设置DataStream向下游发送数据时使用自定义分区策略,同时将DataStream元素的第一
个字段作为分区的Key
        val dataStreamTwo=dataStreamOne.partitionCustom(new MyPartitioner,
value=>value._1)
        //3.分区策略后的操作--------------------
        //输出dataStream每个元素及所属的子任务编号,编号范围为[0,并行度-1]
        dataStreamTwo.map(new RichMapFunction[(String,Int),(String,Int)] {
            override def map(value: (String,Int)): (String,Int) = {
                println(
                    "元素值: "+value+"。分区策略后,子任务编号: "
                        +getRuntimeContext().getIndexOfThisSubtask()
                )
                value
            }
        }).setParallelism(3)
          .print()

        env.execute("ShuffleExample");
    }
}
```

直接在IDEA中运行上述代码,控制台输出结果如下:

```
元素值: math,88。分区策略前,子任务编号: 0
元素值: chinese,98。分区策略前,子任务编号: 1
元素值: english,96。分区策略前,子任务编号: 1

元素值: (math,88)。分区策略后,子任务编号: 1
元素值: (chinese,98)。分区策略后,子任务编号: 0
元素值: (english,96)。分区策略后,子任务编号: 2
```

从输出结果可以看出,执行分区策略前,数据共分为两个分区(编号为0和1)。每个元素所属的分区如表4-11所示。

表 4-11 执行分区策略前每个元素所属的分区

上游分区	元　素
0	math,88
1	chinese,98
	english,96

执行分区策略后,数据共分为3个分区(编号为0、1、2)。每个元素所属的分区如表4-12所示。

表 4-12 执行分区策略后每个元素所属的分区

下游分区	元　素
0	chinese,98
1	math,88
2	english,96

对比表4-11和表4-12发现，自定义分区策略将上游所有元素按照自定义的规则发送到了下游的3个分区中。

除了上述自定义分区方式外，也可以使用分区规则对数据进行动态分区。例如，将数字1～5分别分配到5个分区中，定义分区类的代码如下：

```
import org.apache.flink.api.common.functions.Partitioner
/**
  * 自定义分区策略（分区器），实现对Key分区的自定义分配
  */
class MyPartitioner extends Partitioner[String]{
    /**
      * 根据给定的Key计算分区
      * @param key 分区的Key
      * @param numPartitions 分区数量，根据下游算子的并行度指定
      * @return 分区索引，即分区编号。如果numPartitions为5，则索引取值为0、1、2、3、4
      */
    override def partition(key: String, numPartitions: Int): Int = {
        //使用元素Key值除以分区数量取余数作为分区编号
        key.toInt % numPartitions
    }
}
```

4.10　窗口计算

在有状态流处理中，时间在计算中起着一定的作用。其中，当进行时间序列分析、基于特定时间段进行聚合，或者进行事件处理（事件发生的时间很重要）时，都会出现这种情况。接下来将重点介绍在使用实时Flink应用程序时应该考虑的一些因素。

4.10.1　事件时间

当在流程序中引用时间（例如定义窗口）时，可以使用不同的时间概念。

- 事件时间（Event Time）：每个事件或元素在其生产设备上产生的时间。该时间通常在它们进入Flink之前嵌入事件中，并且可以从每个事件中提取事件时间戳。流程序的时间默认使用的是事件时间。
- 处理时间（Processing Time）：处理时间是指正在执行相应Flink操作的机器的系统时间。当流式程序按处理时间运行时，所有基于时间的操作（如时间窗口）都将使用运行相应操作的计算机的系统时间。处理时间是最简单的时间概念，不需要流和机器之间的协调。它提供了最佳的性能和最低的延迟。但是，在分布式和异步环境中，处理时间不能提供确定性，因为它容易受到记录到达系统（例如从消息队列）的速度以及记录在系统内部操作之间流动的速度的影响。

在理想情况下，事件时间和处理时间总是相等的，事件发生时立即被处理。然而，现实

并非如此，事件时间和处理时间之间的偏差不仅是非零的，而且通常受底层输入源、执行引擎和硬件特征的影响。

事件相当于无界输入流中的一条数据，而事件时间则是这条数据中的一个列值，指该条数据的产生时间。事件时间可以嵌入数据本身，是数据本身带有的时间，而不是Flink的接收时间。例如，一个用户在10:00使用物联网设备按下了一个按钮，系统产生了一条日志并记录日志的产生时间为10:00。接下来这条数据被发送到Kafka，然后使用Flink进行处理，当数据到达Flink时，Flink的系统时间为10:02。10:02指的是处理时间，而10:00则是事件时间。如果想要获得物联网设备每分钟生成的事件数量，那么可能需要使用数据生成的时间（嵌入数据中的事件时间），而不是Flink的处理时间。

有了事件时间，基于窗口的聚合（例如，每分钟的事件数量）只是事件时间列上的一种特殊的分组和聚合——每个时间窗口是一个组，每一行数据可以属于多个窗口/组（针对滑动窗口，多个窗口可能有重合的数据）。

流程序中的时间概念如图4-22所示。

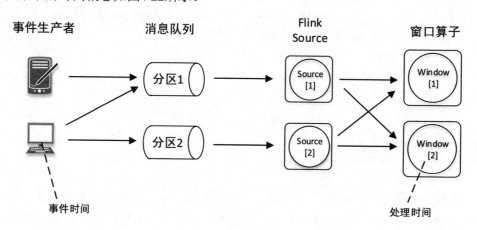

图 4-22　流程序的时间概念图

4.10.2　窗口分类

窗口是处理无限流的核心。窗口将流分成有限大小的"桶"，我们可以在其上应用算子计算。Flink可以使用window()和windowAll()定义一个窗口，二者都需要传入一个窗口分配器WindowAssigner，WindowAssigner负责分配事件到相应的窗口。window()作用于KeyedStream上，即keyBy()之后，这样可以多任务并行计算，对窗口内的多组数据分别进行聚合；windowAll()作用于非KeyedStream上（通常指DataStream），由于所有元素都必须通过相同的算子实例，因此该操作本质上是非并行的，仅在特殊情况下（例如对齐的时间窗口）才可以并行执行。假设要计算24小时内每个用户的订单平均消费额，就需要使用window()定义窗口；如果要计算24小时内的所有订单平均消费额，则需要使用windowAll()定义窗口。

一个简单的窗口单词计数示例参看4.14节的案例分析：计算5秒内输入的单词数量。

一个Flink窗口程序的大致骨架结构如下。

对KeyedStream应用window()函数进行窗口计算：

```
stream
    .keyBy(...)                          <-  根据key聚合
    .window(...)                         <-  窗口分配器
    [.trigger(...)]                      <-  可选，指定触发器Trigger
    [.evictor(...)]                      <-  可选，指定清除器Evictor
    [.allowedLateness(...)]              <-  可选，允许的延迟时间
    [.sideOutputLateData(...)]           <-  可选，将延迟数据放入侧道输出流
    .reduce/aggregate/fold/apply()       <-  窗口处理函数
    [.getSideOutput(...)]                <-  可选，获取侧道输出流
```

对非KeyedStream应用windowAll()函数进行窗口计算：

```
stream
    .windowAll(...)                      <-  窗口分配器
    [.trigger(...)]                      <-  可选，指定触发器
    [.evictor(...)]                      <-  可选，指定清除器
    [.allowedLateness(...)]              <-  可选，允许的延迟时间
    [.sideOutputLateData(...)]           <-  可选，将延迟数据放入侧道输出流
    .reduce/aggregate/fold/apply()       <-  窗口处理函数
    [.getSideOutput(...)]                <-  可选，获取侧道输出流
```

上述代码中，方括号（[…]）中的代码是可选的。Flink允许以多种不同的方式自定义窗口逻辑，以使其适合相应的计算需求。

Flink的窗口可以分为滚动窗口、滑动窗口、会话窗口、全局窗口，且每种窗口又可分别根据事件时间和处理时间进行创建。

1. 滚动窗口

滚动窗口分配器将每个元素分配给指定大小的窗口。滚动窗口具有固定的大小，并且不重叠。例如，指定大小为5分钟的滚动窗口，则每隔5分钟将启动一个新窗口，如图4-23所示。

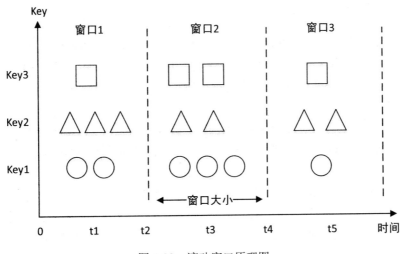

图 4-23 滚动窗口原理图

滚动窗口使用时需要指定窗口大小参数，下面的代码片段展示了如何使用滚动窗口：

```
val input: DataStream[T] = ...

//基于事件时间的滚动窗口
input
    .keyBy(<key selector>)
    .window(TumblingEventTimeWindows.of(Time.seconds(5)))//窗口大小为5秒
    .<windowed transformation>(<window function>)

//基于处理时间的滚动窗口
input
    .keyBy(<key selector>)
    .window(TumblingProcessingTimeWindows.of(Time.seconds(5)))//窗口大小为5秒
    .<windowed transformation>(<window function>)
```

滚动窗口分配器还可以使用可选的偏移（Offset）参数，该参数可用于更改窗口的对齐方式。例如，在没有偏移的情况下，时间窗口会做一个对齐，那么1小时窗口的起止时间可以是[0:00:00.000~0:59:59.999）。如果你想要一个以小时为单位的窗口流，但是窗口需要从每个小时的第15分钟开始，则可以使用偏移量，代码如下：

```
TumblingEventTimeWindows.of(Time.hours(1),Time.minutes(15))
```

那么窗口的起止时间将变为[0:15:00.000~1:14:59.999），这样你将得到起始时间在0:15:00，1:15:00，2:15:00的窗口。

与此相反，如果你生活在不使用UTC±00:00时间（世界标准时间）的地方，例如中国使用UTC+08:00，中国的当地时间要设置偏移量为Time.hours(-8)。你想要一个一天大小的时间窗口，并且窗口从当地时间的每一个00:00:00开始，可以使用

```
TumblingEventTimeWindows.of(Time.days(1),Time.hours(-8))
```

因为UTC+08:00比UTC时间早8小时。

2. 滑动窗口

滑动窗口分配器将元素分配给固定长度的窗口。与滚动窗口类似，滑动窗口的大小由指定参数配置，但是增加了滑动步长（Slide）参数，相当于以指定步长不断向前滑动。因此，如果滑动窗口的步长小于窗口大小，则滑动窗口可以重叠。在这种情况下，元素被分配给多个窗口。

例如，每隔5分钟需要对最近10分钟的数据进行计算，就可以设置窗口大小为10分钟，滑动步长为5分钟。这样，每隔5分钟就会得到一个窗口，其中包含最近10分钟内到达的数据。滑动窗口的原理如图4-24所示。

使用滑动窗口时，需要设置窗口大小和滑动步长两个参数。滑动步长决定了Flink以多大的频率来创建新的窗口，步长较小，窗口的个数会很多。步长小于窗口的大小时，相邻窗口会重叠，一个事件会被分配到多个窗口；步长大于窗口大小时，有些事件可能会丢失。

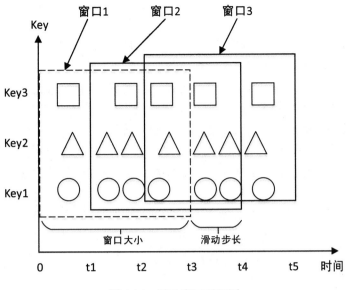

图 4-24 滑动窗口原理图

下面的代码片段展示了如何使用滑动窗口：

```
val input: DataStream[T] = ...
```

```
//基于事件时间的滑动窗口，窗口大小为10秒，滑动步长为5秒
input
    .keyBy(<key selector>)
    .window(SlidingEventTimeWindows.of(Time.seconds(10), Time.seconds(5)))
    .<windowed transformation>(<window function>)
```

```
//基于处理时间的滑动窗口，窗口大小为10秒，滑动步长为5秒
input
    .keyBy(<key selector>)
    .window(SlidingProcessingTimeWindows.of(Time.seconds(10),
Time.seconds(5)))
    .<windowed transformation>(<window function>)
```

与滚动窗口一样，滑动窗口分配器也有一个可选的偏移量参数，可以用来改变窗口的对齐方式。例如，如果没有偏移量，每小时滑动30分钟的窗口可以是[1:00:00.000 - 1:59:59.999）、[1:30:00.000 - 2:29:59.999）等窗口。如果你想改变这一点，可以给窗口设置一个偏移量。例如，偏移15分钟，将会得到[1:15:00.000 - 2:14:59.999）、[1:45:00.000 - 2:44:59.999）等窗口。如果系统时间基于UTC-0（世界标准时间），中国的当地时间要设置偏移量为Time.hours(-8)，代码如下：

```
//基于处理时间的滑动窗口，窗口大小为12小时，滑动步长为1小时，并且设置偏移量为-8小时
input
    .keyBy(<key selector>)
    .window(SlidingProcessingTimeWindows.of(Time.hours(12), Time.hours(1),
Time.hours(-8)))
    .<windowed transformation>(<window function>)
```

3. 会话窗口

会话窗口分配器按活动会话对事件进行分组。与滚动窗口和滑动窗口相比，会话窗口不重叠且没有固定的开始和结束时间。相反，当会话窗口在一定时间段内未收到事件时，即发生不活动的间隙时，窗口将关闭。会话窗口分配器可以配置静态会话间隔（Session Gap），也可以配置动态会话间隔，该功能定义不活动（即未收到事件）的时间长度。当该时间段到期时，当前会话窗口将关闭，随后的事件将分配给新的会话窗口。

会话窗口根据会话间隔切分不同的窗口，当一个窗口在大于会话间隔的时间内没有接收到新事件时，窗口将关闭。在这种模式下，窗口的长度是可变的，每个窗口的开始和结束时间是不确定的。

例如，一个表示鼠标单击活动的数据流，在两次单击活动之间可能具有长时间的空闲时间。如果事件在指定的会话间隔之后到达，则会开启一个新的窗口。会话窗口的原理如图4-25所示，每个Key由于会话间隔不同，导致窗口的大小也不同。

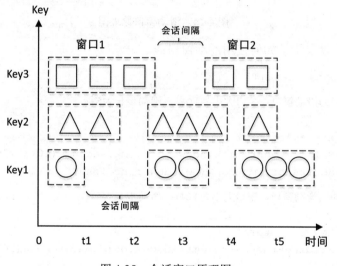

图 4-25　会话窗口原理图

使用会话窗口时，需要设置会话间隔，会话间隔可以为静态间隔，也可以根据业务逻辑自定义动态间隔。下面的代码片段展示了如何使用静态间隔会话窗口：

```
val input: DataStream[T] = ...

//基于事件时间的会话窗口，会话间隔为10分钟
input
    .keyBy(<key selector>)
    .window(EventTimeSessionWindows.withGap(Time.minutes(10)))
    .<windowed transformation>(<window function>)

//基于处理时间的会话窗口，会话间隔为10分钟
input
    .keyBy(<key selector>)
    .window(ProcessingTimeSessionWindows.withGap(Time.minutes(10)))
```

```
    .<windowed transformation>(<window function>)
```

创建动态间隔会话窗口，需要实现SessionWindowTimeGapExtractor接口，并实现其中的extract()方法，可以在extract()方法中加入相应的业务逻辑来动态控制会话间隔，代码如下：

```
//基于事件时间的会话窗口，会话间隔为自定义动态间隔
input
    .keyBy(<key selector>)
    .window(EventTimeSessionWindows.withDynamicGap(new
SessionWindowTimeGapExtractor[String] {
        override def extract(element: String): Long = {
            //根据业务逻辑确定并返回会话间隔
        }
    }))
    .<windowed transformation>(<window function>)

//基于处理时间的会话窗口，会话间隔为自定义动态间隔
input
    .keyBy(<key selector>)
    .window(DynamicProcessingTimeSessionWindows.withDynamicGap(new
SessionWindowTimeGapExtractor[String] {
        override def extract(element: String): Long = {
            //根据业务逻辑确定并返回会话间隔
        }
    }))
    .<windowed transformation>(<window function>)
```

SessionWindowTimeGapExtractor接口的Java定义源码如下：

```
/**
 * 为动态会话窗口分配器提取会话间隔
 *
 * @param <T> 数据流的元素类型，可以根据数据流中的元素来生成会话间隔
 */
@PublicEvolving
public interface SessionWindowTimeGapExtractor<T> extends Serializable {
    /**
     * 提取会话间隔
     * @param element 输入元素
     * @return 会话时间间隔，以毫秒为单位
     */
    long extract(T element);
}
```

4. 全局窗口

全局窗口分配器将所有具有相同Key的事件分配给同一个全局窗口。由于全局窗口没有自然的窗口结束时间，因此使用全局窗口需要指定触发器。

全局窗口的原理如图4-26所示。

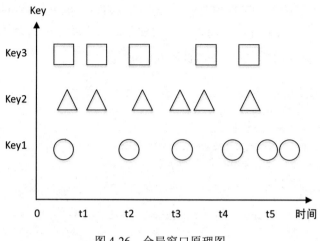

图 4-26 全局窗口原理图

下面的代码片段展示了如何使用全局窗口：

```
val input: DataStream[T] = ...

input
    .keyBy(<key selector>)
    .window(GlobalWindows.create())
    .<windowed transformation>(<window function>)
```

4.10.3 窗口函数

事件被窗口分配器分配到窗口后，接下来需要指定想要在每个窗口上执行的计算函数（即窗口函数），以便对窗口内的数据进行处理。Flink提供的窗口函数有ReduceFunction、AggregateFunction、ProcessWindowFunction。

ReduceFunction和AggregateFunction是增量计算函数，都可以基于中间状态对窗口中的元素进行递增聚合。例如，窗口每流入一个新元素，新元素就会与中间数据进行合并，生成新的中间数据，再保存到窗口中。

ProcessWindowFunction是全量计算函数，如果需要依赖窗口中的所有数据或需要获取窗口中的状态数据和窗口元数据（窗口开始时间、窗口结束时间等），就需要使用ProcessWindowFunction。例如对整个窗口数据排序取TopN，使用ProcessWindowFunction就非常灵活。

1. ReduceFunction

ReduceFunction指定如何聚合输入中的两个元素以产生相同类型的输出元素。Flink使用ReduceFunction递增聚合窗口的元素。

对一个窗口中所有元素的元组的第二个字段进行求和计算，代码如下：

```
val input: DataStream[(String, Long)] = ...
```

```
input
    .keyBy(<key selector>)
    .window(<window assigner>)
    .reduce { (v1, v2) => (v1._1, v1._2 + v2._2) }
```

有关ReduceFunction的具体使用可参见4.6节中
对reduce()算子的讲解。

2. AggregateFunction

AggregateFunction是聚合函数的基本接口，也
是ReduceFunction的通用版本。与ReduceFunction相
同，Flink将在窗口输入元素到达时对其进行增量聚
合。AggregateFunction接口的继承关系和方法如图
4-27所示。

AggregateFunction的泛型具有3种类型：输入类
型（IN）、累加器类型（ACC）和输出类型（OUT）。

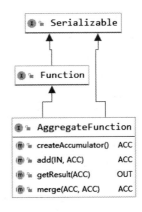

图 4-27　AggregateFunction 接口继承关系图

输入类型指的是输入流中元素的类型。AggregateFunction具有一种将一个输入元素添加到累加
器的方法，还具有创建初始累加器，将两个累加器合并为一个累加器以及从累加器提取输出
（OUT类型）的方法。

AggregateFunction是一种灵活的聚合函数，具有以下特点:

- 可以对输入值、中间聚合和结果使用不同的类型，以支持广泛的聚合类型。
- 支持分布式聚合，不同的中间聚合可以合并在一起，以允许预聚合/最终聚合优化。

AggregateFunction的中间聚合（正在进行的聚合状态）称为累加器。将值添加到累加器，
并通过结束累加器状态获得最终的聚合。中间聚合的数据类型可能与最终的聚合结果类型不
同，例如求平均值时，需要保存计数和总和作为中间聚合。合并中间聚合（部分聚合）意味着
合并累加器。

AggregationFunction本身是无状态的。为了允许单个AggregationFunction实例维护多个聚
合（例如每个Key一个聚合），AggregationFunction在新聚合启动时会创建一个新的累加器。
此外，聚合函数必须是可序列化的，因为它们在分布式执行期间会在分布式进程之间发送。

AggregationFunction接口的Java定义源码如下：

```
/**
 * AggregateFunction是一个灵活的聚合函数
 * @param <IN>  被聚合的值的类型(输入值)
 * @param <ACC> 累加器的类型(中间聚合状态)
 * @param <OUT> 聚合结果的类型
 */
@PublicEvolving
public interface AggregateFunction<IN, ACC, OUT> extends Function, Serializable {
```

```
    /**
     * 创建一个新的累加器，启动一个新的聚合
     * 如果没有通过add(Object, Object)向新累加器添加一个值，则新累加器没有意义
     * 累加器是正在运行的聚合的状态。当一个程序有多个聚合在进行时(例如一个窗口中有多个
Key)，状态指的是累加器的大小
     * @return 新的累加器，对应一个空聚合
     */
    ACC createAccumulator();

    /**
     * 将给定的输入值添加到给定的累加器中，返回新的累加器
     * 为了提高效率，可以修改并返回输入累加器
     * @param value 要添加的值
     * @param accumulator 要向其中添加值的累加器
     * @return 具有更新状态的累加器
     */
    ACC add(IN value, ACC accumulator);

    /**
     * 根据累加器计算聚合结果
     * @param accumulator 累加器
     * @return 最终的聚合结果
     */
    OUT getResult(ACC accumulator);

    /**
     * 合并两个累加器，返回具有合并状态的累加器。该方法仅用于会话窗口
     * 这个函数可以重用任何给定的累加器作为合并的目标并将其返回。假定给定的累加器在传递给
此函数后将不再使用
     * @param a 要合并的累加器
     * @param b 要合并的另一个累加器
     * @return 具有合并状态的累加器
     */
    ACC merge(ACC a, ACC b);
}
```

例如，计算窗口中每组元素的第二个字段的平均值，定义和使用AggregateFunction的代码
片段如下：

```
    /**
     * 自定义求平均值聚合类，继承AggregateFunction接口
     * 泛型的3个数据类型分别为：输入元素类型(String, Long)、累加器类型(Long, Long)、结果
类型Double
     */
    class AverageAggregate extends AggregateFunction[(String, Long), (Long, Long),
Double] {
    /**
```

```scala
  * 创建累加器
  * @return 累加器
  */
override def createAccumulator() = (0L, 0L)

/**
  * 将窗口中的元素添加到累加器
  * @param value 窗口中的元素
  * @param accumulator 累加器：第一个字段表示总和，第二个字段表示数量
  * @return 累加器
  */
override def add(value: (String, Long), accumulator: (Long, Long)) =
    (accumulator._1 + value._2, accumulator._2 + 1L)
/**
  * 计算平均值（总和/数量）
  * @param accumulator 累加器
  * @return 平均值
  */
override def getResult(accumulator: (Long, Long)) =
accumulator._1/accumulator._2
/**
  * 合并累加器
  * @param a 要合并的累加器
  * @param b 要合并的另一个累加器
  * @return 新累加器
  */
override def merge(a: (Long, Long), b: (Long, Long)) =
    (a._1 + b._1, a._2 + b._2)
}

val input: DataStream[(String, Long)] = ...

input
  .keyBy(<key selector>)//按照Key分组
  .window(<window assigner>) //窗口计算
  .aggregate(new AverageAggregate) //聚合
```

上述代码中，累加器用于保存数据总和与数量，getResult()方法用于计算平均值（总和/数量）。AggregateFunction的详细讲解见4.16节的案例分析：统计24小时内每个用户的订单平均消费额。

注　意
AggregateFunction的merge()方法用于会话窗口。当会话窗口彼此之间的实际间隔比已定义的间隔小时，它们将合并在一起。为了可合并，对会话窗口计算时也需要相应的触发器和窗口函数，例如ReduceFunction，AggregateFunction或ProcessWindowFunction。当需要合并两个会话窗口时，merge()方法会被调用，通过该方法合并两个窗口的结果。对于滚动窗口和滑动窗口不会调用merge()方法。

3. ProcessWindowFunction

使用ProcessWindowFunction可以获得一个包含窗口所有元素的可迭代对象（Iterable），以及一个可以访问时间和状态信息的上下文对象（Context），这使得它比其他窗口函数提供了更多的灵活性。这种灵活性是以性能和资源消耗为代价的，因为元素不能递增聚合，而是需要在调用处理函数之前在内部缓冲窗口中的所有元素。因此，使用ProcessWindowFunction需要注意数据量不应太大，否则会造成内存溢出。

抽象类ProcessWindowFunction的源码如下：

```
/**
  * 用于全量计算的窗口函数的基本抽象类
  * 用于对以Key分组的窗口元素进行计算，并使用上下文对象Context访问其他信息（例如访问时间
和状态信息）
  *
  * @tparam IN  输入值的类型
  * @tparam OUT  输出值的类型
  * @tparam KEY  keyBy中按照Key分组，Key的类型
  * @tparam W  窗口类型
  */
@PublicEvolving
abstract class ProcessWindowFunction[IN, OUT, KEY, W <: Window]
    extends AbstractRichFunction {
    /**
      * 对窗口内的元素进行计算，并输出一个或多个元素（每次传入一个分组的数据）
      * @param key  窗口中的Key（元素按照Key分组）
      * @param context  对窗口进行计算的上下文
      * @param elements  需要计算的窗口中的元素，元素缓存在Iterable<IN>中，每个Key对
应一个Iterable<IN>
      * @param out  一种收集器，用于收集计算结果并发射出去
      */
    @throws[Exception]
    def process(key: KEY, context: Context, elements: Iterable[IN], out:
Collector[OUT])
    /**
      * 当窗口过期时删除上下文中的所有状态
      * @param context  对窗口进行计算的上下文
      */
    @throws[Exception]
    def clear(context: Context) {}
    /**
      * 保存窗口元数据的上下文
      */
    abstract class Context {
        /**
          * 返回正在计算的窗口
          */
```

```
        def window: W
        /**
          * 返回当前处理时间
          */
        def currentProcessingTime: Long
        /**
          * 返回当前事件时间水印
          */
        def currentWatermark: Long
        /**
          * 用于每个Key和每个窗口状态的状态访问器
          */
        def windowState: KeyedStateStore
        /**
          * 用于每个Key全局状态的状态访问器
          */
        def globalState: KeyedStateStore
        /**
          * 发射一条记录到由OutputTag标识的侧输出
          * @param outputTag 标识要发出的侧输出
          * @param value 要发射的记录
          */
        def output[X](outputTag: OutputTag[X], value: X);
    }
}
```

例如，使用ProcessWindowFunction计算窗口中每个Key对应的元素数量，并通过上下文将窗口信息同时输出，代码片段如下：

```
val input: DataStream[(String, Long)] = ...

input
  .keyBy(_._1)
  .window(TumblingEventTimeWindows.of(Time.minutes(5)))
  .process(new MyProcessWindowFunction())

/**
  * 自定义全量计算类，继承抽象类ProcessWindowFunction
  */
class MyProcessWindowFunction extends ProcessWindowFunction[(String, Long),
String, String, TimeWindow] {
    //实现process()方法，统计元素数量
    def process(key: String, context: Context, input: Iterable[(String, Long)],
out: Collector[String]) = {
        var count = 0L
        for (in <- input) {
            count = count + 1
        }
        //输出窗口信息和窗口中的元素数量
```

```
out.collect(s"Window ${context.window} count: $count")
    }
}
```

使用ProcessWindowFunction来处理简单的聚合（例如计算元素数量）是非常低效的。接下来讲解如何将ReduceFunction或AggregateFunction与ProcessWindowFunction结合起来，以便实现增量聚合并通过ProcessWindowFunction获得额外的窗口信息等。

ProcessWindowFunction的详细讲解见4.15节的案例分析：统计5分钟内每个用户产生的日志数量。

4. 带增量聚合的ProcessWindowFunction

由于ProcessWindowFunction是全量计算函数，如果既要获得窗口信息又要进行增量聚合，则可以将ProcessWindowFunction与ReduceFunction或AggregateFunction结合使用。

ProcessWindowFunction可以与ReduceFunction或AggregateFunction组合在一起，以便在元素到达窗口时增量地聚合。当窗口关闭时，ProcessWindowFunction将提供聚合的结果。

（1）结合 ReduceFunction 实现增量聚合

将一个ReduceFunction与一个ProcessWindowFunction结合起来，返回窗口中最小的元素以及窗口的开始时间，Java代码片段如下：

```
DataStream<SensorReading> input = ...;

input
  .keyBy(<key selector>)
  .window(<window assigner>)
  .reduce(new MyReduceFunction(), new MyProcessWindowFunction());

//定义ReduceFunction增量聚合类，返回最小元素
private static class MyReduceFunction implements ReduceFunction<SensorReading> {
  //计算最小元素
  public SensorReading reduce(SensorReading r1, SensorReading r2) {
      return r1.value() > r2.value() ? r2 : r1;
  }
}
//定义ProcessWindowFunction全量聚合类，获取窗口开始时间
private static class MyProcessWindowFunction
    extends ProcessWindowFunction<SensorReading, Tuple2<Long, SensorReading>,
String, TimeWindow> {

  public void process(String key,
                Context context,
                Iterable<SensorReading> minReadings,
                Collector<Tuple2<Long, SensorReading>> out) {
    // minReadings中只有一个最小元素
    SensorReading min = minReadings.iterator().next();
    //输出窗口开始时间和最小元素
```

```
        out.collect(new Tuple2<Long, SensorReading>(context.window().
getStart(), min));
    }
}
```

上述代码片段中，使用窗口的reduce()函数，传入ReduceFunction和ProcessWindowFunction的实例作为参数，对窗口数据进行计算。ReduceFunction计算完毕后，会将每组数据（以Key分组）输入ProcessWindowFunction的process()方法中。本例中，process()方法每次被调用时，迭代器变量minReadings存储的只有一个值，即某组数据的最小值元素。

使用Scala实现的代码片段如下：

```
val input: DataStream[SensorReading] = ...

input
  .keyBy(<key selector>)
  .window(<window assigner>)
  .reduce(
      (r1: SensorReading, r2: SensorReading) => {
          if (r1.value > r2.value) r2 else r1
      },
      ( key: String,
        context: ProcessWindowFunction[_, _, _, TimeWindow]#Context,
        minReadings: Iterable[SensorReading],
        out: Collector[(Long, SensorReading)] ) =>{
          //获取传入的最小元素
          val min = minReadings.iterator.next()
          //输出窗口开始时间和最小元素
          out.collect((context.window.getStart, min))
      }
  )
```

上述代码片段使用窗口的reduce()重载方法传入了两个函数，第一个函数是(T, T) => T类型，其输入输出类型保持一致；第二个函数是(K, W, Iterable[T], Collector[R]) => Unit)类型，其中K指的是分组的Key类型，W指的是窗口类型，Iterable[T]指的是Key对应的元素集合，Collector[R]指的是结果收集器，用于收集计算结果并输出。reduce()重载方法的源码定义在WindowedStream类中，源码片段如下：

```
/**
 * 对每个窗口应用给定的窗口函数，对于每个Key，每次对窗口求值时都会调用窗口函数
 * 输入的数据使用给定的预聚合函数进行预聚合
 * @param preAggregator 用于预聚合的reduce函数
 * @param windowFunction 窗口函数
 * @return 将窗口函数应用到窗口后产生的数据流
 */
def reduce[R: TypeInformation](
    preAggregator: (T, T) => T,
    windowFunction: (K, W, Iterable[T], Collector[R]) => Unit): DataStream[R]
= {
```

```scala
    //...
    val cleanReducer = clean(preAggregator)
    val cleanWindowFunction = clean(windowFunction)

    val reducer = new ScalaReduceFunction[T](cleanReducer)
    val applyFunction = new ScalaWindowFunction[T, R, K, W](cleanWindowFunction)

    asScalaStream(javaStream.reduce(reducer, applyFunction, implicitly
[TypeInformation[R]]))
    }
```

（2）结合 AggregateFunction 实现增量聚合

将一个AggregateFunction与一个ProcessWindowFunction结合起来计算平均值，输出每个Key及其对应的平均值，代码如下：

```scala
val input: DataStream[(String, Long)] = ...

input
  .keyBy(<key selector>)
  .window(<window assigner>)
  .aggregate(new AverageAggregate(), new MyProcessWindowFunction())

/**
 * 通过累加器进行计数并计算平均值
 */
class AverageAggregate extends AggregateFunction[(String, Long), (Long, Long),
Double] {
    //创建累加器
    override def createAccumulator() = (0L, 0L)
    //将新输入的元素添加到累加器
    override def add(value: (String, Long), accumulator: (Long, Long)) =
      (accumulator._1 + value._2, accumulator._2 + 1L)
    //计算平均值
    override def getResult(accumulator: (Long, Long)) = accumulator._1 /
accumulator._2
    //合并累加器（只对会话窗口起作用）
    override def merge(a: (Long, Long), b: (Long, Long)) =
      (a._1 + b._1, a._2 + b._2)
}
/**
 * 收集Key及其平均值并输出
 */
class MyProcessWindowFunction extends ProcessWindowFunction[Double, (String,
Double), String, TimeWindow] {
    //接收AggregateFunction计算后的结果并处理
    def process(key: String, context: Context, averages: Iterable[Double], out:
Collector[(String, Double)]) = {
      //获取传入的平均值，此时averages集合中只有一个值，即Key对应的平均值
      val average = averages.iterator.next()
```

```
        //输出Key及对应的平均值（此处没有再次处理，而是直接输出）
        out.collect((key, average))
    }
}
```

4.10.4 触发器

触发器（Trigger）决定了一个窗口何时被窗口函数处理。每个窗口都有一个默认的触发器，如果默认的触发器不满足你的需求，可以使用trigger()指定一个自定义触发器。

抽象类Trigger定义了触发器的基本方法，允许触发器对不同的事件做出反应，其主要方法如下：

- onElement()：每次向窗口增加一个元素时都会触发该方法。
- onEventTime()：当设置的事件时间计时器被触发时调用该方法。
- onProcessingTime()：当设置的处理时间计时器被触发时调用该方法。
- onMerge()：当多个窗口合并为一个窗口时调用该方法。当两个触发器对应的窗口合并时，会合并它们的状态，例如使用会话窗口时。
- clear()：在删除相应窗口时执行所需的任何操作，主要用于清除触发器可能为给定窗口保留的任何状态。

上述前3个触发器方法的返回结果是TriggerResult。TriggerResult是一个枚举类，它的值决定了窗口接下来的动作，例如是否应该调用窗口函数对窗口数据进行计算，或者应该丢弃窗口。几个决定窗口动作的TriggerResult值如下：

- CONTINUE：窗口不会采取任何行动。
- FIRE：窗口触发计算。但是窗口没有被清除，所有元素都被保留。
- FIRE_AND_PURGE：窗口触发计算并清除窗口元素。
- PURGE：不对窗口进行计算，并且清除窗口中的所有元素并丢弃窗口。

默认情况下，触发器将返回FIRE，触发窗口计算但不会清除窗口元素。如果触发器返回FIRE或FIRE_AND_PURGE，但窗口不包含任何数据，那么窗口函数将不会被调用，不会为窗口产生任何数据。

需要注意的是，清除指的是仅删除窗口的内容，对于窗口的任何潜在元信息和任何触发状态将保留。

窗口的默认触发器适用于许多用例。例如，所有的事件时间窗口都有一个EventTimeTrigger作为默认触发器。这个触发器只是在水印（关于水印，在4.11节将详细讲解）经过窗口末端时触发。全局窗口的默认触发器是NeverTrigger，它从不触发。因此，在使用全局窗口时，必须定义一个自定义触发器。

Flink内置了多个触发器，分别说明如下：

- EventTimeTrigger：事件时间窗口的默认触发器。基于由水印测量的事件时间进度触发。
- ProcessingTimeTrigger：处理时间窗口的默认触发器。
- CountTrigger：当窗口中的元素数量超过给定的限制时触发。

- PurgingTrigger：将另一个触发器作为参数，并将其转换为一个清除触发器。PurgingTrigger 会判断另一个触发器的返回结果，如果是FIRE，则将其改为FIRE_AND_PURGE，如果是 其他结果，则不进行改变。例如，CountTrigger会根据窗口中的元素数量进行触发，当元 素数量达到限定值时，则返回FIRE，触发窗口计算，但是窗口元素没有被清除。如果希望 窗口触发计算并清除元素，则可以将CountTrigger作为参数传入PurgingTrigger的实例中。

通过使用trigger()指定触发器，将覆盖窗口的默认触发器。例如，如果为 TumblingEventTimeWindows指定CountTrigger，则将不再基于时间进度而是仅通过计数来触发 窗口计算。如果既要基于时间进度又要基于计数来触发窗口，则必须编写自己的自定义触发器。 编写自定义触发器需要继承抽象类Trigger，实现其中的抽象方法。

4.10.5 清除器

除了触发器之外，Flink的窗口还允许使用evictor()方法指定一个可选的清除器（Evictor）。 使用清除器允许在触发器触发后，窗口函数执行之前或之后，从窗口中删除元素。

清除器Evictor是一个接口，有evictBefore()和evictAfter()两个方法，方法的定义源码如下：

```
/**
 * 选择性地清除元素。在窗口函数之前调用
 * @param elements 当前窗格中的元素。T表示清除器可以清除的元素类型
 * @param size 当前窗格中的元素数量
 * @param window 清除器可以操作的窗口。W表示窗口类型
 * @param evictorContext 清除器上下文（可以获取当前处理时间、水印时间等）
 */
void evictBefore(Iterable<TimestampedValue<T>> elements, int size, W
window, EvictorContext evictorContext);

/**
 * 选择性地清除元素。在窗口函数之后调用
 * @param elements 当前窗格中的元素。T表示清除器可以清除的元素类型
 * @param size 当前窗格中的元素数量
 * @param window清除器可以操作的窗口。W表示窗口类型
 * @param evictorContext 清除器上下文（可以获取当前处理时间、水印时间等）
 */
void evictAfter(Iterable<TimestampedValue<T>> elements, int size, W window,
EvictorContext evictorContext);
```

evictBefore()包含要在窗口函数之前应用的清除逻辑，而evictAfter()包含要在窗口函数之 后应用的清除逻辑。应用窗口函数之前清除的元素将不会被窗口函数处理。

窗格是具有相同Key和相同窗口的元素组成的桶，即同一个窗口中相同Key的元素一定属 于同一个窗格。一个元素可以在多个窗格中（当一个元素被分配给多个窗口时），这些窗格都 有自己的清除器实例。

Flink内置了3个已经实现的清除器：

- CountEvictor：保留窗口中用户指定的元素数量，并丢弃窗口缓冲区剩余的元素。
- DeltaEvictor：依次计算窗口缓冲区中的最后一个元素与其余每个元素之间的delta值，若

delta值大于等于指定的阈值，则该元素会被移除。使用DeltaEvictor清除器需要指定两个参数，一个是double类型的阈值；另一个是DeltaFunction接口的实例，DeltaFunction用于指定具体的delta值计算逻辑。

- TimeEvictor：传入一个以毫秒为单位的时间间隔参数（例如以size表示），对于给定的窗口，取窗口中元素的最大时间戳（例如以max表示），使用TimeEvictor清除器将删除所有时间戳小于或等于max-size的元素（即清除从窗口开头到指定的截止时间之间的元素）。

Flink不保证窗口内元素的顺序。这意味着，虽然清除器可以从窗口的开头移除元素，但这些元素不一定是最先到达的。

默认情况下，所有内置的清除器在窗口函数之前应用。

3个清除器都实现了Evictor接口，实现关系如图4-28所示。

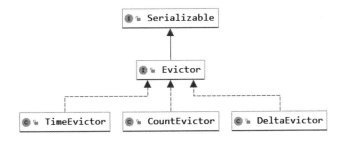

图 4-28　Evictor 接口实现关系图

TimeEvictor的核心实现源码如下：

```
/**
 * 清除符合条件的元素（以时间为标准）
 */
private void evict(Iterable<TimestampedValue<Object>> elements, int size,
Evictor.EvictorContext ctx) {
    //如果缓冲区第一个元素没有时间戳，则直接返回，不执行清除操作
    if (!hasTimestamp(elements)) {
        return;
    }
    //得到元素中时间戳的最大值（到来最晚的元素的时间）
    long currentTime = getMaxTimestamp(elements);
    //截止时间=到来最晚的元素的时间-指定的时间间隔（windowSize）
    long evictCutoff = currentTime - windowSize;

    for (Iterator<TimestampedValue<Object>> iterator = elements.iterator();
iterator.hasNext(); ) {
        TimestampedValue<Object> record = iterator.next();
        //清除所有时间戳小于或等于截止时间的元素，即删除从窗口开头到截止时间之间的元素
        if (record.getTimestamp() <= evictCutoff) {
            iterator.remove();
        }
    }
}
```

CountEvictor的核心实现源码如下：

```
/**
 * 清除符合条件的元素（以元素数量为标准）
 */
private void evict(Iterable<TimestampedValue<Object>> elements, int size,
Evictor.EvictorContext ctx) {
    //如果元素数量小于或等于指定的最大数量，则不做处理
    if (size <= maxCount) {
        return;
    } else {
        int evictedCount = 0;
        for (Iterator<TimestampedValue<Object>> iterator = elements.iterator();
iterator.hasNext();){
            iterator.next();
            evictedCount++;
            //清除超出的元素数量（size - maxCount）
            if (evictedCount > size - maxCount) {
                break;
            } else {
                iterator.remove();
            }
        }
    }
}
```

DeltaEvictor的核心实现源码如下：

```
/**
 * 清除符合条件的元素
 */
private void evict(Iterable<TimestampedValue<T>> elements, int size,
Evictor.EvictorContext ctx) {
    //获取最后一个元素
    TimestampedValue<T> lastElement = Iterables.getLast(elements);
    for (Iterator<TimestampedValue<T>> iterator = elements.iterator();
iterator.hasNext();){
        TimestampedValue<T> element = iterator.next();
        //依次计算窗口缓冲区中的最后一个元素与其余每个元素之间的delta值
        //若delta值大于等于指定的阈值，则该元素会被移除
        if (deltaFunction.getDelta(element.getValue(), lastElement.
getValue()) >= this.threshold) {
            iterator.remove();
        }
    }
}
```

4.11 水印

我们来考虑一个问题，基于事件时间的流处理，如果其中一个事件延迟到达Flink应用程序时会发生什么？例如，对于窗口[12:00-12:10)，事件时间为12:04的单词，由于网络原因，到达Flink的时间是12:11。此时窗口已经关闭了，该单词将不属于任何窗口，导致其丢失。为了保证计算结果的正确性，需要让窗口等待延迟数据到达后再进行计算，但是不能无限期地等待下去，必须有一种机制来确定何时触发窗口计算，这种机制就是水印（Watermark）。

水印是一种用于衡量事件时间进度的机制，其表示某个时刻（事件时间）以前的数据将不再产生，因此水印指的是一个时间点。水印作为数据流的一部分流动，并带有时间戳t。t表示该流中不应再有时间戳小于等于t的元素（即时间戳早于或等于水印的事件）。

图4-29显示了带有时间戳和嵌入式水印的事件流，事件是按顺序排列的（相对于其时间戳），这意味着水印只是流中的周期性标记。

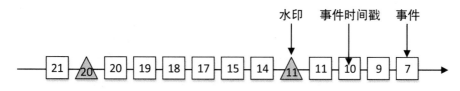

图 4-29　包含事件及水印的顺序流

水印对于乱序流至关重要，如图4-30所示，其中事件不是按其时间戳排序的。通常，水印是数据流中一个点的声明，表示水印之前的所有事件都应该到达。一旦水印到达算子，算子则认为某个时间周期，所有事件已经被收到，不会再有更多符合条件的事件。

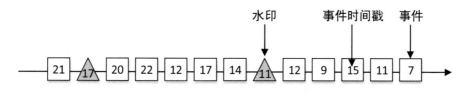

图 4-30　包含事件及水印的乱序流

水印是直接通过Source Function生成的或在后续的DataStream API中生成的。在实际的流计算中，一个作业往往会同时处理多个源的数据，多个源的数据按照key分组后进行Shuffle处理，数据会汇聚到同一个处理节点。而每个并行子任务通常独立生成水印，这样就容易导致汇聚到一起的水印不是单调递增的。对于这种情况，Flink会选择所有流入的水印中事件时间最小的一个发往下游，如图4-31所示。

多个流的水印流入算子后，由于当前算子也有自己的水印，因此算子会综合计算得出最终水印，计算规则为：取多个流中事件时间最小的水印与当前算子的水印进行对比，如果大于当前算子水印，则更新当前算子水印，并发往下游。例如抽象类AbstractStreamOperator中的源码如下：

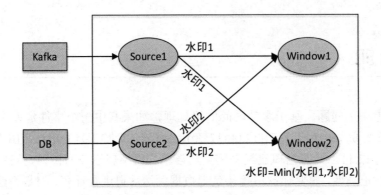

图 4-31　并行流中的水印传递

```
public void processWatermark1(Watermark mark) throws Exception {
    input1Watermark = mark.getTimestamp();
    //取较小的水印
    long newMin = Math.min(input1Watermark, input2Watermark);
    //与算子当前水印比较
    if (newMin > combinedWatermark) {
        //更新算子当前水印
        combinedWatermark = newMin;
        processWatermark(new Watermark(combinedWatermark));
    }
}
```

4.11.1　计算规则

我们已经知道了水印的作用，那么水印是怎么计算出来的？接下来对水印的计算规则进行详细讲解。

计算水印需要提前指定一个允许最大延迟时间的参数，即一个时间阈值。水印=进入Flink的当前最大事件时间–允许最大延迟时间，当水印>=窗口结束时间时，立即触发窗口计算，计算完毕后发射出计算结果并销毁窗口；否则窗口将一直等待。其中允许最大延迟时间是以窗口结束时间为基准的，并向后延迟指定的时间，即窗口触发计算的规则为：进入Flink的当前最大事件时间>=窗口结束时间+允许最大延迟时间。因此，设置水印后会改变窗口的触发计算规则。

如图4-32所示，假设设置的允许最大延迟时间为3分钟，当事件时间戳为9:11的事件到达时，由于该事件时间是进入Flink的当前最大事件时间，因此Watermark=9:11–3（分钟）=9:08。此时水印在窗口内部不会触发窗口计算，窗口继续等待延迟数据。

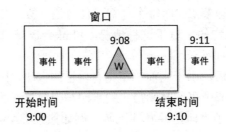

图 4-32　窗口内部水印

接下来当事件时间戳为9:15的事件到达时,由于该事件时间是进入Flink的当前最大事件时间,因此Watermark=9:15–3(分钟)=9:12。此时水印在窗口外部,满足窗口触发计算的规则:Watermark>=窗口结束时间,因此窗口会立即触发计算,计算完毕后发射出计算结果并销毁窗口,如图4-33所示。

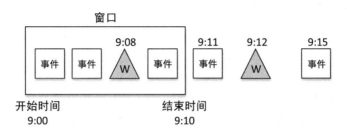

图 4-33 窗口触发计算

为了更加深入地理解水印,假设有一个[9:00~9:10)的窗口,乱序数据按照CBDA的顺序依次到达Flink应用程序,如图4-34所示。

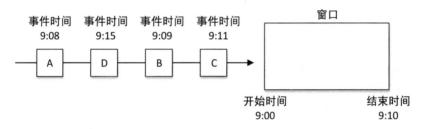

图 4-34 乱序数据到达窗口

在不设置水印的情况下,当数据C到达时,由于C的事件时间大于窗口结束时间,窗口已经关闭,因此后面的数据B和数据A虽然属于该窗口,但是不会被计算,将被丢弃。

设置水印后,假设允许最大延迟时间为5分钟,当数据C到达时,Watermark=当前最大事件时间–允许最大延迟时间=9:11–5(分钟)=9:06<窗口结束时间,因此窗口不会被触发计算。而数据C的事件时间大于窗口结束时间,数据C不属于该窗口,将属于下一个窗口。

当数据B到达时,Watermark=当前最大事件时间–允许最大延迟时间=9:11–5(分钟)=9:06<窗口结束时间,因此窗口不会被触发计算。窗口开始时间<=数据B的事件时间<窗口结束时间,数据B属于该窗口。

当数据D到达时,Watermark=当前最大事件时间–允许最大延迟时间=9:15–5(分钟)=9:10=窗口结束时间,此时窗口触发计算。而数据D的事件时间大于窗口结束时间,数据D不属于该窗口,将属于下一个窗口。

整个过程中,由于设置了水印,数据B没有丢失,数据A虽然属于该窗口,但当数据A到达时窗口已经触发了计算,因此数据A将丢失。这说明水印机制可以在一定程度上解决数据延迟到达问题,但不能完全解决。如果希望数据A不丢失,可以延长允许的最大延迟时间,但是这样可能会增加不必要的处理延迟。

在现实世界的设置中,即使在发生水印之后,可能也会出现更多类似数据A这样的延迟数据,其时间戳<=水印。实际上,由于网络的不可控性,某些元素可以任意延迟,即使可以限

制延迟，也通常不希望将水印延迟太多，因为这会导致事件时间窗口的计算延迟过多。

对于一些使用水印解决不了的、更为严重的延迟数据，Flink默认是丢弃的，为了保证数据不丢失，Flink提供了允许延迟（Allowed Lateness）和侧道输出机制（Side Output）。

4.11.2 允许延迟与侧道输出

允许延迟机制与水印不同，不会延迟窗口触发计算，而是窗口触发计算之后不会销毁，保留计算状态，继续等待一段时间。而超过允许延迟时间的数据，Flink会将其放入侧道输出。侧道输出可以将数据收集起来，根据系统自身业务单独处理或存放于指定位置，以便后期查看。

如果需要保证数据完全不丢失，可以在水印的基础上添加允许延迟和侧道输出机制。

允许延迟和侧道输出的API位于WindowedStream类中，介绍如下：

- **allowedLateness(lateness: Time)**：设置允许的延迟时间，默认为0，该方法仅对事件时间窗口有效。在水印通过窗口结尾后（即水印>=窗口结束时间），该方法指定的允许延迟时间才开始生效。该延迟时间与水印指定的允许延迟时间不冲突，相当于在水印延迟时间的基础上进行累加。落入该方法指定的允许延迟时间范围内的元素可能会导致窗口再次触发（例如EventTimeTrigger）。为了使这些元素正常被计算，Flink会保持窗口的状态，直到允许的延迟过期为止。一旦延迟过期，Flink将删除该窗口并删除其状态。
- **sideOutputLateData(outputTag: OutputTag[T])**：将延迟到达的数据保存到outputTag对象中，OutputTag是一种类型化的命名标签，用于标记算子的侧道输出，单独收集延迟数据。后面可通过DataStream的getSideOutput(outputTag)方法得到被丢弃数据组成的数据流。

当指定的允许延迟大于0时，在水印通过窗口结尾后，将保留窗口及其内容。在这种情况下，当一个迟到但未被丢弃的元素到达时，它可能会导致该窗口的另一次触发。这次触发称为延迟触发，因为是由延迟事件触发的，与主触发（即窗口的第一次触发）相反。对于会话窗口，后期触发会进一步导致窗口合并，因为可能缩小两个预先存在的未合并窗口之间的间隙。当使用全局窗口时，没有数据是延迟的，因为全局窗口的结束时间戳是Long.MAX_VALUE。

> **注　意**
>
> 后期触发的元素应更新先前计算的结果，即数据流将包含同一计算的多个结果。根据你的应用程序，需要考虑这些重复的结果或对它们进行重复数据删除。

在水印的基础上设置允许延迟机制后，数据可以延迟的时间范围是多少？在只设置了水印的情况下，如果满足当前进入Flink的最大事件时间>=窗口结束时间+允许的最大延迟时间，则触发窗口计算，发射计算结果并销毁窗口。在水印的基础上设置了允许延迟机制后，如果满足当前进入Flink的最大事件时间>=窗口结束时间+允许的最大延迟时间（水印指定的），则触发窗口计算，发射计算结果，但不会销毁窗口，窗口会保留计算状态并继续等待延迟数据；每条延迟数据到达后，如果落入窗口内，都会再次触发窗口计算，更新计算状态，发射出最新计算结果，直到满足条件：当前进入Flink的最大事件时间>=窗口结束时间+允许的最大延迟时间（水印指定的）+允许延迟机制指定的延迟时间，则关闭并销毁窗口。此后到达的延迟数据，由于窗口已经关闭，数据将进入侧道输出流进行单独存放，后期根据业务单独处理即可。

指定允许延迟时间可以使用如下代码片段：

```
val input: DataStream[T] = ...

input
    .keyBy(<key selector>)
    .window(<window assigner>)
    .allowedLateness(<time>)//指定允许延迟的时间
    .<windowed transformation>(<window function>)
```

使用Flink的侧道输出机制可以获得一个后来被丢弃的数据组成的数据流。使用时首先需要使用sideOutputLateData(OutputTag)方法指定要在窗口化流上获取后期数据。然后可以使用getSideOutput(lateOutputTag)方法得到后期数据组成的数据流，代码如下：

```
val lateOutputTag = OutputTag[T]("late-data")
val input: DataStream[T] = ...

val result = input
    .keyBy(<key selector>)
    .window(<window assigner>)
    .allowedLateness(<time>)//指定延迟时间
    .sideOutputLateData(lateOutputTag)//指定将延迟数据放入lateOutputTag对象
    .<windowed transformation>(<window function>)
//获取延迟数据流
val lateStream = result.getSideOutput(lateOutputTag)
lateStream.print()//打印数据流数据
```

为了更好地理解允许延迟和侧道输出机制，假设有乱序数据按照ABCDEFG的顺序依次到达Flink应用程序，并且设置了水印允许的最大延迟时间为3分钟，在水印的基础上又通过allowedLateness(Time.seconds(3))方法设置了允许的延迟时间为3分钟，使用sideOutputLateData(lateOutputTag)方法设置侧道输出，如图4-35所示。

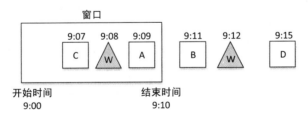

图4-35　允许延迟窗口计算

当数据A到达时，由于窗口开始时间>=数据A的事件时间>窗口结束时间，因此数据A落入窗口内。

当数据B到达时，由于其事件时间>=窗口结束时间，因此数据B不属于该窗口。此时Watermark=进入Flink的当前最大事件时间−允许的最大延迟时间=9:11−3分钟=9:08。水印在窗口内，不会触发窗口计算。

当数据C到达时，由于窗口开始时间>=数据C的事件时间>窗口结束时间，因此数据C落入窗口内。

当数据D到达时，由于其事件时间>=窗口结束时间，因此数据D不属于该窗口。此时Watermark=进入Flink的当前最大事件时间−允许的最大延迟时间=9:15−3（分钟）=9:12>=窗口结束时间。水印在窗口外，触发窗口计算并发射计算结果。由于设置了允许延迟机制的延迟时间为3分钟，此时的窗口结束时间+允许的最大延迟时间（水印指定的）+允许延迟机制指定的延迟时间=9:10+3（分钟）+3（分钟）=9:16>9:15（进入Flink的当前最大事件时间），不满足窗口关闭的条件，因此窗口会继续等待延迟数据，并保留计算状态（此处的计算状态指的就是计算结果，例如窗口内数据的聚合结果）。

当数据E到达时，由于进入Flink的当前最大事件时间没有改变，窗口不会关闭，而是继续等待。窗口开始时间<=数据E的事件时间<窗口结束时间，因此数据E落入窗口内，并触发窗口计算，与上次计算的结果进行合并，发射出新的计算结果，如图4-36所示。

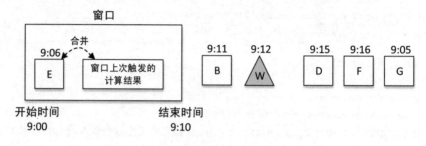

图 4-36　允许延迟机制数据流图

当数据F到达时，此时的窗口结束时间+允许的最大延迟时间（水印指定的）+允许延迟机制指定的延迟时间=9:10+3（分钟）+3（分钟）=9:16<=9:16（进入Flink的当前最大事件时间），满足窗口关闭的条件，因此窗口会关闭并销毁。

当数据G到达时，窗口开始时间<=数据G的事件时间<窗口结束时间，但是窗口已经关闭了，因此数据G将进入侧道输出流进行单独存放。通过侧道输出API可从侧道输出流中取出延迟严重的数据进行相应的业务处理。

4.11.3　生成策略

我们可以针对每个事件生成水印，但是由于每个水印都会在下游做一些计算，因此过多的水印会降低程序性能。这就需要一种策略来规定Flink程序什么时候可以开始生成水印。

Flink 在 DataStream 中 添 加 了 assignTimestampsAndWatermarks(watermarkStrategy:WatermarkStrategy[T])方法用于生成水印。其作用是给数据流中的元素分配时间戳（Flink需要知道每个元素的事件时间），并生成水印以标记事件时间进度。该方法需要传入一个水印策略对象WatermarkStrategy作为参数。WatermarkStrategy是一个接口，定义了如何在流源中生成水印，即水印策略。一般不需要实现此接口，而是可以使用 WatermarkStrategy中内置的通用的已经实现的水印策略。

1. 内置水印策略

WatermarkStrategy中通过使用静态方法内置了几个常用的水印策略。

（1）周期性水印策略

该策略是周期性（一定时间间隔）地产生水印。为乱序事件的情况创建水印策略，但可以为事件乱序的程度设置上限，即允许的最大延迟时间（前面4.11.1节讲的水印规则使用的就是周期性水印策略）。

该策略使用"周期时间+允许的最大延迟时间"方式生成水印，默认周期时间是200毫秒。意思是，每隔200毫秒，系统开始生成水印，其生成的规则为：水印=进入Flink的当前最大事件时间–允许的最大延迟时间。

WatermarkStrategy 接口中已经内置了用于创建周期性水印策略的静态方法forBoundedOutOfOrderness(Duration maxOutOfOrderness)，该方法需要传入一个时间参数，用于指定最大无序度，即允许的最大延迟时间。

使用周期性水印策略需要首先设置周期时间（如果使用默认的200毫秒，则不需要设置），代码如下：

```
val env = StreamExecutionEnvironment.getExecutionEnvironment
//设置水印的生成周期，默认为200毫秒
env.getConfig.setAutoWatermarkInterval(200)
```

然后调用DataStream的assignTimestampsAndWatermarks()方法设置水印，并传入周期性水印策略，代码片段如下：

```
//生成水印，实现一个允许最大延迟3秒的周期水印
val waterCarStream=carStream.assignTimestampsAndWatermarks(
    //指定水印生成策略:周期性水印策略
    WatermarkStrategy.forBoundedOutOfOrderness
[CarData](Duration.ofSeconds(3))//指定最大无序度，即允许的最大延迟时间
        .withTimestampAssigner(new SerializableTimestampAssigner[CarData] {
            //指定事件时间戳，即让Flink知道元素中的哪个字段是事件时间
            override def extractTimestamp(element: CarData, recordTimestamp: Long):
Long = element.eventTime
    })
)
```

上述代码中的方法withTimestampAssigner()是WatermarkStrategy接口中已经实现的方法，用于给流中的元素分配事件时间戳，因为Flink需要知道每个元素的事件时间。此处直接从元素中提取事件时间（元素中的eventTime字段存储了事件时间）。withTimestampAssigner()方法是可选的，大多数情况下可以不需要特别指定。例如，当使用Kafka或Kinesis数据源时，可以直接从Kafka或Kinesis数据源记录中获取时间戳。

接下来就可以对已经设置水印的数据流进行相应的窗口聚合等操作，代码片段如下：

```
//设置5秒的滚动窗口
waterCarStream
  .keyBy(_.id)
  .window(TumblingEventTimeWindows.of(Time.seconds(5)))
  .reduce(…)
.addSink(…)
```

使用周期性水印策略结合侧道输出解决网络延迟问题的详细讲解见4.17节的案例分析：计算5秒内每个信号灯通过的汽车数量。

（2）单调递增水印策略

该策略为时间戳单调递增的情况创建水印策略。水印是周期产生的，紧紧跟随数据中的最新时间戳。该策略实际上使用的就是周期性水印策略，只是将允许的最大延迟时间设置为0，即在周期性水印策略的基础上去掉了允许的最大延迟时间。

WatermarkStrategy 接口中已经内置了用于创建单调递增水印策略的静态方法forMonotonousTimestamps()，只需要调用该方法即可创建单调递增水印策略，代码如下：

```
WatermarkStrategy.forMonotonousTimestamps()
```

具体使用方法见周期性水印策略。

（3）无水印水印策略

该策略创建不生成任何水印的水印策略。该策略在纯基于处理时间的流处理的场景中可能很有用。WatermarkStrategy接口中已经内置了用于创建该策略的静态方法noWatermarks()，只需要调用该方法即可创建该策略，代码如下：

```
WatermarkStrategy.noWatermarks()
```

2. 自定义水印策略

Flink内置的水印策略可以满足大部分应用场景，当然也可以自定义水印策略，以便适用于特殊的业务。

（1）源码分析

我们已经知道，在 Flink 应用程序中设置水印时可以使用 DataStream 提供的assignTimestampsAndWatermarks(watermarkStrategy: WatermarkStrategy[T])方法。该方法需要传入一个水印策略对象WatermarkStrategy作为参数。接下来从WatermarkStrategy开始逐步分析。

WatermarkStrategy是一个接口，其中定义并实现了内置的水印策略，还定义了用于创建时间分配器TimestampAssigner和水印生成器WatermarkGenerator的方法。创建水印生成器的方法是该接口唯一一个未实现的方法，定义源码如下：

```
/**
*实例化一个根据此策略生成水印的水印生成器
*/
@Override
WatermarkGenerator<T> createWatermarkGenerator(WatermarkGeneratorSupplier
.Context context);
```

要实现WatermarkStrategy接口，只需要实现createWatermarkGenerator()方法即可。该方法返回一个水印生成器WatermarkGenerator实例。WatermarkGenerator可以基于事件生成水印，也可以周期性地（以固定的间隔）生成水印。

WatermarkGenerator接口的定义源码如下：

```
public interface WatermarkGenerator<T> {

    /**
     * 每来一个事件都会调用一次该方法，允许检查和记住事件时间戳，或基于事件本身生成水印
     * @param event事件
     * @param eventTimestamp事件时间戳
     * @param output发射水印。还会隐式地将流标记为活动，从而结束先前标记的空闲状态
     */
    void onEvent(T event, long eventTimestamp, WatermarkOutput output);

    /**
     * 周期性调用该方法，并可能发出新水印，也可能不发出
     * @param output 发射水印
     */
    void onPeriodicEmit(WatermarkOutput output);
}
```

对于数据流中的每个事件，WatermarkGenerator中的onEvent()方法都会被调用，用于检查和记住事件时间戳或基于事件本身生成水印。如果需要根据每个事件生成一个水印，然后发射到下游，可以实现onEvent()方法。WatermarkGenerator中的onPeriodicEmit()方法将周期性调用，用于创建并发射水印（也可能不发出）。如果数据量比较大，对于每个事件都生成一个水印，将会影响系统性能，可以使用该方法周期性生成水印。默认发射周期为200毫秒，可以使用ExecutionConfig.getAutoWatermarkInterval() 获 取 当 前 周 期 时 间 ， 并 且 可 以 通 过 env.getConfig.setAutoWatermarkInterval(long interval)修改周期时间。

TimestampAssigner的作用是将事件时间戳分配给元素。所有对事件时间（例如事件时间窗口）进行操作的函数都使用这些时间戳，时间戳是以世界标准时间1970年1月1日以来的毫秒数，与System.currentTimeMillis()的方式相同。

TimestampAssigner接口的定义源码如下：

```
/**
 * 将事件时间戳分配给元素
 * @param <T> 需要分配时间戳的元素的类型
 */
public interface TimestampAssigner<T> {

    /**
     * 当记录上没有附加时间戳时，传递给extractTimestamp(T,long)的值
     * 默认是Long的最小值
     */
    long NO_TIMESTAMP = Long.MIN_VALUE;

    /**
     * 给元素指定一个时间戳。该方法将传递给元素先前分配的时间戳。如果元素之前未携带时间戳，
则此值为变量NO_TIMESTAMP的值，默认为Long的最小值
     * @param 时间戳将被分配给的元素
     * @param recordTimestamp元素的当前内部时间戳，如果还没有分配时间戳，则为负值
     * @return 需要分配的新的时间戳
```

```
    */
    long extractTimestamp(T element, long recordTimestamp);
}
```

对于数据流中的每个事件，TimestampAssigner中的extractTimestamp(Object, long)方法都会被调用，用于给事件分配事件时间戳或者从事件中提取事件时间戳。

（2）自定义水印策略

使用自定义的方式实现一个周期性的、允许最大延迟时间3秒的水印策略（与内置的周期性水印策略类似），示例代码如下：

```
//生成水印
val waterCarStream=carStream.assignTimestampsAndWatermarks(
    new WatermarkStrategy[CarData] {
        //实现创建水印生成器的方法
        override def createWatermarkGenerator(context:
WatermarkGeneratorSupplier.Context): WatermarkGenerator[CarData] =
    new WatermarkGenerator[CarData] {
            private var maxTimestamp: Long = 0L//当前最大事件时间，默认为0
            private val delay: Long = 3000//允许的最大延迟时间3秒
            /**
             * 获取当前最大事件时间。每个事件都会调用该方法
             */
            override def onEvent(event: CarData, eventTimestamp: Long,
output: WatermarkOutput): Unit = {
                maxTimestamp = Math.max(maxTimestamp, event.eventTime)
            }
            /**
             * 周期性生成并发射水印。根据设置的周期时间定期调用该方法
             */
            override def onPeriodicEmit(output: WatermarkOutput):Unit ={
                //发射水印。水印=当前最大事件时间-允许的最大延迟时间
                output.emitWatermark(new Watermark(maxTimestamp - delay))
            }
        }
    }.withTimestampAssigner(new SerializableTimestampAssigner[CarData] {
        //指定事件时间戳，即让Flink知道元素中的哪个字段是事件时间
        override def extractTimestamp(element: CarData, recordTimestamp: Long):
Long = element.eventTime
    })
)
```

3. 处理空闲数据源

在某些情况下，如果数据源中的某一个分区/分片在一段时间内未产生事件数据，进而就不会生成水印，我们称这类数据源为空闲输入或空闲源。在这种情况下，当某些其他分区仍然产生事件数据的时候就会出现问题。由于下游算子对水印的计算方式是取所有不同的上游并行

算子中水印的最小值，如果上游某一个算子因为缺少数据迟迟没有生成水印，就会出现事件时间倾斜问题，水印将不会发生变化，导致下游不能触发计算。

为了解决这个问题，可以使用WatermarkStrategy 接口中已经实现的withIdleness(Duration idleTimeout)方法来检测空闲输入并将其标记为空闲状态。该方法可以为水印策略添加空闲超时时间。如果在一段时间内没有记录在一个流的一个分区中流动,那么这个分区就被认为是"空闲的",并且不会阻碍下游算子中水印的进程。这样就意味着下游的数据不需要等待水印的到来。当被标记为"空闲"状态的分区有水印生成并发射到下游的时候，该分区的数据流重新变成活跃状态。

如果某些分区的数据很少，并且在某些时间段内可能没有事件，那么空闲状态可能很重要。如果不标记空闲状态，这些流可能会导致应用程序的整体事件时间进度停滞。标记空闲超时时间为一分钟，示例代码如下：

```
WatermarkStrategy
  .forBoundedOutOfOrderness[(Long, String)](Duration.ofSeconds(20))
  .withIdleness(Duration.ofMinutes(1))
```

4.12　状态管理

状态（State）操作是指需要把当前数据和历史计算结果进行累加计算，即当前数据的处理需要使用之前的数据或中间结果。例如，对数据流中的实时单词进行计数，每当接收到新的单词时，需要将当前单词数量累加到之前的结果中。这里单词的数量就是状态，对单词数量的更新就是状态的更新。状态的访问流程如图4-37所示。

状态的计算模型如图4-38所示。

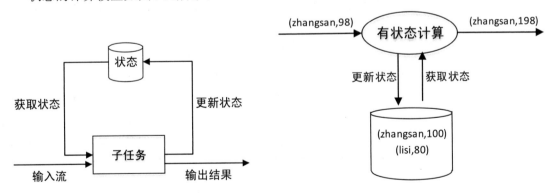

图 4-37　Flink 状态的访问流程图　　　　　图 4-38　Flink 状态的计算模型

在图4-39所示的并行数据流图中，Source、map()、keyBy()/window()/apply()算子的并行度为2，Sink算子的并行度为1。其中keyBy()/window()/apply()算子是有状态的，并且map()与keyBy()/window()/apply()算子之间通过网络进行数据分发。通常情况下，实现这种数据流图的Flink程序是为了通过某些键对数据流进行分区，以便将需要一起处理的事件进行汇合，然后统一处理。

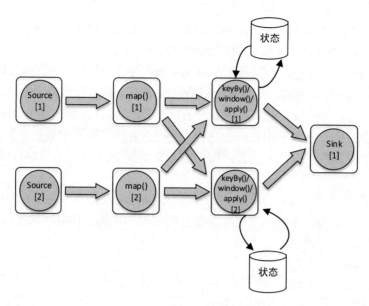

图 4-39　Flink 并行流状态访问

Flink应用程序的状态访问都在本地进行，这样有助于提高吞吐量和降低延迟。通常情况下，Flink应用程序都是将状态存储在JVM堆内存中，但如果状态数据太大，也可以选择将其以结构化数据格式存储在高速磁盘中，如图4-40所示。

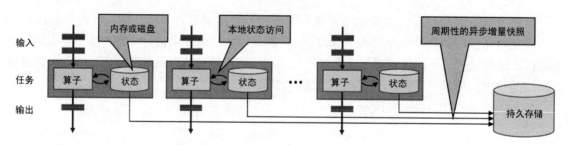

图 4-40　Flink 状态访问与快照存储

通过状态快照，Flink能够提供可容错的、精确一次的计算语义。Flink应用程序在执行时会获取并存储分布式Pipeline（流处理管道）中整体的状态，它会将数据源中消费数据的偏移量记录下来，并将整个作业图中算子获取到该数据（记录的偏移量对应的数据）时的状态记录并存储下来。当发生故障时，Flink 作业会恢复上次存储的状态，重置数据源从状态中记录的上次消费的偏移量，开始重新进行消费处理。而且状态快照在执行时会异步获取状态并存储，并不会阻塞正在进行的数据处理逻辑。

虽然数据流中的许多操作一次只查看单个事件（例如map、flatMap），但有些操作需要记住跨多个事件的信息（例如窗口算子）。这些操作称为有状态操作。一些有状态操作的例子如：

- 当应用程序搜索某些事件模式时，状态将存储到目前为止遇到的事件序列。
- 在每分钟/小时/天聚合事件时，状态将保留待处理的聚合。
- 在数据点流上训练机器学习模型时，状态保持模型参数的当前版本。
- 当需要管理历史数据时，状态允许有效访问过去发生的事件。

Flink需要知道状态，以便可以使用Checkpoint 和Savepoint来保证容错（关于容错机制，在4.13节将详细讲解）。状态还允许重新调整Flink应用程序，这意味着Flink负责在并行实例之间重新分配状态。

默认情况下，Flink保存历史状态数据，会将当前数据与历史状态数据自动聚合，进行状态的自动管理。实际开发中，大多数场景使用Flink的自动状态管理即可，对于一些特殊的业务场景，则可以使用手动状态管理。本节讲解如何使用Flink提供的状态API进行手动状态管理。

总结来说，Flink状态管理的主要特性如下：

- 本地性：Flink状态是存储在使用它的机器本地的，并且可以内存访问速度来获取。
- 持久性：Flink状态是容错的，例如它可以自动按一定的时间间隔产生快照，并且在任务失败后进行恢复。
- 纵向可扩展性：Flink状态可以存储在集成的RocksDB（一种KV型数据库）实例中，这种方式下可以通过增加本地磁盘来扩展空间。
- 横向可扩展性：Flink状态可以随着集群的扩/缩容重新分布。
- 可查询性：Flink状态可以通过使用状态查询API从外部进行查询。

Flink提供了不同的状态机制，用于指定状态的存储方式和存储位置。根据数据集是否按照Key进行分区，将状态分为Keyed State和Operator State（Non-Keyed State）两种类型。

4.12.1　Keyed State

Keyed State在通过keyBy()分组的KeyedStream上使用，对每个Key的数据进行状态存储和管理，状态是跟每个Key绑定的，即每个Key对应一个状态对象。根据状态数据的类型不同，Flink中定义了多种状态对象，用于存储状态数据，以适应不同的计算场景。

通过keyBy()会将数据流进行状态分区，Keyed State被进一步组织成所谓的Key Groups，一个Key Groups包含多个Key的状态。Key Groups是Flink可以重新分配Keyed State的原子单位，Key Groups的数量与定义的最大并行度相同。在执行期间，算子的每个并行实例处理一个Key Groups，如图4-41所示。

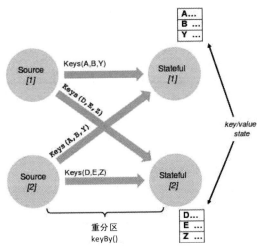

图 4-41　Flink 状态重分区

Keyed State支持的状态数据类型如下：

- ValueState<T>：保存一个具体的值，可以对其更新和查询。该值对应当前输入数据的Key，相当于Key的聚合结果，即每个key都可能对应一个值，而每个值都存储在ValueState<T>对象中。ValueState<T>对象中的值可以通过update(T)方法进行更新，通过T value()方法进行获取。例如统计用户ID对应的交易次数，每次用户交易都会在状态值上进行更新。

- ListState<T>：保存一个数据列表。可以通过add(T)或者addAll(List<T>)往这个列表中追加数据；通过get()获得一个Iterable<T>，以便能够遍历整个列表；还可以通过update(List<T>)覆盖当前的列表。例如定义ListState存储用户经常访问的IP地址。

- ReducingState<T>：保存一个单值。使用add(T)增加元素，每次调用add(T)方法添加元素时，都会调用用户定义的ReduceFunction，将结果合并为一个元素，并更新到状态中。当要对状态进行聚合计算时，可以使用ReducingState。

- AggregatingState<IN, OUT>：保留一个单值。和ReducingState不同的是，聚合类型可能与添加到状态的元素的类型不同。使用add(IN)添加元素，并与已有的元素使用AggregateFunction进行聚合。

- MapState<UK, UV>：使用Map存储键值列表。使用put(UK, UV)或者putAll(Map<UK, UV>)添加键值对到状态中，使用get(UK)根据Key查询。

例如，使用ValueState进行简单的计数，流数据中的相同Key一旦出现次数达到2，则将其平均值发送到下游，并清除状态重新开始，代码如下：

```
import org.apache.flink.api.common.functions.RichFlatMapFunction
import org.apache.flink.api.common.state.{ValueState, ValueStateDescriptor}
import org.apache.flink.configuration.Configuration
import org.apache.flink.streaming.api.scala.StreamExecutionEnvironment
import org.apache.flink.util.Collector
import org.apache.flink.streaming.api.scala._
/**
 * 自定义flatMap处理函数
 */
class CountAverage extends RichFlatMapFunction[(Long,Long),(Long,Long)]{
    //1. 声明状态对象ValueState，用来存放状态数据
    private var sum: ValueState[(Long, Long)] = _
    //2. 状态初始化，初始化调用（默认生命周期方法）
    override def open(parameters: Configuration): Unit = {
        sum = getRuntimeContext.getState( ❶
            //创建状态描述器
            new ValueStateDescriptor[(Long, Long)]("average",
createTypeInformation[(Long, Long)]) ❷
        )
    }
    //3. 使用状态（重写flatMap函数）
    override def flatMap(input: (Long, Long), out: Collector[(Long, Long)]):
Unit = {
```

```
        //访问状态值
        val tmpCurrentSum = sum.value
        //如果状态值为空，赋默认值(0L, 0L)
        val currentSum = if (tmpCurrentSum != null) {
            tmpCurrentSum
        } else {
            (0L, 0L)
        }
        //更新计数（数量,总和）
        val newSum = (currentSum._1 + 1, currentSum._2 + input._2)
        //更新状态
        sum.update(newSum)
        //如果计数达到2，则发射平均值并清除状态
        if (newSum._1 >= 2) {
            out.collect((input._1, newSum._2 / newSum._1))
            sum.clear()
        }
    }
}

/**
  * 相同Key一旦出现次数达到2，则将其平均值发送到下游，并清除状态重新开始
  */
object ValueStateExample {
    def main(args: Array[String]): Unit = {
        val env = StreamExecutionEnvironment.getExecutionEnvironment

        env.fromCollection(List(
            (1L, 3L),
            (1L, 5L),
            (1L, 7L),
            (1L, 4L),
            (1L, 2L)
        )).keyBy(_._1)
          .flatMap(new CountAverage())//自定义函数
          .print()
        //输出结果为(1,4)和(1,5)

        env.execute("ExampleKeyedState")
    }
}
```

上述程序运行后，输出的结果为(1,4)和(1,5)。通过继承flatMap的"富函数"RichFlatMapFunction，重写了其open()方法和flatMap()方法。"富函数"是DataStream API提供的一个函数类的接口，它与常规函数的不同在于，其中定义了函数的生命周期方法，以及访问执行函数的上下文的方法。Flink常用的函数都有"富函数"，例如RichMapFunction、RichFilterFunction、RichFlatMapFunction等。详细解析如下：

❶ 获得RuntimeContext对象。RuntimeContext包含关于函数在其中执行的上下文的信息。函数的每个并行实例都有一个上下文，通过它可以访问静态上下文信息（比如当前的并行度）和其他内容，比如累加器和广播变量。

open()方法是函数生命周期的初始化方法，默认情况下，此方法不执行任何操作。它在实际执行算子（例如map或join）之前被调用，因此适合一次性设置工作。传递给函数的Configuration对象可用于配置和初始化。该配置包含在程序中的函数上配置的所有参数。例如，重写filter算子，可以自定义一个类，继承RichFilterFunction，重写其中的open()方法和filter()方法，代码如下：

```
public class MyFilter extends RichFilterFunction<String> {
    private String searchString;
    public void open(Configuration parameters) {
        this.searchString = parameters.getString("foo");
    }
    public boolean filter(String value) {
        return value.equals(searchString);
    }
}
```

❷ 创建状态描述器，用于描述状态名称和存储的数据类型。ValueStateDescriptor继承了StateDescriptor。Flink通过StateDescriptor来定义一个状态，StateDescriptor是一个抽象类，内部定义了状态名称、类型、序列化器等基础信息。

4.12.2 Operator State

与Keyed State不同，Operator State与一个特定算子的一个实例绑定，和数据元素中的Key无关，每个算子子任务管理自己的Operator State，每个算子子任务上的数据流共享同一个状态，可以访问和修改该状态。Kafka连接器是在Flink中使用Operator State的一个很好的例子。Kafka消费者的每个并行实例维护一个主题分区和偏移量的映射作为它的Operator State。

当并行性发生改变时，Operator State接口支持在并行算子实例之间重新分配状态，并且有不同的重新分配方案。Operator State是一种特殊类型的状态，主要用于Source或Sink算子，用来保存流入数据的偏移量或对输出数据做缓存，以保证Flink应用的Exactly-Once语义。

Operator State支持的状态数据类型为ListState。ListState以一个列表的形式存储状态数据，以适应横向扩展时状态重分布的问题。ListState存储的列表数据是相互独立的状态项的集合，在算子并行性发生改变时，这些状态项可以在算子实例之间重新分配。

广播状态（Broadcast State）是Operator State的一种特殊类型。引入广播状态是为了支持需要将一个流的记录广播到所有下游任务的场景，这些记录用于在所有子任务之间保持相同的状态。然后可以在处理第二个流的记录时访问此状态。可以想象一个低吞吐量流，其中包含一组规则，我们要使用这组规则针对来自另一个流的所有元素进行评估。它仅适用于具有广播流和非广播流作为输入的特定算子，并且这样的算子可以具有名称不同的多个广播状态。

我们可以通过实现 CheckpointedFunction 接口来使用 Operator State。该接口是有状态转换函数的核心接口，即跨单个流记录维护状态的函数。虽然有更多轻量级的接口作为各种状态的快捷方式，但该接口在管理Keyed State和Operator State方面提供了最大的灵活性。CheckpointedFunction 接口的源码如下：

```
public interface CheckpointedFunction {

    /**
     * 当Checkpoint时，将调用此方法。在此要实现具体的Checkpoint逻辑，比如将哪些本地状
态持久化
     * @param context 绘制操作符快照的上下文
     */
    void snapshotState(FunctionSnapshotContext context) throws Exception;

    /**
     * 在分布式执行期间创建并行函数实例时（初始化）调用此方法。例如向本地状态中填充数据
     * @param context 用于初始化算子的上下文
     */
    void initializeState(FunctionInitializationContext context) throws
Exception;
}
```

当检查点（Checkpoint，在4.13.1节将详细讲解）获取转换函数的状态快照（Snapshot）时，将调用snapshotState(FunctionSnapshotContext)。在这个方法中，函数通常确保检查点数据结构（在初始化阶段获得的）是最新的，以便进行快照。给定的FunctionSnapshotContext（快照上下文）提供对检查点元数据的访问。当算子的子任务初始化（实例化）时，initializeState(FunctionInitializationContext)被调用。子任务初始化包括第一次自定义函数初始化和从之前的Checkpoint恢复，因此初始化有两种应用场景：

- Flink作业第一次执行时，状态数据被初始化为一个默认值。
- 作业已经将状态数据保存到外部存储，当Flink应用重启时，通过这个方法读取外部存储的状态数据并填充到当前本地状态中。

下面的代码通过一个简单的示例演示如何使用自定义函数实现CheckpointedFunction接口，该函数保存每个Key和每个并行分区（分布式执行期间转换函数的并行实例）的事件计数。该示例还更改了并行性，它通过将按比例合并的分区的计数器相加来影响每个并行分区的计数。该示例说明了有状态函数的基本框架。

```
public class MyFunction<T> implements MapFunction<T, T>, CheckpointedFunction {

    private ReducingState<Long> countPerKey;
    private ListState<Long> countPerPartition;

    private long localCount;

    public void initializeState(FunctionInitializationContext context)
throws Exception {
        //获取每个Key对应的状态数据结构
        countPerKey = context.getKeyedStateStore().getReducingState(
                new ReducingStateDescriptor<>("perKeyCount", new
AddFunction<>(), Long.class));
```

```
        //获取每个分区状态的状态数据结构
        countPerPartition =
context.getOperatorStateStore().getOperatorState(
            new ListStateDescriptor<>("perPartitionCount", Long.class));
        //根据算子状态初始化本地计数变量
        for (Long l : countPerPartition.get()) {
            localCount += l;
        }
    }

    public void snapshotState(FunctionSnapshotContext context) throws
Exception {
        //Keyed State总是最新的，只需把每个分区的状态呈现出来即可
        countPerPartition.clear();
        countPerPartition.add(localCount);
    }

    public T map(T value) throws Exception {
        //更新状态
        countPerKey.add(1L);
        localCount++;

        return value;
    }
}
```

下面的代码通过一个简单的示例演示使用SinkFunction输出数据到外部系统，并在CheckpointedFunction 中进行数据缓存，然后统一发送到下游。当作业重启的时候，对状态数据进行恢复并重新分配。

```
import org.apache.flink.api.common.state.{ListState, ListStateDescriptor}
import org.apache.flink.api.common.typeinfo.{TypeHint, TypeInformation}
import org.apache.flink.runtime.state.{FunctionInitializationContext,
FunctionSnapshotContext}
import org.apache.flink.streaming.api.checkpoint.CheckpointedFunction
import org.apache.flink.streaming.api.functions.sink.SinkFunction
import org.apache.flink.streaming.api.functions.sink.SinkFunction.Context
import scala.collection.mutable.ListBuffer

class BufferingSink(threshold: Int = 0) extends SinkFunction[(String, Int)]
  with CheckpointedFunction {

    //Operator List State
    private var checkpointedState: ListState[(String, Int)] = _
    //本地缓存
    private val bufferedElements = ListBuffer[(String, Int)]()

    /**
     * Sink的核心处理逻辑，将给定的值写入Sink。每个记录都会调用该函数
```

```scala
 * @param value 给定的值
 * @param context 上下文对象
 */
override def invoke(value: (String, Int), context: Context):Unit ={
    //先将数据缓存到本地的缓存
    bufferedElements += value
    //当本地缓存大小达到阈值时，将本地缓存输出到外部系统
    if (bufferedElements.size == threshold) {
        for (element <- bufferedElements) {
            //输出到外部系统（需要实现）
            //…
        }
        //清空本地缓存
        bufferedElements.clear()
    }
}
/**
 * 当进行Checkpoint时，将调用此方法
 */
override def snapshotState(context: FunctionSnapshotContext): Unit ={
    //清除状态
    checkpointedState.clear()
    //将本地缓存添加到ListState
    for (element <- bufferedElements) {
        checkpointedState.add(element)
    }
}
/**
 * 算子子任务初始化时调用此方法
 */
override def initializeState(context: FunctionInitializationContext):
Unit = {
    //创建状态描述器，描述状态名称、数据类型等，用于在有状态算子中创建可分区的状态
    val descriptor = new ListStateDescriptor[(String, Int)](
        "buffered-elements",
        TypeInformation.of(new TypeHint[(String, Int)]() {})
    )
    //创建ListState，每个ListState都使用唯一的名称
    checkpointedState = context
        .getOperatorStateStore.getListState(descriptor)
    //如果从前一个执行的快照恢复状态，则返回true（例如作业重启的情况）
    if (context.isRestored) {
        //读取存储中的状态数据并填充到本地缓存中
        for (element <- checkpointedState.get()) {
            bufferedElements += element
        }
    }
}
}
```

4.13 容错机制

4.13.1 Checkpoint

Flink流式应用程序必须全天候运行，与应用程序逻辑无关的故障（例如系统故障、JVM崩溃等）不应该对其产生影响。

Flink中的每个算子都是有状态的。为了让状态容错，Flink为状态添加了Checkpoint（检查点）。Checkpoint是一种由Flink自动执行的快照，是某一时刻Flink作业中所有算子的当前状态的全局快照，快照数据一般存储在外部磁盘上（例如HDFS分布式文件系统），相当于把所有状态数据定时进行持久化存储。Checkpoint使得Flink在遇到异常时能够恢复状态和在流中的位置。

Flink执行Checkpoint的流程如图4-42所示。

Checkpoint实际上就是将本地内存中存储的中间结果（状态数据）保存到外部的持久化存储系统中，Checkpointr的执行架构如图4-43所示。

1. 状态后端

Flink将Checkpoint快照的存储位置称为状态后端（State Backend）。状态后端有两种实现：一种基于RocksDB将工作状态保存在磁盘上，使用RocksDBStateBackend类型；另一种基于堆将工作状态保存在Java的堆内存中。基于堆的状态后端有两种类型：FsStateBackend和MemoryStateBackend。FsStateBackend会定时将其状态快照持久化到分布式文件系统中，MemoryStateBackend使用JobManager的堆内存保存状态快照。Flink状态后端的分类对比如表4-13所示。

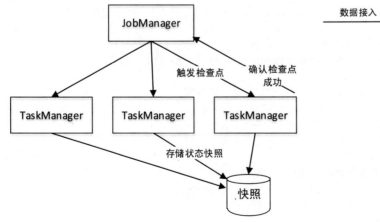

图 4-42　Flink 执行 Checkpoint 的流程

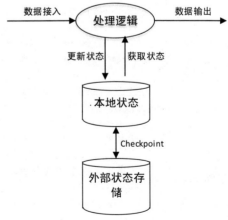

图 4-43　Flink 执行 Checkpoint 的架构

表 4-13　Flink 状态后端的分类对比

名　　称	工作状态	检 查 点	检查方式
RocksDBStateBackend	本地磁盘（RocksDB）	分布式文件系统	全量/增量
FsStateBackend	Java 堆内存（TaskManager 内存）	分布式文件系统	全量
MemoryStateBackend	Java 堆内存（TaskManager 内存）	JobManager 内存	全量

如果不设置，Flink默认使用MemoryStateBackend状态后端。下面对每个状态后端进行详细讲解。

（1）RocksDBStateBackend

RocksDBStateBackend状态后端将工作状态（State）存储在RocksDB（一种KV型数据库）中。这个状态后端可以存储超过内存并溢出到磁盘的非常大的状态。所有的key/value 状态存储在RocksDB的key/value索引中。为了防止丢失状态数据，Flink将获取RocksDB数据库的快照作为Checkpoint，并在文件系统（默认情况下）或其他可配置状态后端中持久化该快照。可以在Flink应用程序中使用RocksDBStateBackend 类中的setPredefinedOptions(PredefinedOptions)方法和setRocksDBOptions(RocksDBOptionsFactory)设置RocksDB的相关选项。

在Flink应用程序中使用RocksDBStateBackend状态后端需要单独引入以下Maven依赖：

```
<!-- RocksDBStateBackend所需依赖 -->
<dependency>
    <groupId>org.apache.flink</groupId>
    <artifactId>flink-statebackend-rocksdb_2.11</artifactId>
    <version>1.13.0</version>
</dependency>
```

RocksDBStateBackend是目前唯一支持增量Checkpoint（增量快照）的状态后端。不同于产生一个包含所有数据的全量备份，增量快照中只包含自上一次快照完成之后被修改的记录，因此可以显著减少快照完成所耗的时间。

虽然RocksDBStateBackend支持增量快照，但是默认情况下没有开启该功能，使用的仍然是全量快照，如果需要开启，可以通过在flink-conf.yaml配置文件中设置state.backend.incremental:true实现。

对于超大状态的聚合，例如以天为单位的窗口计算并且对读写性能要求不高的作业，建议使用RocksDBStateBackend。

RocksDBStateBackend适用于状态非常大、窗口非常长的作业以及所有高可用的场景。由于其允许存储非常大的状态，因此意味着使用RocksDBStateBackend将会使应用程序的最大吞吐量降低。所有的读写都必须序列化、反序列化操作，比基于堆内存的状态后端的效率要低很多。

（2）FsStateBackend

FsStateBackend状态后端在TaskManager的内存（JVM堆）中保存运行时的工作状态。执行Checkpoint时，会将状态数据以文件的形式持久化到外部文件系统中。如果外部文件系统是持久的分布式文件系统，则此状态后端支持高可用设置。每个Checkpoint将分别将其所有文件存储在包含Checkpoint编号的文件系统的子目录中，例如HDFS目录hdfs://namenode:port/flink-checkpoints/chk-17/。

如果一个TaskManager并发执行多个任务（如果TaskManager有多个Task Slot，或者使用Task Slot共享），那么所有任务的聚合状态需要被放入该TaskManager的内存。FsStateBackend状态后端直接与元数据一起存储小的状态块，以避免创建许多小文件。其阈值是可配置的。当增加这个阈值时，Checkpoint元数据的大小也会增加。所有保留的已完成Checkpoint的元数据需要装入JobManager的堆内存。这都不是问题，除非阈值太大。可以通过调用getMinFileSizeThreshold()方法获取设置的阈值。

FsStateBackend状态后端适用于状态比较大、窗口比较长的作业以及所有高可用的场景。对于一些以分钟为单位的窗口聚合，建议使用该状态后端。

（3）MemoryStateBackend

MemoryStateBackend状态后端在TaskManager的内存（JVM堆）中以Java对象的形式保存运行时的工作状态。执行Checkpoint时，会直接将其状态保存到JobManager的堆内存。默认每个状态在JobManager中允许使用的最大内存为5MB，可以通过MemoryStateBackend的构造函数进行调整。

该状态后端建议只用于实验、本地测试或状态数据非常小的流应用程序，因为它需要将Checkpoint数据存储在JobManager的内存中，较大的状态数据将占用较大一部分JobManager的主内存，从而降低操作的稳定性。对于任何其他设置，都应该使用FsStateBackend。FsStateBackend将工作状态以同样的方式保存在TaskManager上，但执行Checkpoint时状态数据直接存储在文件系统中，而不是JobManager的内存中，因此支持非常大的状态数据。

所有状态后端都可以在应用程序中配置（通过使用各自的构造函数参数创建状态后端并在执行环境中设置），也可以在Flink集群环境中指定。如果在应用程序中指定了状态后端，则它可以从Flink集群环境配置中获取额外的配置参数。例如，如果在没有默认保存点（Savepoint，在4.13.4节将详细讲解）目录的应用程序中，则它将选择在运行的集群环境的Flink配置中指定的默认保存点目录。

通常，建议在生产中避免使用MemoryStateBackend，因为它将快照存储在JobManager的内存中，而不是持久化到磁盘。当需要在FsStateBackend和RocksDBStateBackend之间进行选择时，需要从性能和可伸缩性方面进行考虑。FsStateBackend非常快，因为每个状态访问和更新操作在Java堆内存上，但是状态大小受集群内可用内存的限制。另一方面，RocksDBStateBackend可以根据可用磁盘空间进行扩展，并且是唯一支持增量快照的状态后端。但是每个状态访问和更新都需要序列化/反序列化，这样会导致平均性能比内存状态后端慢一个数量级。

2. 状态后端配置

可以在配置文件flink-conf.yaml中通过属性state.backend设置全局默认的状态后端。例如，设置状态后端为FsStateBackend：

```
#使用文件系统存储快照
state.backend: filesystem
#存储快照的目录
state.checkpoints.dir: hdfs://namenode:40010/flink/checkpoints
```

　　state.backend 的可选值包括 jobmanager（MemoryStateBackend 状态后端）、filesystem（FsStateBackend 状态后端）、rocksdb（RocksDBStateBackend 状态后端），或使用实现了状态后端工厂 StateBackendFactory 的类的全限定类名，例如 RocksDBStateBackend 对应 org.apache.flink.contrib.streaming.state.RocksDBStateBackendFactory。

　　state.checkpoints.dir 指定了所有状态后端的数据存储目录。

　　也可以在应用程序中使用 StreamExecutionEnvironment API 对作业的状态后端进行设置。从 Flink 1.13 开始，在 API 层面为了对状态后端更容易理解，重新编写了状态后端的公共类，以帮助开发者更好地理解本地状态存储和检查点存储的分离。用户可以在不丢失任何状态或一致性的情况下迁移现有应用程序以使用新的 API。

　　例如，设置状态后端为 FsStateBackend，代码如下：

```
val env=StreamExecutionEnvironment.getExecutionEnvironment
env.setStateBackend(new HashMapStateBackend)
env.getCheckpointConfig.setCheckpointStorage("hdfs://namenode:40010/flink/
checkpoints")
//也可以手动实例化对象FileSystemCheckpointStorage进行高级设置
//env.getCheckpointConfig().setCheckpointStorage(new
FileSystemCheckpointStorage("hdfs://namenode:40010/flink/checkpoints"));
```

　　设置状态后端为 RocksDBStateBackend，代码如下：

```
val env=StreamExecutionEnvironment.getExecutionEnvironment
env.setStateBackend(new EmbeddedRocksDBStateBackend)
env.getCheckpointConfig.setCheckpointStorage("hdfs://namenode:40010/flink/
checkpoints")
//也可以手动实例化对象FileSystemCheckpointStorage进行高级设置
//env.getCheckpointConfig().setCheckpointStorage(new
FileSystemCheckpointStorage("hdfs://namenode:40010/flink/checkpoints"));
```

　　设置状态后端为 MemoryStateBackend，代码如下：

```
val env=StreamExecutionEnvironment.getExecutionEnvironment
env.setStateBackend(new HashMapStateBackend)
env.getCheckpointConfig.setCheckpointStorage(new JobManagerCheckpointStorage)
```

　　上述代码中，HashMapStateBackend 在 TaskManager 的内存（JVM 堆）中保存运行时的工作状态。执行 Checkpoint 时，会根据配置的 CheckpointStorage 保存状态到指定的位置。CheckpointStorage 是一个接口，定义了状态后端如何存储其状态以在流应用程序中进行容错。该接口的各种实现以不同的方式存储检查点状态，并具有不同的可用性保证。

　　例如，JobManagerCheckpointStorage 将检查点数据存储在 JobManager 的内存中。它是轻量级的，没有额外的依赖项，但不可扩展，只支持小量状态数据。这种检查点存储策略便于本地测试和开发。

　　FileSystemCheckpointStorage 将检查点存储在 HDFS、S3 等文件系统中。此存储策略支持大量状态数据，可以达到数 TB，同时为有状态应用程序提供高度可用的基础。对于大多数生产部署，建议使用此检查点存储策略。

3. Checkpoint配置

默认情况下，Checkpoint是禁用的，可以通过相应的配置启用。

（1）全局配置

可以在Flink的配置文件flink-conf.yaml中对Checkpoint进行全局配置，代码如下：

```
state.backend: filesystem
state.checkpoints.dir: hdfs://namenode:9000/flink-checkpoints
state.backend.incremental: false
```

state.backend用于指定状态后端，支持的值为jobmanager、filesystem、rocksdb，常用值为filesystem或rocksdb，默认为none。jobmanager表示使用MemoryStateBackend状态后端，filesystem表示使用FsStateBackend状态后端，rocksdb表示使用RocksDBStateBackend状态后端。

state.checkpoints.dir用于指定Checkpoint在文件系统的存储目录，默认为none。

state.backend.incremental用于开启/禁用增量Checkpoint功能，默认为false。对于支持增量Checkpoint的状态后端有用，例如RocksDBStateBackend。

更多的配置如表4-14所示。

表4-14　Flink Checkpoint 全局配置选项介绍

选　　项	默 认 值	介　　绍
state.backend	(none)	使用的状态后端
state.backend.async	true	状态后端是否应该在可能的情况下使用异步快照方式。对于部分不支持异步快照或只支持异步快照的状态后端可以忽略此选项
state.backend.fs.memory-threshold	20 kb	状态数据文件的最小大小。所有小于此值的状态块都内联存储在根 Checkpoint 元数据文件中。该配置的最大内存阈值为 1MB
state.backend.fs.write-buffer-size	4096	写入文件系统的Checkpoint流数据的写缓冲区的默认大小。实际的写缓冲区大小为该选项和选项 state.backend.fs.memory-threshold 的最大值
state.backend.incremental	false	状态后端是否使用增量 Checkpoint（如果可能的话）。对于增量 Checkpoint，只存储与前一个 Checkpoint 的不同，而不是完整的 Checkpoint 状态。一旦启用，Web UI 中显示的状态大小或从 Rest API 中获取的状态大小只表示增量 Checkpoint 大小，而不是完整的 Checkpoint 大小。一些状态后端可能不支持增量 Checkpoint，会忽略此选项
state.backend.local-recovery	false	为此状态后端配置本地恢复。默认情况下，不使用本地恢复。本地恢复目前只对于 Keyed 形式的状态后端起作用。目前 MemoryStateBackend 不支持本地恢复，会忽略此选项
state.checkpoints.dir	(none)	用于在支持 Flink 的文件系统中存储数据文件和 Checkpoint 的元数据的默认目录。存储路径必须可以从所有参与的进程/节点中访问到

（续表）

选　项	默认值	介　绍
state.checkpoints.num-retained	1	可以保留的已完成的 Checkpoint 的最大数目。默认情况下，如果设置了 Checkpoint，则 Flink 只保留最近成功生成的一个 Checkpoint，当 Flink 程序失败时，可以从最近的 Checkpoint 进行恢复。如果希望保留多个 Checkpoint，并能够根据实际需要选择其中一个进行恢复，可以设置该选项
state.savepoints.dir	(none)	保存点的默认目录
taskmanager.state.local.root-dirs	(none)	用于本地恢复存储文件状态的根目录。本地恢复目前只支持 Keyed 形式的状态后端。MemoryStateBackend 不支持本地恢复，将忽略该选项

（2）应用配置

除了可以在Flink的配置文件中对Checkpoint进行全局配置外，还可以在Flink应用程序中通过代码配置Checkpoint，该配置将覆盖配置文件中的全局配置。

在Flink应用程序中进行Checkpoint配置，必须的配置选项如下：

```
val env=StreamExecutionEnvironment.getExecutionEnvironment
//每隔1秒执行一次Checkpoint
env.enableCheckpointing(1000)
//指定状态后端
env.setStateBackend(new FsStateBackend("file:///D:checkpoint"))
```

其他可选选项说明如下。

当设置了每隔一秒执行一次Checkpoint时，如果由于网络延迟，前一次Checkpoint执行较慢，容易导致与后一次Checkpoint执行重叠。为了防止这种情况，可以设置两次Checkpoint之间的最小时间间隔：

```
//设置两次Checkpoint之间的最小时间间隔为500毫秒，默认为0
env.getCheckpointConfig.setMinPauseBetweenCheckpoints(500)
```

设置可容忍的失败的Checkpoint数量，默认值为0，意味着不容忍任何Checkpoint失败：

```
env.getCheckpointConfig.setTolerableCheckpointFailureNumber(10)
```

作业取消时保留Checkpoint数据，以便根据实际需要恢复到指定的Checkpoint：

```
env.getCheckpointConfig.enableExternalizedCheckpoints(CheckpointConfig.Ext
ernalizedCheckpointCleanup.RETAIN_ON_CANCELLATION)
```

ExternalizedCheckpointCleanup的相关选项如下：

- ExternalizedCheckpointCleanup.RETAIN_ON_CANCELLATION：在作业取消时保留Checkpoint数据。取消作业时，保留所有的Checkpoint数据。在取消作业之后，必须手动删除Checkpoint数据。

- ExternalizedCheckpointCleanup.DELETE_ON_CANCELLATION：在作业取消时删除 Checkpoint数据（包括元数据和实际的状态数据），删除后不能进行恢复。作业失败时不会删除。

CheckpointingMode定义了系统在出现故障时提供的一致性保证。例如，设置Checkpoint 执行模式为exactly once（默认值）：

```
env.getCheckpointConfig().setCheckpointingMode(CheckpointingMode.
EXACTLY_ONCE);
```

设置Checkpoint执行模式为at least once：

```
env.getCheckpointConfig().setCheckpointingMode(CheckpointingMode.
AT_LEAST_ONCE);
```

设置Checkpoint执行的超时时间为一分钟，超过该时间则被丢弃，默认超时时间为10分钟：

```
env.getCheckpointConfig.setCheckpointTimeout(6000)
```

设置最大允许的同时执行的Checkpoint的数量，默认为1。当达到设置的最大值时，如果需要触发新的Checkpoint，需要等待正在执行的Checkpoint完成或过期：

```
env.getCheckpointConfig().setMaxConcurrentCheckpoints(2);
```

4.13.2　Barrier

Checkpoint是Flink实现容错机制最核心的功能，它能够周期性地基于流中各个算子的状态来生成快照，从而将这些状态数据定期持久化存储下来。当Flink程序一旦意外崩溃时，重新运行程序时可以从这些快照进行恢复，从而修正因为故障带来的程序数据异常。

Flink分布式快照的一个核心元素是流Barrier（屏障或栅栏）。这些Barrier被注入数据流中，并将记录作为数据流的一部分进行流处理。Barrier永远不会超过记录，它们严格地在一条线上流动。Barrier将数据流中的记录隔离成一系列的记录集合，即一个Barrier将数据流中的记录分离为进入当前快照的记录集和进入下一个快照的记录集。

每个Barrier都携带快照的ID，并且Barrier之前的记录都进入了该快照。Barrier不会中断数据流，非常轻量。来自不同快照的多个Barrier可以同时在流中，这意味着多个快照可能同时并发发生。单流Barrier在流中的位置如图4-44所示。

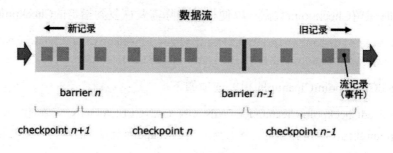

图 4-44　单流 Barrier

在图4-44中，Barrier在数据流源处被注入并行数据流中。快照n的Barrier被注入的位置（用S_n

表示）是快照所包含的数据在数据源中的最大位置。例如，在Apache Kafka中，这个位置将是分区中最后一条记录的偏移量。这个位置S_n会被报告给Checkpoint协调器（Flink的JobManager）。

　　然后这些Barrier就会顺流而下。当中间算子从所有输入流接收到快照n的Barrier时，它会向所有输出流发出快照n的Barrier。一旦Sink算子（流DAG的末端）从所有输入流接收到Barrier n，它就向Checkpoint协调器确认快照n完成。在所有的Sink都确认了一个快照之后，快照就被认为完成了。

　　一旦快照n完成，作业将不再向数据源请求S_n之前的记录，因为此时这些记录（及其后续记录）已经通过整个数据流拓扑，即已经被处理完毕。

　　如图4-45所示，接收多个输入流的算子需要基于快照Barrier对齐输入流。

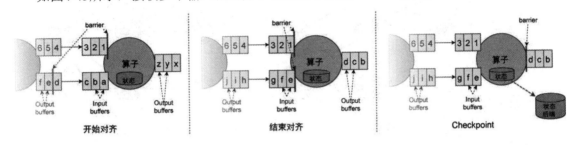

图 4-45　多流 Barrier

　　一旦算子从一个输入流接收到快照Barrier n，它就不能再处理来自该流的任何记录（新到来的来自该流的其他记录不会被处理，而是输入缓冲区中），直到它从其他输入流接收到Barrier n。否则，它将弄混属于快照n的记录和属于快照n+1的记录。

　　一旦最后一个流接收到Barrier n，算子就会发出所有挂起的（缓冲区中的）向后传送的记录，然后发出快照Barrier n本身。

　　之后，开始恢复处理来自所有输入流的记录，在处理来自流的记录之前，优先处理来自输入缓冲区的记录。

　　最后，算子将状态异步写入状态后端。

注　意
对于具有多个输入流的所有算子以及在Shuffle之后的算子，当它们消费多个上游子任务的输出流时，都需要对齐。

　　当算子包含任何形式的状态时，此状态也必须是快照的一部分。算子在从输入流接收到所有快照Barrier并在将Barrier发送到输出流之前快照自己的状态。此时，在设置Barrier之前的记录对状态的所有更新不依赖于应用Barrier之后的记录的更新。因为快照的状态可能很大，所以它被存储在可配置的状态后端。默认情况下，使用JobManager的内存，但是为了生产使用，应该配置分布式可靠存储（例如HDFS）。在存储状态之后，算子确认Checkpoint，将快照Barrier发送到输出流中，然后继续执行。

　　生成的快照主要包含以下内容：

- 对于每个并行流数据源，快照启动时流中的偏移量/位置。
- 对于每个算子，一个指向作为快照一部分存储的状态的指针。

Checkpoint的快照流程如图4-46和图4-47所示。

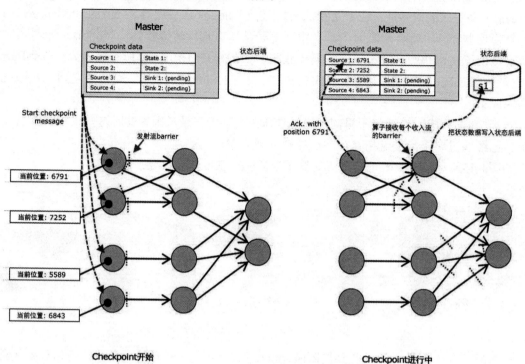

图 4-46　Checkpoint 的快照流程（阶段一）

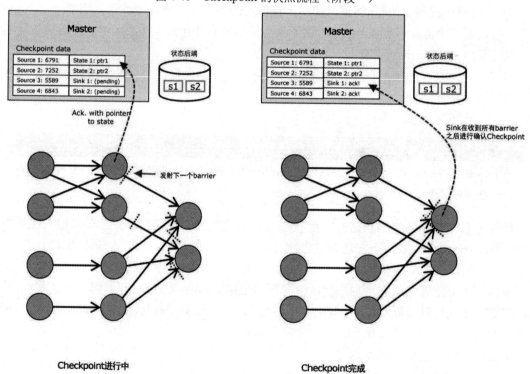

图 4-47　Checkpoint 的快照流程（阶段二）

4.13.3 重启与故障恢复策略

当Task出现故障时，可以对故障的Task以及其他受影响的Task进行重启，以使作业恢复到正常执行状态。Flink通过重启策略和故障恢复策略来控制Task重启，重启策略控制是否可以重启以及重启的时间间隔，故障恢复策略控制哪些Task需要重启。

1. 重启策略

每个重启策略都有自己的一组配置选项来控制其行为。这些选项可以在Flink的配置文件flink-conf.yaml中设置。restart-strategy用于定义在作业失败时使用的重启策略，可接受的值有：

- none、off、disable：不重启策略。
- fixeddelay、fixed-delay：固定延迟重启策略。
- failurerate、failure-rate：故障率重启策略。

例如，配置固定延迟重启策略（默认使用该策略），代码如下：

```
restart-strategy: fixed-delay
```

也可以通过在应用程序中调用StreamExecutionEnvironment对象的setRestartStrategy方法进行设置。当然对于ExecutionEnvironment也同样适用。

如果配置了Checkpoint而没有配置重启策略，那么将默认使用固定延迟重启策略，程序会无限重启，此时最大尝试重启次数由Integer.MAX_VALUE参数决定；如果没有配置Checkpoint，则使用"不重启"策略；如果提交作业时设置了重启策略，该策略将覆盖掉集群的默认策略。

下面对每个重启策略进行详细讲解。

（1）不重启策略

该策略当作业失败时不会尝试重启。flink-conf.yaml中的配置如下：

```
restart-strategy: none
```

也可以在应用程序中设置：

```
val env = StreamExecutionEnvironment.getExecutionEnvironment()
env.setRestartStrategy(RestartStrategies.noRestart())
```

（2）固定延迟重启策略

按照固定的次数尝试重启作业，两次重启之间需要等待指定的时间，超过指定的次数后作业仍失败则不再尝试。

可以在flink-conf.yaml配置文件中设置，默认使用该策略。

```
#指定使用固定延迟重启策略
restart-strategy: fixed-delay
#尝试重启的次数
restart-strategy.fixed-delay.attempts: 3
#两次重启之间的时间间隔
restart-strategy.fixed-delay.delay: 10 s
```

当程序与外部系统交互时（例如，连接或挂起的事务在尝试重新执行时的超时时间），这种延迟重试是有帮助的，可以使用"1 min"或"20 s"指定。

也可以在应用程序中设置：

```
env.setRestartStrategy(RestartStrategies.fixedDelayRestart(
    3, //尝试重启的次数
    Time.of(10, TimeUnit.SECONDS) //两次重启之间的时间间隔为10秒
))
```

（3）故障率重启策略

故障率指的是每个时间间隔发生故障的次数。使用故障率重启策略，在故障发生之后重启作业，但是当故障率超过设定的限制时，程序将退出。

例如，如果5分钟内作业故障次数不超过3次，则自动重启，两次连续重启的时间间隔为10秒；如果5分钟内作业故障次数超过3次，则程序退出。flink-conf.yaml中的配置内容如下：

```
#指定使用故障率重启策略
restart-strategy:failure-rate
#每个时间间隔的最大故障次数
restart-strategy.failure-rate.max-failures-per-interval: 3
#测量故障率的时间间隔
restart-strategy.failure-rate.failure-rate-interval: 5 min
#两次连续重启的时间间隔
restart-strategy.failure-rate.delay: 10 s
```

也可以在应用程序中设置：

```
env.setRestartStrategy(RestartStrategies.failureRateRestart(
    3, //每个时间间隔的最大故障次数
    Time.of(5, TimeUnit.MINUTES), //测量故障率的时间间隔
    Time.of(10, TimeUnit.SECONDS) //两次连续重启的时间间隔
))
```

2. 故障恢复策略

Flink中支持两种不同的故障恢复策略，可以在配置文件flink-conf.yaml中对属性jobmanager.execution.failover-strategy进行设置。该属性有两个值：full和region（默认）。

- full：Task（任务）发生故障时重启作业中的所有Task进行故障恢复。
- region：将作业中的Task分为数个不相交的Region（区域）。当有Task发生故障时，将计算进行故障恢复需要重启的最小 Region 集合。与重启所有Task相比，对于某些作业可能要重启的Task数量更少。

需要重启的最小Region集合的计算逻辑如下：

1）发生错误的Task所在的Region需要重启，就会重启该Region的所有Task。

2）如果要重启的Region需要消费的数据有部分无法访问（丢失或损坏），那么产出该部分数据的Region也需要重启。

3）为了保障数据的一致性，需要重启的Region的下游Region也需要重启。因为对于一些非确定性的计算或者分发会导致同一个结果分区每次产生时包含的数据都不相同。

Region中的Task的数据交换是以Pipelined形式的，而非Batch形式，即Batch形式的Task数据交换不存在Region恢复策略。DataStream和流式Table/SQL作业的所有数据交换都是Pipelined形式的，而批处理式Table/SQL作业的所有数据交换默认都是Batch形式的。

4.13.4 Savepoint

Savepoint（保存点）是用户手动触发的Checkpoint，由用户手动创建、拥有和删除，它获取状态的快照并将其写入状态后端。Savepoint主要用于手动的状态数据备份和恢复，常用于在升级和维护集群的过程中保存状态数据，避免系统无法恢复到原有的计算状态。例如，需要升级程序之前先执行一次Savepoint，升级后可以继续从升级前的那个点进行计算，保证数据不中断。

Savepoint底层其实使用的也是Checkpoint机制。Savepoint与Checkpoint的对比如表4-15所示。

表4-15 Savepoint与Checkpoint的对比

名　　称	触发方式	主要用途	特　　点
Checkpoint	Flink 自动触发并管理	Task 发生异常时快速自动恢复	轻量快速
Savepoint	用户手动触发并管理	有计划地进行手动备份，使作业停止后再恢复，例如修改代码、调整并发	注重可移植性，成本较高

当需要对Flink作业进行停止、重启或者更新时，可以进行一次Savepoint，保存流作业的执行状态。

Flink的Savepoint与Checkpoint的不同之处类似于传统数据库中的备份与恢复日志。Checkpoint的主要目的是为意外失败的作业提供恢复机制。Checkpoint的生命周期由Flink 管理，即Flink创建、管理和删除，无须用户交互。Savepoint由用户创建、拥有和删除，是一种有计划的手动备份和恢复。Savepoint的生成、恢复成本可能更高一些，Savepoint更多地关注可移植性和对作业更改的支持。

1. 触发Savepoint

可以使用命令行客户端来触发Savepoint、触发Savepoint并取消作业、从Savepoint恢复以及删除Savepoint。从Flink 1.2.0开始，还可以使用WebUI从Savepoint恢复。

例如，触发ID为jobId的作业的Savepoint，并返回创建的Savepoint路径（需要此路径来还原和删除Savepoint），代码如下：

```
$ bin/flink savepoint jobId [targetDirectory]
```

targetDirectory表示需要创建的用于存储Savepoint数据的目标路径。如果不指定，则使用配置文件中state.savepoints.dir属性指定的默认路径：

```
state.savepoints.dir: hdfs://centos01:9000/savepoints
```

目标路径必须是JobManager和TaskManager可访问的位置,例如分布式文件系统上的位置。如果既未设置默认路径又未在执行命令时手动指定目标路径,则触发Savepoint将失败。

如果是基于YARN搭建的集群,则可以使用以下命令来触发Savepoint:

```
$ bin/flink savepoint jobId [targetDirectory] -yid yarnAppId
```

参数解析如下:

- jobId:要触发的作业ID。
- targetDirectory:可选的用于存储Savepoint数据的目标路径,如果不指定,则使用配置的默认路径。
- yarnAppId:YARN的应用程序ID。

2. 触发Savepoint并取消作业

如果希望触发ID为jobId的作业的Savepoint并取消作业,代码如下:

```
$ bin/flink cancel -s [targetDirectory] jobId
```

targetDirectory的含义同上。

3. 通过Savepoint恢复作业

如果希望提交作业,并从Savepoint中恢复作业的状态数据,则可以使用以下代码:

```
$ bin/flink run -s savepointPath
```

savepointPath表示Savepoint数据存储的路径。Flink将从该路径中读取已经备份的状态数据。

4. 删除Savepoint

如果希望删除存储在savepointPath中的Savepoint数据,则可以使用以下代码:

```
$ bin/flink savepoint -d savepointPath
```

当然,还可以通过常规文件系统手动删除Savepoint数据,而不会影响其他 Savepoint或Checkpoint。

从Flink1.13开始,统一了Savepoint的二进制格式。这意味着你可以触发一个Savepoint,然后使用不同的状态后端从该Savepoint进行恢复。所有的状态后端仅从版本1.13开始产生一种通用格式。因此,如果想要切换状态后端,应该首先升级Flink版本,然后使用新版本触发一个Savepoint,然后才能使用不同的状态后端对其恢复。

4.14 案例分析:计算 5 秒内输入的单词数量

以下程序每隔5秒统计一次来自Web Socket的单词数量。

```scala
import org.apache.flink.streaming.api.scala._
import org.apache.flink.streaming.api.windowing.assigners.
TumblingProcessingTimeWindows
import org.apache.flink.streaming.api.windowing.time.Time
/**
  * 单词计数窗口计算，每隔5秒统计一次
  */
object WindowExample {
    def main(args: Array[String]): Unit = {
        //第一步：创建流处理的执行环境
        val env = StreamExecutionEnvironment.getExecutionEnvironment
        //第二步：读取流数据
        val text = env.socketTextStream("localhost", 9999)
        //第三步：转换数据
        val counts = text.flatMap { _.toLowerCase.split("\\W+") filter
{ _.nonEmpty } }
            .map { (_, 1) }
            .keyBy(_._1)
            .window(TumblingProcessingTimeWindows.of(Time.seconds(5)))
            .sum(1)
        //第四步：输出结果到控制台
        counts.print()
        //第五步：触发任务执行
        env.execute("Window Stream WordCount")
    }
}
```

上述代码中，使用window(TumblingProcessingTimeWindows.of(Time.seconds(5)))对数据流进行窗口计算，指定窗口类型为滚动窗口，窗口时间为5秒。

要运行上述程序，首先从CMD终端启动Netcat：

```
nc -l -p 9999
```

接下来在IDEA中运行上述流式单词计数应用程序，程序启动后将实时监听本地9999端口产生的数据。

此时在已经启动的Netcat中输入单词数据（分两次输入，一次一行），如果想要查看大于1的计数结果，可以在5秒内反复输入相同的单词，如图4-48所示。

图 4-48　在 Netcat 中输入单词数据

观察IDEA控制台输出的单词计数结果，如图4-49所示。

```
log4j:WARN No appenders could be found for logger (org.apache.flink.api.java.ClosureCleaner)
log4j:WARN Please initialize the log4j system properly.
log4j:WARN See http://logging.apache.org/log4j/1.2/faq.html#noconfig for more info.
7> (world,1)
4> (hello,2)
```

图 4-49　IDEA 控制台输出的单词计数结果

4.15　案例分析：统计 5 分钟内每个用户产生的日志数量

本例通过对用户日志的流数据进行窗口计算，得出5分钟内每个用户的日志数量。用户日志流数据的数据源格式如下，第一列为用户ID，第二列为用户日志内容：

```
用户ID,日志内容
1001,login
1002,add
1001,update
1001,delete
1002,delete
```

期望输出的结果如下（第一列为用户ID，第二列为日志数量）：

```
(1001,3)
(1002,2)
```

1. 实现思路

Flink自带的窗口函数ProcessWindowFunction进行全量计算非常灵活，可以快速统计窗口中每个Key对应的元素数量。因此，可以将用户ID作为Key，日志内容作为Value，使用keyBy()算子根据用户ID分组后，分组数据进入定义的窗口中，然后对窗口数据使用ProcessWindowFunction进行全量计算即可。

2. 实现步骤

首先创建一个流处理的执行环境，代码如下：

```
val env=StreamExecutionEnvironment.getExecutionEnvironment
```

然后从数据源读取流数据，例如从本地9999端口读取Socket数据，代码如下：

```
val stream:DataStream[String]=env.socketTextStream("localhost",9999)
```

接下来对读取的流数据应用一系列转换操作进行处理。例如，使用map()算子将数据流元素类型转为元组，使用keyBy()算子按照用户ID进行分组，代码如下：

```
//将数据流元素类型转为元组
stream.map(line => {
    var arr = line.split(",")
    (arr(0), arr(1))
})
  .keyBy(_._1) //根据第一个字段（此处指用户ID）分组
```

接下来定义5分钟的滚动窗口，并使用process()方法指定自定义的窗口处理函数，代码如下：

```
//定义滚动窗口
.window(TumblingProcessingTimeWindows.of(Time.minutes(5)))
```

```
.process(new MyProcessWindowFunction) //指定窗口处理函数
.print()//结果打印到控制台
```

其中的窗口处理函数MyProcessWindowFunction是自定义的类，需要继承抽象类
ProcessWindowFunction，实现其中的计算方法process()，在process()方法中计算每个Key对应
的元素数量并输出，代码如下：

```
class MyProcessWindowFunction extends ProcessWindowFunction[(String, String),
(String, Int), String, TimeWindow] {

    override def process(key: String, context: Context, elements:
Iterable[(String, String)], out: Collector[(String, Int)]): Unit = {
        out.collect(key, elements.size)
    }
}
```

Flink会多次对上述代码中的process()方法进行调用，每次只传入一个分组的数据（即一个
Key对应的数据），该分组的数据保存在变量elements中，elements的大小就是该分组的元素数
量。最后使用collect()方法收集结果数据并发射出去。

记得在最后使用execute()方法执行计算任务，代码如下：

```
env.execute("ProcessWindowFunctionExample")
```

3. 完整代码

对上述用户日志流数据进行计算的完整代码如下：

```
import org.apache.flink.streaming.api.scala._
import org.apache.flink.streaming.api.scala.function.ProcessWindowFunction
import org.apache.flink.streaming.api.windowing.assigners.
TumblingProcessingTimeWindows
import org.apache.flink.streaming.api.windowing.time.Time
import org.apache.flink.streaming.api.windowing.windows.TimeWindow
import org.apache.flink.util.Collector

/**
  * 每隔5分钟统计每个用户产生的日志数量（全量聚合）
  */
object ProcessWindowFunctionExample {

    def main(args: Array[String]): Unit = {
        val env = StreamExecutionEnvironment.getExecutionEnvironment
        //流数据源
        var stream = env.socketTextStream("localhost", 9999)
        //用户ID,日志内容
        //1001,login
        //1002,add
        //1001,update
        //1001,delete
```

```
          //将数据流元素类型转为元组
          stream.map(line => {
              var arr = line.split(",")
              (arr(0), arr(1))
          })
            .keyBy(_._1) //根据第一个字段（此处指用户ID）分组
            //定义滚动窗口，时间为5分钟
            .window(TumblingProcessingTimeWindows.of(Time.minutes(5)))
            .process(new MyProcessWindowFunction) //指定窗口处理函数
            .print()//结果打印到控制台

          //执行计算任务
          env.execute("ProcessWindowFunctionExample")
        }
    }

    /**
      * 定义全量聚合窗口处理类
      */
    class MyProcessWindowFunction extends ProcessWindowFunction[(String, String),
(String, Int), String, TimeWindow] {
        /**
          * 窗口结束的时候调用（每次传入一个分组的数据）
          * @param key 用户ID
          * @param context 窗口上下文
          * @param elements 某个用户的日志数据
          * @param out 收集计算结果并发射出去
          */
        override def process(key: String, context: Context, elements:
Iterable[(String, String)], out: Collector[(String, Int)]): Unit = {
            //全量聚合，整个窗口的数据都保存到了Iterable类型的elements变量中，elements中
有很多行数据，elements的size就是日志的总行数
            out.collect(key, elements.size)
        }

    }
```

4. 程序执行

在CMD窗口中执行以下命令启动Netcat（需提前安装好），并使其处于持续监听9999端口
的状态：

```
nc -l -p 9999
```

接下来在IDEA中运行上述流式应用程序,程序启动
后将实时监听本地9999端口产生的数据。

此时在已经启动的Netcat中输入用户日志数据，如
图4-50所示。

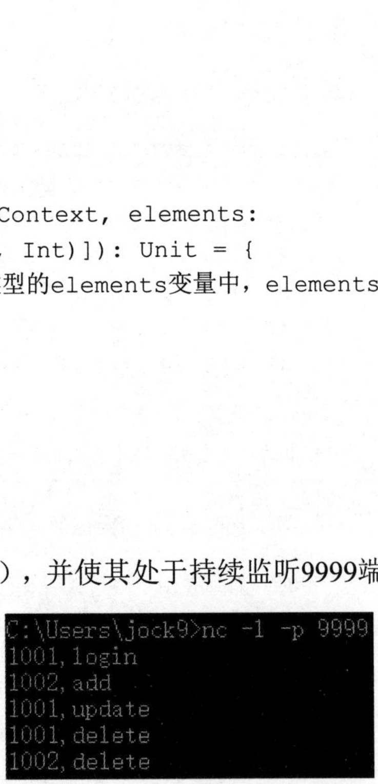

图4-50　在 Netcat 中输入用户日志数据

观察IDEA控制台输出的计算结果，如图4-51所示。

```
ProcessWindowFunctionExample ×
"C:\Program Files\Java\jdk1.8.0_144\bin\java.exe" ...
log4j:WARN No appenders could be found for logger (org.apache.flink.api.java.ClosureCleaner).
log4j:WARN Please initialize the log4j system properly.
log4j:WARN See http://logging.apache.org/log4j/1.2/faq.html#noconfig for more info.
6> (1001,3)
6> (1002,2)
```

图 4-51 在 IDEA 控制台输出计算结果

4.16 案例分析：统计 24 小时内每个用户的订单平均消费额

本例通过对用户订单金额流数据进行窗口计算，得出24小时内每个用户的订单平均消费额。用户订单金额流数据的数据源格式如下，第一列为用户ID，第二列为订单金额：

```
用户ID,订单金额
1001,102.5
1002,98.3
1001,88.5
1001,56
1002,156
```

期望输出的结果如下（第一列为用户ID，第二列为订单平均消费额）：

```
(1001,82.33)
(1002,127.15)
```

1. 实现思路

Flink自带的窗口函数AggregateFunction可以基于中间状态对窗口中每个Key对应的元素进行递增聚合，窗口每流入一个新元素，新元素就会与中间数据进行合并，生成新的中间数据。因此，可以将用户ID作为Key，订单金额作为Value，使用keyBy()算子根据用户ID分组后，分组数据进入定义的窗口中，然后对窗口数据使用AggregateFunction进行增量计算平均值即可。

2. 实现步骤

首先创建一个流处理的执行环境，代码如下：

```
val env=StreamExecutionEnvironment.getExecutionEnvironment
```

然后从数据源读取流数据，例如从本地9999端口读取Socket数据，代码如下：

```
val stream:DataStream[String]=env.socketTextStream("localhost",9999)
```

接下来对读取的流数据应用一系列转换操作进行处理。例如，使用map()算子将数据流元素类型转为元组，使用keyBy()算子按照用户ID进行分组，代码如下：

```
//将数据流元素转为(String,Double)类型的元组
val data = stream.map(line=>{
    (line.split(",")(0),line.split(",")(1).toDouble)
})
.keyBy(_._1) //根据第一个字段（此处指用户ID）分组
```

接下来定义24小时的滚动窗口，并使用aggregate ()方法指定自定义的窗口处理函数，代码如下：

```
//定义滚动窗口
.window(TumblingProcessingTimeWindows.of(Time.hours(24)))
.aggregate(new MyAggregateFunction)//指定自定义的聚合函数
.print("output")
```

其 中 的 窗 口 处 理 函 数 MyAggregateFunction 是 自 定 义 的 类 ， 需 要 实 现 接 口 AggregateFunction，并实现其中的累加器相关方法。实现AggregateFunction接口需要指定泛型的3个数据类型，分别为输入数据(String,Double)、累加器（即中间数据）(Int, Double)、结果数据Double，代码如下：

```
class MyAggregateFunction extends AggregateFunction[(String,Double), (Int,
Double), Double] {


}
```

接下来向MyAggregateFunction类中添加需要实现的累加器方法。其中createAccumulator()方法表示创建一个累加器。针对每个Key分组，该方法都会被调用，创建一个新的累加器，实现代码如下：

```
override def createAccumulator(): (Int, Double) = (0, 0)
```

add()方法表示将新的输入值添加到给定的累加器中，返回新的累加器。此处新的输入值格式为（用户ID, 订单金额），要添加到的累加器格式为（订单数量, 总金额），代码如下：

```
override def add(value: (String,Double), accumulator: (Int, Double)):(Int,
Double) = {
    (accumulator._1 + 1, accumulator._2 + value._2)
}
```

上述代码将用户的订单金额添加到累加器的总金额中，累加器的订单数量加1。

getResult()方法在计算最终结果时会被调用，用于计算用户的订单平均消费额。此处直接将累加器的总金额除以订单数量后的结果保留两位小数，代码如下：

```
override def getResult(accumulator: (Int, Double)): Double = {
    //计算平均值并保留两位小数
    (accumulator._2/accumulator._1).formatted("%.2f").toDouble
}
```

还有一个需要实现的方法为merge()，该方法用于合并两个累加器，返回具有合并状态的累加器，只对会话窗口起作用，其他窗口不会调用该方法。

3. 完整代码

对上述用户订单流数据进行计算的完整代码如下：

```scala
import org.apache.flink.api.common.functions.AggregateFunction
import org.apache.flink.streaming.api.scala._
import org.apache.flink.streaming.api.windowing.assigners.
TumblingProcessingTimeWindows
import org.apache.flink.streaming.api.windowing.time.Time

/**
  * 统计24小时内每个用户的订单平均消费额
  */
object AggregateFunctionExample {
    def main(args: Array[String]): Unit = {
        //第一步：创建流处理的执行环境
        val env = StreamExecutionEnvironment.getExecutionEnvironment
        //第二步：读取流数据
        val stream = env.socketTextStream("localhost", 9999)
        //用户ID,订单金额
        //1001,102.5
        //1002,98.3
        //1001,88.5
        //1001,56

        //第三步：转换并计算数据
        val data = stream.map(line=>{
            (line.split(",")(0),line.split(",")(1).toDouble)
        })
        .keyBy(_._1)
        //定义24小时滚动窗口
        .window(TumblingProcessingTimeWindows.of(Time.hours(24)))
        .aggregate(new MyAggregateFunction)//指定自定义的聚合函数
        .print("output")//输出计算结果到控制台
        //触发任务执行
        env.execute("AggregateFunctionExample")
    }

    /**
      * 自定义聚合类，实现AggregateFunction接口
      * 泛型的3个数据类型：输入数据(String,Double)、累加器（即中间数据）(Int, Double)、
结果数据Double
      */
    class MyAggregateFunction extends AggregateFunction[(String,Double), (Int,
Double), Double] {
        /**
          * 创建累加器
          * 数据类型为(Int, Double)，即(订单数量,总金额)
          */
```

```
      override def createAccumulator(): (Int, Double) = (0, 0)
      /**
        * 将给定的输入值添加到给定的累加器中，返回新的累加器
        * @param value 给定的输入值，格式为（用户ID，订单金额）
        * @param accumulator 累加器，格式为（订单数量，总金额）
        * @return 新的累加器
        */
      override def add(value: (String,Double), accumulator: (Int, Double)):
(Int, Double) = {
          (accumulator._1 + 1, accumulator._2 + value._2)
      }
      /**
        * 根据累加器计算聚合结果
        * 累加器的第二个字段为总金额，第一个字段为订单数量
        */
      override def getResult(accumulator: (Int, Double)): Double = {
          //计算平均值并保留两位小数
          (accumulator._2/accumulator._1).formatted("%.2f").toDouble
      }
      /**
        * 合并两个累加器，该方法只对会话窗口起作用，其他窗口不会调用该方法
        */
      override def merge(a: (Int, Double), b: (Int, Double)): (Int, Double) = {
          (a._1 + b._1, a._2 + b._2)
      }
    }
  }
```

4. 程序执行

在CMD窗口中执行以下命令启动Netcat（需提前安装好），并使其处于持续监听9999端口的状态：

```
nc -l -p 9999
```

接下来在IDEA中运行上述流式应用程序，程序启动后将实时监听本地9999端口产生的数据。

此时在已经启动的Netcat中输入用户订单金额数据，如图4-52所示。

观察IDEA控制台输出的计算结果，如图4-53所示。

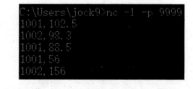

图 4-52　在 Netcat 中输入用户订单金额数据

```
AggregateFunctionExample
"C:\Program Files\Java\jdk1.8.0_144\bin\java.exe" ...
log4j:WARN No appenders could be found for logger (org.apache.flink.api.java.ClosureCleaner).
log4j:WARN Please initialize the log4j system properly.
log4j:WARN See http://logging.apache.org/log4j/1.2/faq.html#noconfig for more info.
output:6> 82.33
output:6> 127.15
```

图 4-53　在 IDEA 控制台输出计算结果

4.17　案例分析：计算 5 秒内每个信号灯通过的 汽车数量

本例通过对道路信号灯捕获的汽车数量进行统计，得出5秒内每个信号灯通过的汽车数量，以便进行合理的道路交通规划和管制。要求添加水印来解决网络延迟问题，并使用侧道输出获取后期延迟数据。流数据的第一列为信号灯ID，第二列为汽车数量，第三列为嵌入数据中的事件时间戳，部分测试数据如下：

```
信号灯ID,汽车数量,事件时间戳
1001,3,1000
1001,2,2000
1002,2,2000
1002,3,3000
1001,5,5000
1001,3,8000
1001,2,4000
1001,3,12000
1001,2,3000
1001,2,4000
```

期望输出的计算结果如下：

```
主数据流> 窗口[0~5000)的计算结果：(1001,5)
主数据流> 窗口[0~5000)的计算结果：(1002,5)
主数据流> 窗口[0~5000)的计算结果：(1001,7)
侧道输出流> CarData(1001,2,3000)
侧道输出流> CarData(1001,2,4000)
```

1. 实现思路

Flink自带的窗口函数ReduceFunction可以对窗口中每个Key对应的元素进行递增聚合，ProcessWindowFunction可以获取窗口时间信息。因此，可以将信号灯ID作为Key，通过的汽车数量作为Value，使用keyBy()算子根据信号灯ID分组后，分组数据进入定义的窗口中，然后对窗口使用ReduceFunction进行聚合计算，使用ProcessWindowFunction获取窗口时间信息并输出窗口计算结果。

2. 实现步骤

首先创建一个流处理的执行环境，代码如下：

```
val env=StreamExecutionEnvironment.getExecutionEnvironment
```

然后从数据源读取流数据，例如从本地9999端口读取Socket数据，代码如下：

```
val stream:DataStream[String]=env.socketTextStream("localhost",9999)
```

接下来设置水印的生成周期，如果不设置，默认是200毫秒，即每隔200毫秒生成一次水印，代码如下：

```
env.getConfig.setAutoWatermarkInterval(200)
```

如果是在本地测试环境，需要将本次计算任务的并行度设置为1，以便于观察计算结果，默认并行度是机器核心数。

```
env.setParallelism(1)
```

接下来需要将读取的流数据存入指定的对象中，以便于后期操作。因此，需要创建一个存储车辆数据的样例类，代码如下：

```
/**
 * 车辆数据
 * @param id 信号灯ID
 * @param count 通过的车辆数量
 * @param time 事件时间戳
 */
case class CarData(id: String,count:Int,eventTime:Long)
```

接下来将流数据的元素类型由String转为CarData，即使用map()算子将数据拆分成字段，按照字段存入CarData对象中，代码如下：

```
val carStream: DataStream[CarData] = stream.map(line => {
    var arr = line.split(",")
    CarData(arr(0), arr(1).toInt, arr(2).toLong)
})
```

接下来对数据流使用assignTimestampsAndWatermarks()方法生成水印，并将周期性水印策略对象作为参数传入。周期性水印策略对象可以使用WatermarkStrategy接口中已经实现的静态方法forBoundedOutOfOrderness()获得。为了让Flink从元素中正确提取事件时间，需要同时使用水印策略对象的withTimestampAssigner()方法指定元素中的事件时间字段，代码如下：

```
//生成水印，实现一个允许最大延迟3秒的周期水印
val waterCarStream=carStream.assignTimestampsAndWatermarks(
    //指定水印生成策略:周期性水印策略
    WatermarkStrategy.forBoundedOutOfOrderness
[CarData](Duration.ofSeconds(3))//指定最大无序度，即允许的最大延迟时间
    .withTimestampAssigner(new SerializableTimestampAssigner[CarData] {
        //指定事件时间戳，即让Flink知道元素中的哪个字段是事件时间
        override def extractTimestamp(element: CarData, recordTimestamp: Long):
Long = element.eventTime
    })
)
```

接下来需要创建一个侧道输出对象OutputTag，OutputTag是一种类型化的命名标签，用于标记一个侧道输出流，代码如下：

```
//泛型用于指定侧道输出流的元素类型
```

```
val lateOutputTag = new OutputTag[CarData]("late-data")
```

接下来创建一个ReduceFunction自定义函数，用于累加同一个信号灯下的车辆数量，代码如下：

```
class MyReduceFunction() extends ReduceFunction[CarData] {
    //c1、c2指流中的两个元素
    override def reduce(c1:CarData,c2:CarData): CarData ={
        //CarData(信号灯ID，车辆总数，事件时间戳)
        //其中事件时间戳取任意值都可，此处只是占位使用
        CarData(c1.id,c1.count+c2.count,c1.eventTime)
    }
}
```

创建一个ProcessWindowFunction自定义函数，用于获取窗口开始和结束时间，并发射出窗口的计算结果。ReduceFunction计算完毕后，会将每组数据（以Key分组）的计算结果输入ProcessWindowFunction的process()方法中。在process()方法中获取窗口时间信息并发射计算结果即可，代码如下：

```
//使用全量聚合函数获取窗口开始和结束时间
class MyProcessWindowFunction() extends ProcessWindowFunction
    [CarData,String, String, TimeWindow] {
    //窗口结束的时候调用该方法（每次传入一个分组的数据）
    override def process(key: String,
                        context: Context,
                        elements: Iterable[CarData],
                        out: Collector[String]): Unit = {
        //从elements变量中获取聚合结果，本例该变量中只有一条数据，即聚合的总数
        val carDataReduce:CarData = elements.iterator.next()
        //输出窗口开始结束时间、窗口计算结果
        out.collect("窗口["+context.window.getStart.toString+"~"
            +context.window.getEnd+")的计算结果: "+(key,carDataReduce.count))
    }
}
```

接下来对已经添加水印的流数据应用一系列转换操作进行处理。使用window()设置5秒的滚动窗口，使用allowedLateness()设置3秒的允许延迟时间，使用sideOutputLateData()将延迟数据发送到被OutputTag标识的侧道输出，使用reduce()传入自定义的ReduceFunction函数和ProcessWindowFunction函数，对窗口数据进行聚合计算，代码如下：

```
//设置5秒的滚动窗口，并指定允许延迟与侧道输出
val resultStream = waterCarStream
  .keyBy(_.id)
  .window(TumblingEventTimeWindows.of(Time.seconds(5)))
  .allowedLateness(Time.seconds(3)) //允许延迟3秒
  //发送延迟数据到侧道输出，相当于将延迟数据放入lateOutputTag对象
  .sideOutputLateData(lateOutputTag)
  .reduce(new MyReduceFunction, new MyProcessWindowFunction)//聚合计算
```

最后输出主数据流与侧道输出流的结果数据到控制台。使用getSideOutput()方法从主数据流中得到侧道输出流，代码如下：

```
resultStream.print("主数据流")
//得到侧道输出流
val sideOutputStream = resultStream.getSideOutput(lateOutputTag)
sideOutputStream.print("侧道输出流")
//执行计算
env.execute("WatermarkSideOutputExample")
```

3. 完整代码

对上述信号灯车辆数据进行计算的完整代码如下：

```
import java.time.Duration
import org.apache.flink.api.common.eventtime.{SerializableTimestampAssigner,
WatermarkStrategy}
import org.apache.flink.api.common.functions.ReduceFunction
import org.apache.flink.streaming.api.scala._
import org.apache.flink.streaming.api.scala.function.ProcessWindowFunction
import org.apache.flink.streaming.api.windowing.assigners.
{TumblingEventTimeWindows}
import org.apache.flink.streaming.api.windowing.time.Time
import org.apache.flink.streaming.api.windowing.windows.TimeWindow
import org.apache.flink.util.Collector
/**
  * 计算5秒内每个信号灯通过的汽车数量
  * 要求添加水印来解决网络延迟问题，并使用侧道输出获取后期延迟数据
  */
object WatermarkSideOutputExample {
  def main(args: Array[String]): Unit = {
    val env = StreamExecutionEnvironment.getExecutionEnvironment
    val stream = env.socketTextStream("localhost", 9999)
    //设置水印的生成周期，默认为200毫秒
    env.getConfig.setAutoWatermarkInterval(200)
    //默认并行度是机器核心数，如果多并行度，水印时间是并行中最小的事件时间
    //设置并行度为1，以便于观察计算结果
    env.setParallelism(1)
    //将流元素类型转为CarData
    val carStream: DataStream[CarData] = stream.map(line => {
      var arr = line.split(",")
      CarData(arr(0), arr(1).toInt, arr(2).toLong)
    })
    //生成水印，实现一个延迟3秒的周期性水印
    //水印（Watermark）=当前最大的事件时间-允许的最大延迟时间
    val waterCarStream:=carStream.assignTimestampsAndWatermarks(
      //指定水印生成策略:周期性策略
      WatermarkStrategy.forBoundedOutOfOrderness
```

```
                    [CarData] (Duration.ofSeconds(3))//指定允许的最大延迟时间
                        .withTimestampAssigner(new SerializableTimestampAssigner
[CarData] {
                //指定事件时间戳，即让Flink知道元素中的哪个字段是事件时间
                    override def extractTimestamp(element: CarData, recordTimestamp:
Long): Long = element.eventTime
                })
            )

        //得到OutputTag对象，用于标记一个侧道输出流并存储侧道输出流数据
        //泛型用于指定侧道输出流的元素类型
        val lateOutputTag = new OutputTag[CarData]("late-data")
        //设置5秒的滚动窗口，并指定允许延迟与侧道输出
        val resultStream = waterCarStream
          .keyBy(_.id)
          .window(TumblingEventTimeWindows.of(Time.seconds(5)))
          .allowedLateness(Time.seconds(3)) //允许延迟3秒
          .sideOutputLateData(lateOutputTag)//发送延迟数据到侧道输出
          .reduce(new MyReduceFunction, new MyProcessWindowFunction)//聚合

        //输出主数据流数据
        resultStream.print("主数据流")
        //得到侧道输出流
        val sideOutputStream = resultStream.getSideOutput(lateOutputTag)
        //输出侧道输出流数据
        sideOutputStream.print("侧道输出流")
        //执行计算
        env.execute("WatermarkSideOutputExample")
    }
}

/**
  * 车辆数据
  * @param id 信号灯ID
  * @param count 通过的车辆数量
  * @param time 事件时间戳
  */
case class CarData(id: String,count:Int,eventTime:Long)

//使用增量聚合函数进行预聚合，累加同一个信号灯下的车辆数量
class MyReduceFunction() extends ReduceFunction[CarData] {
    //c1、c2指流中的两个元素
    override def reduce(c1:CarData,c2:CarData): CarData ={
        //CarData(信号灯ID，车辆总数，事件时间戳)
        //其中事件时间戳取任意值都可，此处只是占位使用
        CarData(c1.id,c1.count+c2.count,c1.eventTime)
    }
}
```

```scala
//使用全量聚合函数获取窗口开始和结束时间
class MyProcessWindowFunction() extends ProcessWindowFunction
    [CarData,String, String, TimeWindow] {
    //窗口结束的时候调用（每次传入一个分组的数据）
    override def process(key: String,
                         context: Context,
                         elements: Iterable[CarData],
                         out: Collector[String]): Unit = {
        //从elements变量中获取聚合结果，本例该变量中只有一条数据，即聚合的总数
        val carDataReduce:CarData = elements.iterator.next()
        //输出窗口开始结束时间、窗口计算结果
        out.collect("窗口["+context.window.getStart.toString+"~"
          +context.window.getEnd+")的计算结果："+(key,carDataReduce.count))
    }
}
```

4. 程序执行

在CMD窗口中执行以下命令启动Netcat（需提前安装好），并使其处于持续监听9999端口的状态：

```
nc -l -p 9999
```

接下来在IDEA中运行上述流式应用程序，程序启动后将实时监听本地9999端口产生的数据。此时在已经启动的Netcat中输入信号灯车辆数据。

首先输入第一条数据：

```
1001,3,1000
```

Flink接收到第一条数据后，会根据收到的第一条数据创建窗口，此处将创建窗口[0,5000)。然后分别输入以下数据，观察IDEA控制台：

```
1001,2,2000
1002,2,2000
1002,3,3000
1001,5,5000
```

发现控制台未输出任何结果，说明没有触发窗口计算。
继续输入数据：

```
1001,3,8000
```

由于该条数据的事件时间为8000毫秒（8秒），Watermark=当前进入的最大事件时间–允许的最大延迟时间=8秒–3秒=5秒>=窗口结束时间（5秒），因此将会触发窗口计算。观察IDEA控制台，发现输出了以下计算结果：

```
主数据流> 窗口[0~5000)的计算结果：(1001,5)
主数据流> 窗口[0~5000)的计算结果：(1002,5)
```

除了水印之外，程序还使用allowedLateness(Time.seconds(3))设置了3秒的允许延迟机制，因此此时窗口虽然触发了计算，但是不会关闭，继续等待延迟数据。

接下来继续输入延迟数据：

```
1001,2,4000
```

由于该数据属于窗口[0~5000)，因此将落入该窗口，再次触发窗口计算。此时观察IDEA控制台，发现输出了以下计算结果：

```
主数据流> 窗口[0~5000)的计算结果：(1001,7)
```

继续输入数据：

```
1001,3,12000
```

由于该条数据的事件时间为12000毫秒（12秒），此时的窗口结束时间+允许的最大延迟时间（水印指定的）+允许延迟机制指定的延迟时间=5秒+3秒+3秒=11秒<=12秒（进入Flink的当前最大事件时间），满足窗口关闭的条件，因此窗口会关闭并销毁。

继续输入数据：

```
1001,2,3000
1001,2,4000
```

虽然这两条数据都属于窗口[0~5000)，但是该窗口已经关闭并销毁了，因此这两条数据将进入侧道输出流。此时观察IDEA控制台，发现输出了以下内容：

```
侧道输出流> CarData(1001,2,3000)
侧道输出流> CarData(1001,2,4000)
```

至此，使用水印解决网络延迟问题，并使用侧道输出获取后期延迟数据的Flink应用程序测试完毕。

Netcat中输入的完整信号灯车辆数据如图4-54所示。

观察IDEA控制台输出的完整计算结果，如图4-55所示。

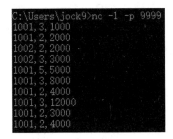

图 4-54　Netcat 中输入的信号灯车辆数据　　　　图 4-55　IDEA 控制台输出的计算结果

4.18　案例分析：Flink 整合 Kafka 计算实时单词数量

本例讲解使用Flink整合Kafka实现实时单词计数程序。

1. 实现步骤

Flink集成了通用的Kafka连接器，用于消费Kafka中的数据或向Kafka中写入数据。使用时首先需要在Maven项目的pom.xml中添加以下内容，引入Flink Kafka连接器的依赖库。

```
<dependency>
<groupId>org.apache.flink</groupId>
<artifactId>flink-connector-kafka_2.11</artifactId>
<version>1.12.0</version>
</dependency>
```

然后在Flink程序中创建一个流处理的执行环境，代码如下：

```
val env=StreamExecutionEnvironment.getExecutionEnvironment
```

接下来使用Properties对象保存Kafka的相关连接属性。Properties表示一组持久的属性，属性可以保存到流中，也可以从流中加载。属性列表中的每个键及其对应的值都是一个字符串，代码如下：

```
val properties = new Properties()
//Kafka的Broker连接地址
properties.setProperty("bootstrap.servers", "centos01:9092,centos02:9092,
                        centos03:9092")
//Kafka消费者组ID
properties.setProperty("group.id", "testID")
```

接下来使用流执行环境对象StreamExecutionEnvironment的addSource()方法将Kafka数据源添加到流拓扑中，代码如下：

```
val stream = env.addSource(new FlinkKafkaConsumer[String](
    "topictest",//主题名称
    new SimpleStringSchema(),//字符串反序列化器
    properties))
```

addSource()方法可以使用用户定义的源函数为任意源创建一个DataStream。默认情况下，源的并行度为1。为了支持并行执行，用户定义的源应该实现ParallelSourceFunction或扩展RichParallelSourceFunction。而Flink实现了针对Kafka的用户定义的源（SourceFunction），即FlinkKafkaConsumer。FlinkKafkaConsumer类的继承关系如图4-56所示。

FlinkKafkaConsumer是一个从Kafka中获取并行数据流的流数据源，也是Flink实现的一个Kafka消费者。其可以在多个并行实例中运行，每个实例将从一个或多个Kafka分区中提取数据。FlinkKafkaConsumer可以使用Checkpoint保证在任务失败时没有数据丢失，并且计算过程"只处理一次"。

FlinkKafkaConsumer的构造函数需要传入3个参数：

- Kafka主题名称或列表。
- 用于反序列化Kafka数据的反序列化器。
- 用于存储Kafka连接信息的Properties对象。

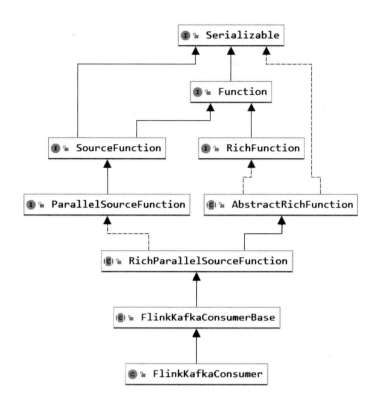

图 4-56　FlinkKafkaConsumer 类的继承关系

　　FlinkKafkaConsumer需要知道如何将Kafka中的二进制数据转换为Java或Scala对象，因此需要一个反序列化器。SimpleStringSchema是一个非常简单的字符串反序列化器。默认情况下，SimpleStringSchema反序列化器使用UTF-8进行字符串与字节的转换。SimpleStringSchema实现了DeserializationSchema接口，DeserializationSchema接口描述了如何将特定数据源（例如Apache Kafka）传递的字节消息转换为由Flink处理的数据类型（Java/Scala对象）。

　　接下来对读取的Kafka流数据应用一系列转换操作进行处理，代码如下：

```
val result:DataStream[(String,Int)]=stream.flatMap(_.split(" "))
    .filter(_.nonEmpty)             //过滤空字段
    .map((_,1))                     //转换成（单词,1）形式的元组
    .keyBy(_._1)                    //按照key（元组中第一个值）对数据重分区
    .sum(1)                         //执行求和运算
```

将处理结果打印到控制台：

```
result.print()
```

触发任务执行，指定作业名称：

```
env.execute("StreamKafkaWordCount")
```

2. 完整代码

Flink整合Kafka实现单词计数程序的完整代码如下：

```scala
import java.util.Properties
import org.apache.flink.api.common.serialization.SimpleStringSchema
import org.apache.flink.streaming.api.scala._
import org.apache.flink.streaming.connectors.kafka.FlinkKafkaConsumer
/**
  * 整合Kafka实现单词计数流处理
  */
object StreamKafkaWordCount {
    def main(args: Array[String]): Unit = {
        //第一步：创建流处理的执行环境
        val env=StreamExecutionEnvironment.getExecutionEnvironment
        //第二步：从Kafka读取流数据
        val properties = new Properties()
        //Kafka Broker连接地址
        properties.setProperty("bootstrap.servers", "centos01:9092,
centos02:9092,centos03:9092")
        //Kafka消费者组ID
        properties.setProperty("group.id", "test")
        //添加数据源
        val stream = env.addSource(new FlinkKafkaConsumer[String](
            "topictest",                //Kafka主题名称
            new SimpleStringSchema(),    //字符串反序列化器
            properties))                 //Kafka连接属性

        //第三步：转换Kafka流数据
        val result:DataStream[(String,Int)]=stream.flatMap(_.split(" "))
            .filter(_.nonEmpty)         //过滤空字段
            .map((_,1))                 //转换成（单词,1）形式的元组
            .keyBy(_._1)                //按照key（元组中第一个值）对数据重分区
            .sum(1)                     //执行求和运算
        //第四步：输出结果到控制台
        result.print()
        //第五步：触发任务执行
        env.execute("StreamKafkaWordCount")//指定作业名称
    }
}
```

3. 程序执行

可以直接以本地模式在IDEA中运行，也可以将程序打包为JAR提交到Flink集群中运行。应用程序以本地模式运行的操作步骤如下。

（1）启动 ZooKeeper 和 Kafka 集群

分别在集群各个节点上执行以下命令，启动ZooKeeper集群（需进入ZooKeeper安装目录）：

```
$ bin/zkServer.sh start
```

分别在各个节点上执行以下命令，启动Kafka集群（需进入Kafka安装目录）：

```
$ bin/kafka-server-start.sh -daemon config/server.properties
```

ZooKeeper与Kafka集群的搭建此处不做讲解。

（2）创建 Kafka 主题

在Kafka集群的任意节点执行以下命令，创建一个名为topictest的主题，分区数为2，每个分区的副本数为2：

```
$ bin/kafka-topics.sh \
--create \
--zookeeper centos01:2181,centos02:2181,centos03:2181 \
--replication-factor 2 \
--partitions 2 \
--topic topictest
```

（3）创建 Kafka 生产者

Kafka生产者作为消息生产角色，可以使用Kafka自带的命令工具创建一个简单的生产者。例如，在主题topictest上创建一个生产者，命令如下：

```
$ bin/kafka-console-producer.sh \
--broker-list centos01:9092,centos02:9092,centos03:9092 \
--topic topictest
```

创建完成后，控制台进入等待键盘输入消息的状态。

（4）运行应用程序

在本地IDEA中运行应用程序StreamKafkaWordCount.scala，然后向Kafka生产者控制台发送单词消息，如图4-57所示。

图 4-57　向 Kafka 生产者控制台发送消息

此时查看IDEA控制台的输出结果如图4-58所示。

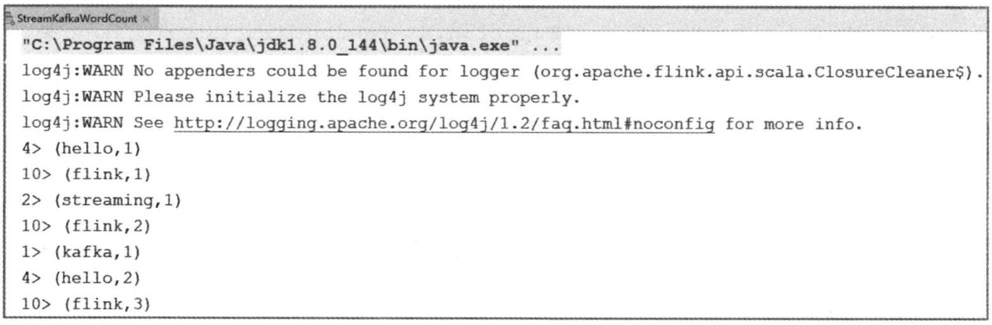

图 4-58　IDEA 控制台实时输出计算结果

计数结果前面的数字表示的是执行线程的编号，且相同单词所属的线程编号是相同的。

4.19 案例分析：天猫双十一实时交易额统计

面对日益增长的数据规模，以及越来越低延时的数据处理需求，流处理已成为每家公司数据平台的必备能力。Apache Flink作为流式计算引擎，支持"天猫双十一"最具权威性的实时计算，已经被国内外的许多公司使用。

本例使用Flink完成"双十一"当天实时统计商品交易额的业务需求，具体要求如下：

1）实时计算当天零点（11月11日00:00:00）截至当前时间的销售总额。
2）计算出各个商品分类的销售总额TOP3。
3）每秒钟统计一次。

下面对具体的实现步骤进行讲解。

4.19.1 创建自定义数据源

首先需要准备数据源，这里直接使用自定义数据源进行模拟，实时产生订单数据。在生产环境中，实时数据常常来自于Kafka。

创建一个自定义数据源类MyDataSource，继承抽象类RichSourceFunction，并实现其中的run()方法。该数据源每隔20毫秒向外发出一个"(商品分类,商品金额)"形式的元素。商品分类是从一个商品分类数组中随机选取的，商品金额来自[0~100)的Double类型的随机数，并保留了两位小数，代码如下：

```
/**
 * 自定义数据源，实时产生订单数据：(订单所属分类, 订单金额)
 */
class MyDataSource extends RichSourceFunction[(String,Double)]{
    private var isRunning = true
    //商品分类
    private val categorys = Array("女装", "男装", "图书", "家电", "洗护",
        "美妆", "运动", "游戏", "户外", "家具", "乐器", "办公")
    //启动Source
    override def run(ctx: SourceFunction.SourceContext[(String,Double)]):
Unit = {
        val random = new Random()
        while (isRunning) {
            //获取随机分类名称。随机数范围：[0,categorys.length-1]
            val index: Int = random.nextInt(categorys.length)
            val category: String = categorys(index)
            //产生订单金额
            //nextDouble生成的是[0~1)的随机数，*100之后表示[0~100)
            val price: Double = random.nextDouble * 100
```

```
        val orderPrice=price.formatted("%.2f").toDouble//保留两位小数
        TimeUnit.MILLISECONDS.sleep(20)//线程睡眠20毫秒
        //发射一个元素：(订单分类,订单金额)
        ctx.collect((category, orderPrice))
      }
    }
    //取消源，该方法需要确保在调用此方法后，run()中的循环将跳出
    override def cancel(): Unit = isRunning = false
}
```

然后创建一个流执行环境StreamExecutionEnvironment，代码如下：

```
val env = StreamExecutionEnvironment.getExecutionEnvironment
```

接下来使用流执行环境对象StreamExecutionEnvironment的addSource()方法，将自定义数据源MyDataSource添加到流拓扑中，代码如下：

```
//模拟实时流数据（使用自定义数据源）
val orderDataStream:DataStream[(String,Double)]=env.addSource(new
MyDataSource)
```

使用orderDataStream.println()将上述数据流打印到控制台，输出的部分数据源数据如下：

```
6> (办公,82.13)
4> (乐器,32.04)
5> (女装,91.35)
9> (户外,65.83)
8> (女装,83.11)
7> (家具,1.85)
10> (办公,59.08)
11> (家具,21.45)
```

4.19.2　计算各个分类的订单总额

接下来需要每隔一秒计算一次当天00:00:00截至当前时间各个分类的订单总额。

1. 实现思路

对数据源流按照"分类名称"进行分组，然后对分组后的流数据进行窗口计算，窗口开始时间为当天的00:00:00，结束时间为第二天的00:00:00，即[2021-11-11 00:00:00~2021-11-12 00:00:00]，并在窗口时间范围内添加一个一秒钟间隔的连续不断的触发器。触发计算时，对每个分类下的所有订单数据进行订单金额的聚合，收集聚合结果，定义输出格式，输出结果流。

2. 实现步骤

首先按照常规计算对得到的数据源流orderDataStream按照"分类名称"进行分组，代码如下：

```
val initResultDS=orderDataStream
        .keyBy(_._1)
```

接下来对分组后的数据进行窗口计算。设置一个使用处理时间的滚动窗口，窗口大小为

一天，开始时间为当天的00:00:00，结束时间为第二天的00:00:00。由于中国不使用UTC±00:00时间（世界标准时间），而是使用UTC+08:00，因此中国的当地时间需要设置偏移量为Time.hours(-8)，以确保获得一个一天大小的时间窗口，并且窗口从当地时间的每一个00:00:00开始，代码如下：

```
.window(
    TumblingProcessingTimeWindows.of(Time.days(1), Time.hours(-8))
)
```

因为UTC+08:00比UTC时间早8小时。

接下来设置一个用于触发窗口计算的触发器，需要每隔一秒触发一次计算。可以使用ContinuousProcessingTimeTrigger触发器，该触发器会根据作业运行时所在的服务器时间，根据给定的时间间隔持续触发，代码如下：

```
//间隔一秒的触发器
.trigger(ContinuousProcessingTimeTrigger.of(Time.seconds(1)))
```

指定了什么时候开始计算，接下来需要指定如何计算，即使用聚合函数。此处使用自定义聚合函数AggregateFunction进行订单金额的增量聚合，使用基本的窗口函数WindowFunction进行聚合结果的收集和输出格式的定义，代码如下：

```
.aggregate(new MyPriceAggregateFunction,new MyWindowFunction)
```

AggregateFunction主要用于对每个元素调用聚合函数，以增量方式聚合值，并将状态保存到每个键（Key）对应的一个累加器中（关于该函数的详细讲解见4.10.3节）。此处使用自定义类MyPriceAggregateFunction，该类实现了AggregateFunction接口，对每一个分类的所有订单金额求和计算。实现AggregateFunction接口时需要指定3个数据类型，分别是输入元素类型、累加器（中间聚合状态）类型、输出元素类型。输入元素是数据源的元素类型，因此为(String, Double)；计算过程中对订单的金额进行聚合，因此累加器类型为Double；聚合的结果进行输出，因此输出元素类型为Double。

MyPriceAggregateFunction类的代码如下：

```
/**
  * 自定义订单金额聚合函数，对每一个分类的所有订单金额求和
  * AggregateFunction[输入元素类型,累加器（中间聚合状态）类型,输出元素类型]
  */
class MyPriceAggregateFunction extends AggregateFunction[(String, Double),
Double, Double]{
    /**
      * 创建累加器，初始值为0
      */
    override def createAccumulator(): Double = 0D
    /**
      * 将窗口中的元素添加到累加器
      * @param value 窗口中的元素
      * @param accumulator 累加器：金额总和
      * @return 累加器
```

```
    */
    override def add(value: (String, Double), accumulator: Double): Double = {
        value._2+accumulator
    }
    /**
      * 获取累加结果：金额总和
      * @param accumulator 累加器
      * @return 累加器：金额总和
      */
    override def getResult(accumulator: Double): Double = accumulator
    /**
      * 合并累加器，只有会话窗口才使用
      * @param a 要合并的累加器
      * @param b 要合并的另一个累加器
      * @return 新累加器
      */
    override def merge(a: Double, b: Double): Double = a+b
}
```

MyPriceAggregateFunction的聚合结果将输入自定义窗口函数MyWindowFunction中，MyWindowFunction实现了接口WindowFunction，用于收集MyPriceAggregateFunction的聚合结果，并将所需的其他字段信息添加到结果中。实现接口WindowFunction时需要指定4个数据类型，分别是输入元素类型、输出元素类型、Key类型、窗口类型。输入元素是MyPriceAggregateFunction的输出聚合结果，因此类型为Double。输出元素需要自定义，由于字段比较多，此处使用样例类CategoryPojo封装字段，因此输出元素类型为CategoryPojo。Key类型指的是输入元素所属的Key（即分组Key），本例的分组Key为"分类名称"，且使用MyPriceAggregateFunction对每一组数据进行了聚合，因此每一个Key对应一个聚合结果，此处Key的类型就是"分类名称"的类型，即String。本例使用时间窗口，因此窗口类型为TimeWindow。

MyWindowFunction类的代码如下：

```
/**
  * 自定义窗口函数WindowFunction，实现收集结果数据
  * WindowFunction[输入元素类型, 输出元素类型, Key类型, 窗口]
  */
class MyWindowFunction extends WindowFunction[Double, CategoryPojo, String,
TimeWindow] {
    /**
      * MyPriceAggregateFunction的聚合结果将输入该方法，每个结果调用一次
      * @param key分类名称，即MyPriceAggregate聚合对应的每一组的Key
      * @param window 时间窗口
      * @param input 上一个函数（MyPriceAggregateFunction）每一个Key对应的聚合结果
      * @param out 收集器，收集记录并发射出去
      */
    override def apply(key: String,
                       window: TimeWindow,
                       input: Iterable[Double],
```

```
                       out: Collector[CategoryPojo]): Unit = {
        //分类总额,input中只有一个值
        val totalPrice:Double = input.iterator.next
        //保留两位小数
        val roundPrice=totalPrice.formatted("%.2f").toDouble
        //格式化当前系统时间为String
        val currentTimeMillis = System.currentTimeMillis
        val df = new SimpleDateFormat("yyyy-MM-dd HH:mm:ss")
        val dateTime = df.format(currentTimeMillis)
        //收集并发射结果(分类名称,分类总额,该分类处理时的当前系统时间)
        out.collect(CategoryPojo(key, roundPrice, dateTime))
    }
}
```

样例类**CategoryPojo**的代码如下:

```
/**
  * 存储聚合的结果
  * @param category 分类名称
  * @param totalPrice 该分类总销售额
  * @param dateTime该分类处理时的系统时间
  */
case class CategoryPojo(category:String,totalPrice:Double,dateTime:String)
```

3. 查看结果

最后使用initResultDS.print("分类销售总额")输出初步聚合后的结果数据流到控制台,部分结果数据如下:

```
分类销售总额:10> CategoryPojo(洗护,7.55,2021-07-13 17:47:39)
分类销售总额:4> CategoryPojo(男装,194.93,2021-07-13 17:47:39)
分类销售总额:8> CategoryPojo(运动,10.76,2021-07-13 17:47:39)
分类销售总额:3> CategoryPojo(家具,147.42,2021-07-13 17:47:39)
分类销售总额:6> CategoryPojo(乐器,258.03,2021-07-13 17:47:39)
分类销售总额:2> CategoryPojo(美妆,46.12,2021-07-13 17:47:39)
分类销售总额:4> CategoryPojo(游戏,89.97,2021-07-13 17:47:39)
分类销售总额:8> CategoryPojo(家电,284.7,2021-07-13 17:47:39)
分类销售总额:2> CategoryPojo(办公,49.95,2021-07-13 17:47:39)
分类销售总额:8> CategoryPojo(户外,127.14,2021-07-13 17:47:39)
```

4.19.3 计算全网销售总额与分类 Top3

接下来每隔一秒计算一次全网（所有分类）的销售总额与各个分类销售总额的Top3。

1. 实现思路

前面已经完成了每隔一秒计算各个分类的销售总额,在此基础上继续进行计算,将所有分类的销售总额累加求和即可得出全网的销售总额,对所有分类的销售总额降序取前3个即可得出分类销售总额的Top3。

由于各个分类销售总额对应的数据流（上面的initResultDS）是每秒输出一次，数据包含各个分类，因此对initResultDS按照系统对分类的统计时间datetime字段进行分组（每一组包含多个分类，累加这些分类的销售总额即是全网销售总额），然后对分组后的流数据设置一秒钟滚动窗口，并使用自定义窗口函数聚合计算，输出计算结果。

2. 实现步骤

首先对已经得到的数据流initResultDS按照dateTime字段进行分组，将处理时间相同的各个分类分为一组，代码如下：

```
initResultDS
        .keyBy(_.dateTime)
```

接下来对分组后的数据进行窗口计算。设置一个使用处理时间的滚动窗口，窗口大小为一秒，代码如下：

```
.window(TumblingProcessingTimeWindows.of(Time.seconds(1)))
```

接下来需要指定如何计算，即使用聚合函数。此处使用自定义窗口聚合函数类MyFinalProcessWindowFunction 继承ProcessWindowFunction进行各个分类订单金额的聚合，并收集聚合结果，定义输出格式，代码如下：

```
.process(new MyFinalProcessWindowFunction())
```

窗口聚合函数类MyFinalProcessWindowFunction的完整代码如下：

```
/**
  * 定义全量聚合窗口处理类，收集结果数据
  * ProcessWindowFunction[输入元素类型，输出元素类型，Key类型，窗口]
  */
class MyFinalProcessWindowFunction() ❶
  extends ProcessWindowFunction[CategoryPojo, Object, String, TimeWindow]{
    /**
      * 窗口结束的时候调用（每次传入一个分组的数据）
      * @param key CategoryPojo中的dataTime
      * @param context 窗口上下文
      * @param elements 某个Key对应的CategoryPojo集合
      * @param out 收集计算结果并输出
      */
    override def process(key: String,
                    context: Context,
                    elements: Iterable[CategoryPojo],
                    out: Collector[Object]): Unit = {

      //全站的总销售额
      var allTotalPrice: Double = 0D
      //创建PriorityQueue优先队列（小顶堆），容量为3
      val queue = new PriorityQueue[CategoryPojo](3, new Comparator
[CategoryPojo] { ❷
```

```scala
    //升序排列
    def compare(o1: CategoryPojo, o2: CategoryPojo): Int = {
        if (o1.totalPrice >= o2.totalPrice)
            1
        else
            -1
    }
})
```

```scala
//1.实时计算出11月11日00:00:00零点开始截至当前时间的销售总额
for (element<-elements) { ❸
    //把之前聚合的各个分类的销售额加起来，就是全站的总销售额
    val price = element.totalPrice //某个分类的总销售额
    allTotalPrice += price

    //2.计算出各个分类的销售额top3，其实就是对各个分类的销售额进行排序取前3
    if (queue.size < 3) { //小顶堆size<3，说明元素数量不够，直接添加元素
        queue.add(element)
    }else{//小顶堆size=3，说明小顶堆满了，进来的新元素需要与堆顶元素比较
        val top:CategoryPojo = queue.peek//得到顶上的元素
        if (element.totalPrice > top.totalPrice) {
            queue.poll //移除堆顶的元素，或者queue.remove(top)
            queue.add(element)//添加新元素，会进行升序排列
        }
    }
}

//对queue中的数据降序排列（原来是升序，改为降序）
val pojoes= queue.stream().sorted(new Comparator[CategoryPojo] {
    //降序排列
    def compare(o1: CategoryPojo, o2: CategoryPojo): Int = {
        if (o1.totalPrice >= o2.totalPrice)
            -1
        else
            1
    }
})

//3.发射统计结果，此处直接打印。总销售额保留两位小数
println("时间: " + key +
    "总交易额:" + allTotalPrice.formatted("%.2f")+
    "\ntop3分类:\n"+StringUtils.join(pojoes.toArray,"\n"))
println("-------------")
    }
}
```

上述代码解析如下：

❶ 继承ProcessWindowFunction类时需要指定4个数据类型，分别是输入元素类型、输出

元素类型、Key类型、窗口类型。此处的输入元素是数据流的元素类型，即CategoryPojo；输出元素可以进行自定义，此处使用Object；Key类型指的是输入元素所属的Key（即分组Key），本例的分组Key为CategoryPojo中的dateTime字段，因此为String类型；窗口类型为时间窗口TimeWindow。

❷ 实现一个容量为3的小顶堆（由于要进行Top3计算，因此容量为3即可），其元素按照CategoryPojo的totalPrice字段升序排列。我们已经知道，Queue是一个先进先出的队列。而PriorityQueue（优先队列）和Queue的区别在于，它的出队顺序与元素的优先级有关，对PriorityQueue调用remove()或poll()方法，返回的总是优先级最高的元素。可以通过使用Comparator对象来判断两个元素的优先级（顺序）。

❸ 变量allTotalPrice存储了全网总销售额。变量elements存储了某个Key对应的元素类型为CategoryPojo的集合，循环该集合，累加其中的分类销售额，将累加结果赋值给变量allTotalPrice即可得到全网销售总额。循环的同时，将元素添加到已创建好的容量为3的小顶堆queue中进行排序（升序，便于比较）。循环完毕后，将小顶堆queue进行降序处理，即可得到分类Top3。对降序的结果应用toArray转为数组进行输出。

3. 查看结果

直接在IDEA中运行上述应用程序，观察控制台，发现每秒钟输出一次结果，部分结果如图4-59所示。

```
DoubleElevenTotalPrice ×
时间: 2021-07-19 14:43:41总交易额:1629.84
top3分类:
CategoryPojo(男装,306.11,2021-07-19 14:43:41)
CategoryPojo(美妆,277.37,2021-07-19 14:43:41)
CategoryPojo(运动,255.46,2021-07-19 14:43:41)
-------------
时间: 2021-07-19 14:43:42总交易额:3179.70
top3分类:
CategoryPojo(运动,547.13,2021-07-19 14:43:42)
CategoryPojo(美妆,435.21,2021-07-19 14:43:42)
CategoryPojo(男装,354.4,2021-07-19 14:43:42)
-------------
时间: 2021-07-19 14:43:43总交易额:4530.91
top3分类:
CategoryPojo(运动,686.8,2021-07-19 14:43:43)
CategoryPojo(户外,616.53,2021-07-19 14:43:43)
CategoryPojo(美妆,491.45,2021-07-19 14:43:43)
```

图 4-59　控制台实时输出全网销售总额和分类总额 Top3

该应用程序如果在11月11日运行，则会记录从11月11日00:00:00直到11月12日00:00:00的一天的数据。

第 5 章

Flink Table API&SQL

本章内容

　　本章首先讲解 Flink Table API 和 SQL 的基本概念、程序架构等；然后介绍动态表的原理以及流的连续查询、动态表转为流等；接下来讲解 Table API 和 SQL API 的使用和具体操作并通过示例进一步加强读者对相关 API 的掌握；最后讲解 Flink SQL 整合 Hive、Kafka 的操作步骤，并通过分析搜狗用户搜索日志等示例讲解 Flink SQL 的使用。

本章目标

* ❋ 了解Flink Table API和SQL的基本概念。
* ❋ 了解Flink动态表的原理。
* ❋ 掌握Flink Table API的使用。
* ❋ 掌握Flink SQL API的使用。
* ❋ 掌握Flink TopN等查询子句的使用。
* ❋ 掌握Flink整合Kafka。
* ❋ 掌握Flink整合Hive。
* ❋ 掌握Flink SQL CLI的使用。

5.1　基本概念

　　Table API和SQL是Flink用于流批统一处理的关系型API。Table API 是用于Scala和Java语言的数据查询API，它可以用一种非常直观的方式来组合使用select、filter、join 等关系型算子。Flink SQL语句包含数据查询、数据操作、数据定义语言，是基于Apache Calcite来实现的标准SQL。Apache Calcite是行业标准的SQL解析器、验证器和JDBC驱动程序，Flink使用Calcite对SQL进行解析、校验和优化。

　　SQL作为一种声明式语言，有着标准的语法和规范，用户可以不用关心底层实现即可进行数据的处理，非常容易上手。Table API和SQL都没有实现数据控制（用于定义访问权限和安全级别）。

　　Table API和SQL接口与Flink的DataStream API可以无缝集成，用户可以轻松地在所有基于它们的API和库之间切换。无论输入的是流还是批，在两个接口中指定的查询都具有相同的语义和相同的结果。

　　Table API和SQL的执行过程如图5-1所示。

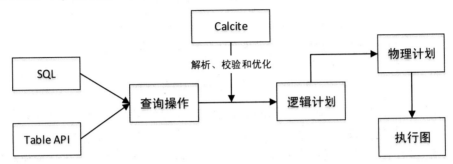

图 5-1　Table API 和 SQL 的执行过程

5.1.1　计划器

　　计划器（Table Planners）负责执行Table API和SQL程序，将关系操作符转换为可执行的、优化的Flink作业。Flink支持两种不同的计划器实现：Blink计划器（Blink Planner）和旧计划器（Old Planner）。从Flink 1.9版本开始，引入了阿里巴巴的Blink计划器，对Flink Table&SQL模块做了重大的重构。Flink完整保留了原有的旧计划器，同时又引入了新的 Blink计划器，用户可以在两种计划器之间自由选择。

　　对于生产用例，Flink官方推荐Blink计划器，从1.11版本开始，Blink计划器已成为默认计划器。

　　旧计划器针对流处理作业和批处理作业，底层会分别转为DataStream API和DataSet API的调用，代码和优化逻辑没有复用，不能做到流处理与批处理的统一，维护成本高。

　　Blink计划器做到了真正的流批统一，即将批看作特殊的流，并统一了批处理与流处理的API。也就是说，无论是批数据还是流数据，底层使用的都是DataStream。因此，使用Blink计划器时，Table和DataSet之间不支持相互转换，并且批处理作业也不会转换成DataSet程序，而是转换成DataStream程序，流处理作业也一样。

　　Blink 计 划 器 会 将 多 Sink 优 化 成 一 张 有 向 无 环 图， TableEnvironment API 和 StreamTableEnvironment API都支持该特性。而旧计划器总是将每个Sink都优化成一个新的DAG，且所有图相互独立，即有几个Sink就会有几个DAG。

5.1.2　API 架构

　　在Flink 1.9之前，Table API & SQL位于DataStream API和DataSet API 之上。DataStream API负责流处理，DataSet API负责批处理。如果用户需要同时进行流处理和批处理，则需要维护两套业务代码，开发人员也要维护两套技术栈，非常不方便，如图5-2所示。

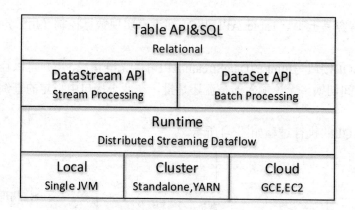

图 5-2　Flink 1.9 之前的 API 架构

　　Flink 1.9之后，由于引入了阿里巴巴的Blink计划器，使得Flink Table的新架构具备了流批统一的能力。在新架构中使用了两个计划器：Blink计划器和之前的旧计划器。Blink计划器将批处理作为流处理的特例（有界流数据），尽量对通用的处理和优化逻辑进行抽象和复用，流处理作业和批处理作业最终都会翻译为 Transformation API。通过 Flink 内部的 Stream Transformation API 实现流批的统一处理，如图5-3所示。

　　整体来看，Blink计划器在架构上更为先进，功能上也更为完善，因此从Flink 1.11版本开始，Blink计划器已成为默认计划器。可以说，Flink 1.9是Flink向着流批彻底统一这个未来架构迈出的第一步。

　　在不久的将来，DataSet API将被移除。在Flink的未来架构中，面向用户的API只有DataStream API和Table API & SQL。在实现层，这两个API使用相同的查询处理器（计划器的实现），使用统一的Stream Transformation API处理，使用统一的DAG来描述作业，使用统一的StreamOperator来编写算子逻辑，实现彻底的流批统一，如图5-4所示。

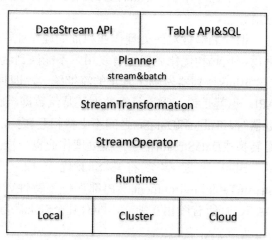

图 5-3　Flink 1.9 之后（当前版本）的 API 架构　　　　图 5-4　Flink 未来的 API 架构

5.1.3　程序结构

1. 程序依赖

使用Table API&SQL编写应用程序时，根据编程语言的不同，需要将Java或Scala API添加到项目中。

Java语言需要引入以下依赖：

```
<!--Java语言的Table和SQL API，结合 DataStream/DataSet API一起使用-->
<dependency>
    <groupId>org.apache.flink</groupId>
    <artifactId>flink-table-api-java-bridge_2.11</artifactId>
    <version>1.12.3</version>
    <scope>provided</scope>
</dependency>
```

Scala语言需要引入以下依赖：

```
<!--Scala语言的Table和SQL API，结合 DataStream/DataSet API一起使用-->
<dependency>
    <groupId>org.apache.flink</groupId>
    <artifactId>flink-table-api-scala-bridge_2.11</artifactId>
    <version>1.13.0</version>
    <scope>provided</scope>
</dependency>
```

如果你想在IDE中本地运行Table API & SQL程序，则需要添加以下计划器依赖：

```
<!--新的Blink Planner，从1.11版本开始成为默认的Planner-->
<dependency>
    <groupId>org.apache.flink</groupId>
    <artifactId>flink-table-planner-blink_2.11</artifactId>
    <version>1.13.0</version>
    <scope>provided</scope>
</dependency>
```

部分Table相关的内部核心代码是用Scala实现的,因此无论是批处理程序还是流处理程序，下面的依赖也需要添加到程序中：

```
<dependency>
    <groupId>org.apache.flink</groupId>
    <artifactId>flink-streaming-scala_2.11</artifactId>
    <version>1.12.3</version>
    <scope>provided</scope>
</dependency>
```

2. 程序结构

所有用于批处理和流处理的Table API和SQL程序都遵循相同的模式。Table API和SQL程序的通用结构代码如下：

```
//为指定的流或批计划器创建一个TableEnvironment
val tableEnv: TableEnvironment = ...

//创建一张输入表
tableEnv.executeSql("CREATE TEMPORARY TABLE table1 ... WITH ( 'connector'
= ... )")
//创建一张输出表
tableEnv.executeSql("CREATE TEMPORARY TABLE outputTable ... WITH ( 'connector'
= ... )")

//创建一张表（使用Table API的查询功能）
val table2: Table = tableEnv.from("table1").select(...)
//创建一张表（使用SQL的查询功能）
val table3: Table = tableEnv.sqlQuery("SELECT ... FROM table1 ...")

//将Table API的结果表发射到输出表（目标表），SQL同理
val tableResult = table2.executeInsert("outputTable")
tableResult...
```

Table API和SQL查询可以很容易地集成到DataStream或DataSet程序中，从而将DataStream和DataSet转换为Table，或将Table转换为DataStream和DataSet。

5.2　动态表

Flink中使用动态表（Dynamic Table）表示流，到达流的每个数据项都像一个新行被追加到表。如果将有界数据集当作表，无界数据集就是一张不断追加数据的表，如图5-5所示。

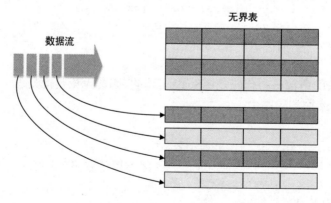

图 5-5　数据流相当于一张无界表

动态表是Flink的Table API和SQL的核心概念。与表示批处理数据的静态表相比，动态表会随时间变化。像静态批处理表一样，系统可以对动态表执行查询。查询动态表会产生一个连续查询（流上的SQL查询），且连续查询永远不会终止，查询结果会产生一个新的动态表。本质上，动态表上的连续查询类似于定义物化视图的查询。

流、动态表和连续查询之间的关系如图5-6所示。

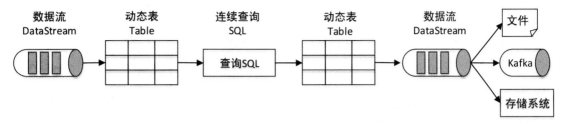

图 5-6　流、动态表和连续查询之间的关系

要对数据流使用Table API或SQL处理，首先需要将流转换为动态表；然后在动态表上执行一个连续查询，生成一个新的动态表；最后将生成的动态表转换回数据流，写入指定的存储系统。

5.2.1　流映射为动态表

当需要对数据流进行查询时，需要将数据流映射为动态表，以便可以使用Table API或SQL进行处理。从概念上讲，流的每条记录都会被解释为对动态表的插入操作。

假设有以下模式的单击事件流：

```
[
 user: VARCHAR,  // 用户名
 cTime: TIMESTAMP, // 访问URL的时间
 url:  VARCHAR   // 用户访问的URL
]
```

单击事件流将转换为动态表，动态表会随着单击事件记录的插入而不断增长。图5-7描述了单击事件流（左侧）转换为动态表（右侧）的过程。

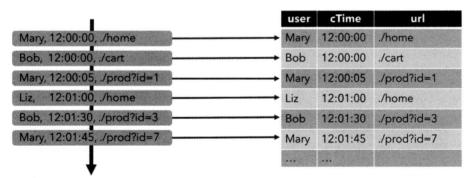

图 5-7　流转化为动态表

在实际运行时，Flink内部仍然会将动态表的计算过程转成DAG。

5.2.2　连续查询

流上的连续查询永远不会终止，并会根据其输入表上的更新来更新其结果表（动态表）。接下来通过两个聚合查询来进一步说明流上连续查询的过程。

1. 普通聚合查询

假设要计算每个用户的点击次数，可以基于user字段对clicks表分组，并统计访问的 URL 的数量。图5-8描述了当clicks表被附加的行更新时，Flink SQL的查询过程。

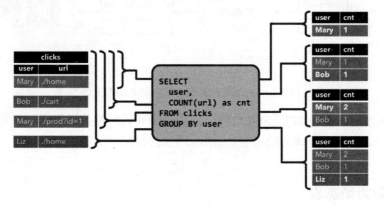

图 5-8　Flink SQL 聚合查询计算

1）当查询开始时，clicks表由于未进入数据，因此是空的。

2）当clicks表中插入第一行数据时，查询开始计算结果表（动态表）。例如，第一行数据[Mary,./home]插入后，结果表包含一行结果数据[Mary,1]。

3）当clicks表中插入第二行数据[Bob, ./cart]时，查询会更新结果表并插入一行新的结果数据[Bob, 1]。

4）当clicks表中插入第三行数据[Mary,./prod?id=1]时，查询会更新结果表，将记录[Mary, 1]更新为[Mary, 2]。

5）当clicks表中插入第四行数据[Liz, 1]时，查询会更新结果表并插入一行新的结果数据[Liz, 1]。

2. 窗口聚合查询

假设要每小时计算一次每个用户的点击次数，除了基于user字段对clicks表分组外，还需要基于每小时滚动窗口进行分组，然后统计访问的URL的数量。图5-9描述了不同时间点的输入和输出，以及Flink SQL的可视化动态表的查询过程。

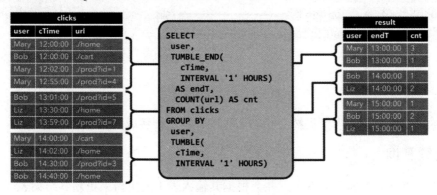

图 5-9　Flink SQL 窗口聚合查询计算

对应输入表clicks，每小时查询计算结果并更新结果表。clicks表包含时间戳字段cTime，时间戳在12:00:00～12:59:59的数据有4条，对应的查询计算结果有两条，并插入结果表中。对于时间戳在13:00:00～13:59:59的下一个窗口，clicks表有3条数据，对应的查询计算结果有两条，并插入结果表中。随着时间的推移，更多的行被添加到clicks表中，结果表也将插入新的结果数据。

以上两个聚合查询的不同之处是，第一个查询对结果表进行了INSERT和UPDATE操作，而第二个查询对结果表只进行了INSERT操作。对结果表进行UPDATE操作的查询，通常必须维护更多的State（状态）。

普通聚合查询与窗口聚合查询的对比如表5-1所示。

表5-1 Flink SQL普通聚合查询与窗口聚合查询

	普通聚合	窗口聚合
输出模式	提前输出	按时输出
输出量	每个 Key 输出 N 个结果（Sink 压力大）	只输出一次结果
输出流	更新	追加
状态清理	状态无限增长	及时清理过期数据
Sink	可更新的结果表（MySQL 等）	均可

将仅包含INSERT操作的结果动态表转化为流，与将包含INSERT和UPDATE操作的结果动态表转化为流是不同的，且使用不同的API接口。接下来将详细讲解。

5.2.3 动态表转换为流

动态表可以像普通数据库表一样通过INSERT、UPDATE和DELETE来不断修改。它可能是一个只有一行、不断更新的表，也可能是一个只进行INSERT操作的表，没有UPDATE和DELETE修改，或者介于两者之间的其他表。

将动态表转换为流或将其写入外部系统时，对动态表的更改行为需要转为流上的操作。根据动态表的不同类型，转换后的流也有不同的行为，主要有3种流。

1. 仅追加流

仅通过INSERT操作修改的动态表可以通过输出插入的行转换为流，这种流称为仅追加（Append-Only）流。该流中发出的数据就是动态表中新增的每一行数据。

具体在API层面上，可以使用StreamTableEnvironment的toAppendStream()方法将Table（动态表）转为仅追加流。使用toAppendStream()方法要确保Table必须只有插入更改，如果通过更新或删除更改也修改了Table，则转换将失败。

2. 撤回流

撤回（Retract）流包含两种类型的消息记录：添加（Add）消息和撤回（Retract）消息。动态表的更改行为对应撤回流上的消息类型如下：

1）对动态表的INSERT操作转换为流上的添加消息。

2）对动态表的DELETE操作转换为流上的撤回消息。

3）对动态表的UPDATE操作转换为流上的撤回消息（被更新行的撤回）和添加消息（更新后行的添加）。

通过以上消息类型可将动态表转换为撤回流。图5-10描述了将动态表转换为撤回流的过程。

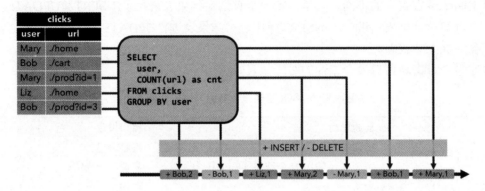

图 5-10　动态表转换为撤回流

具体在API层面上，可以使用StreamTableEnvironment的toRetractStream()方法将Table转为撤回流。该流中的消息将被编码为具有两个元素的元组。第一个元素是一个布尔类型的标志，true表示添加消息，false表示撤回消息；第二个元素保存指定类型T的记录。

3. 更新流

更新（Upsert）流包含两种类型的消息：Upsert消息和Delete消息。能够转换为Upsert流的动态表必须有主键（可以是复合主键）。

通过将对动态表的INSERT和UPDATE操作转为流上的Upsert消息，将DELETE操作转为流上的Delete消息，就可以将具有主键的动态表转换为Upsert流。

操作流的算子需要知道主键的属性，以便正确地应用消息。与Retract流的主要区别在于，UPDATE操作使用单个消息（主键），因此效率更高。图5-11描述了将动态表转换为Upsert流的过程。

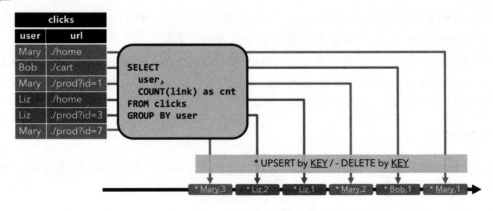

图 5-11　动态表转换为 Upsert 流

目前将动态表转换为流时，Flink只提供了仅追加流和撤回流的API。

5.3　TableEnvironment API

5.3.1　基本概念

表环境（TableEnvironment）用于创建Table和SQL API程序的基类、入口点和中心上下文。它在语言层面上是统一的，适用于所有基于JVM的语言（即Scala和Java API之间没有区别），也适用于有边界和无边界的数据处理。

TableEnvironment的主要功能为：

- 连接到外部系统。
- 从Catalog中注册和检索表和其他元对象。Catalog是Flink的元数据管理中心，提供了元数据信息，其中元数据包括数据库、表、分区、视图或其他外部系统中存储的函数和信息（关于Catalog的详细讲解见5.7节）。
- 执行SQL语句。
- 提供更多配置选项。

TableEnvironment中定义了将DataStream数据流转为视图的相关方法：

```
def createTemporaryView(path : String, dataStream : DataStream)
```

该方法中的path路径语法为：[[Catalog名称.]数据库名称.]表名称。其中Catalog名称和数据库名称是可选的，例如`mycatlog`.`mydb`.`mytable`表示一个名为mycatlog的Catalog中的mydb数据库中的mytable表。

5.3.2　创建 TableEnvironment

使用Flink Table API&SQL进行查询时，需要先创建TableEnvironment的实例，后面都是基于该实例进行操作。针对流和批的不同查询模式，TableEnvironment的创建方式不一样。

使用Blink计划器进行流查询：

```
//导入包
import org.apache.flink.streaming.api.scala.StreamExecutionEnvironment
import org.apache.flink.table.api.EnvironmentSettings
import org.apache.flink.table.api.bridge.scala.StreamTableEnvironment
//环境配置
val bsEnv = StreamExecutionEnvironment.getExecutionEnvironment
val bsSettings = EnvironmentSettings
  .newInstance()//创建一个用于创建EnvironmentSettings实例的构建器
  .useBlinkPlanner()//将Blink计划器设置为所需的模块（默认）
  .inStreamingMode()//设置组件以流模式工作，默认启用
  .build()//创建一个不可变的EnvironmentSettings实例
```

```
//实例化一个流式表环境
val bsTableEnv = StreamTableEnvironment.create(bsEnv, bsSettings)
//或者val bsTableEnv = TableEnvironment.create(bsSettings)
```

使用Blink计划器进行批查询：

```
//导入包
import org.apache.flink.table.api.{EnvironmentSettings, TableEnvironment}
//环境配置
val bbSettings = EnvironmentSettings
  .newInstance()
  .useBlinkPlanner()
  .inBatchMode()//设置组件以批模式工作
  .build()

//实例化一个表环境
val bbTableEnv = TableEnvironment.create(bbSettings)
```

需要注意的是，在流模式下，使用StreamTableEnvironment或TableEnvironment都可以，但是在批模式下只能使用TableEnvironment。

5.3.3 示例：简单订单统计

下面通过一个简单的订单统计示例对Flink SQL常用的API进行讲解。

假设有以下两个订单流数据，数据字段分别为用户ID、购买的商品名称、商品数量。

数据流A：

```
1L, "尺子", 3
1L, "铅笔", 4
3L, "橡皮", 2
```

数据流B：

```
2L, "手表", 3
2L, "笔记本", 3
4L, "计算器", 1
```

现要合并两个流的数据，并筛选出商品数量大于2的订单数据。使用Flink SQL编写应用程序的具体操作步骤如下。

由于是流处理，首先需要创建一个流执行环境StreamExecutionEnvironment，代码如下：

```
val env = StreamExecutionEnvironment.getExecutionEnvironment
```

然后通过创建EnvironmentSettings实例定义初始化表环境所需要的参数。这些参数只在实例化表环境时使用，之后不能更改，代码如下：

```
//创建EnvironmentSettings实例并设置参数
val settings = EnvironmentSettings
  .newInstance()//创建一个用于创建EnvironmentSettings实例的构建器
  .useBlinkPlanner()//将Blink计划器设置为所需的模块（默认）
```

```
.inStreamingMode()//设置组件以流模式工作，默认启用
.build()//创建一个不可变的EnvironmentSettings实例
```

接下来使用StreamTableEnvironment的create()方法实例化一个流式表环境，该环境用于创建与DataStream API集成的表和使用SQL API程序的入口点以及中央上下文。它统一用于有界和无界数据处理。

```
val tableEnv: StreamTableEnvironment = StreamTableEnvironment.create(env,
settings)
```

流式表环境StreamTableEnvironment的主要功能为：

- 将DataStream转换为Table，反之亦然。
- 连接到外部系统。
- 从Catalog中注册和检索表和其他元对象。Catalog是Flink的元数据管理中心，提供了元数据信息，其中元数据包括数据库、表、分区、视图或其他外部系统中存储的函数和信息。
- 执行SQL语句。
- 提供更多配置选项。

接下来创建全局可访问的订单样例类，方便构建两个订单数据流（作为测试数据），代码如下：

```
//创建全局可访问的样例类
case class Order(user:Long,product:String,amount:Int)
```

构建两个订单数据流，代码如下：

```
//构建订单数据流A
val orderStreamA: DataStream[Order] = env.fromCollection(
    List(Order(1L, "尺子", 3),
        Order(1L, "铅笔", 4),
        Order(3L, "橡皮", 2)
    )
)
//构建订单数据流B
val orderStreamB: DataStream[Order] = env.fromCollection(
    List(Order(2L, "手表", 3),
        Order(2L, "笔记本", 3),
        Order(4L, "计算器", 1)
    )
)
```

对订单数据流使用Flink SQL进行处理，需要将数据流转为动态表或视图。接下来使用流式表环境对象StreamTableEnvironment的fromDataStream()方法将数据流A从DataStream转换为具有指定字段名的Table，代码如下：

```
val tableA: Table = tableEnv.fromDataStream(orderStreamA, $"user", $"product",
$"amount")
```

为了方便观察表字段信息，可以将Table的Schema以摘要格式打印到控制台：

```
tableA.printSchema()
```

控制台将输出以下Schema信息：

```
(
  `user` BIGINT,
  `product` STRING,
  `amount` INT
)
```

除了可以将数据流转为表Table外，也可以转为视图。接下来将数据流B从DataStream转换为具有指定字段名的视图（也可以转换为Table），代码如下：

```
//创建视图，名称为tableB
tableEnv.createTemporaryView("tableB", orderStreamB, $("user"), $("product"),
$("amount"))
```

接下来使用流式表环境对象StreamTableEnvironment的sqlQuery()方法对动态表tableA和视图tableB执行SQL查询，并且合并二者的查询结果，最终返回的结果类型为Table，代码如下：

```
val resultTable:Table=tableEnv.sqlQuery(
    "SELECT * FROM " + tableA + " WHERE amount > 2 " +
    "UNION ALL " +
    "SELECT * FROM tableB WHERE amount > 2"
)
```

上述代码中的tableA是Table类型的变量，当与字符串拼接到一起后，会自动调用Table的toString方法转为字符串"UnnamedTable$0"，该字符串是Table的默认表名。因此，上述代码实际执行的SQL语句为：

```
SELECT * FROM UnnamedTable$0 WHERE amount > 2
UNION ALL
SELECT * FROM tableB WHERE amount > 2
```

查询引用的所有Table必须在表环境TableEnvironment中注册。当Table的toString()方法被调用时，例如当它被嵌入一个String字符串中时，一个Table会被自动注册。因此，SQL查询可以直接引用Table，例如以下代码：

```
Table table = ...;
//获取table的表名
String tableName = table.toString();
//table没有注册到表环境，可以这样使用
tEnv.sqlQuery("SELECT * FROM tableName");
```

最后需要将Table转换为流DataStream，并输出到指定目的地。Table转换为流DataStream需要根据Table的数据更改行为考虑流的类型（关于不同流的类型，可参考前面5.2.3节的动态表转换为流）。此处使用StreamTableEnvironment的toAppendStream()方法将Table转为仅追加流，并打印到控制台，代码如下：

```
val dataStreamResult=tableEnv.toAppendStream[Order](resultTable)
dataStreamResult.print()
```

使用toAppendStream()方法将Table转为仅追加流，Table必须只有插入更改，如果通过更新或删除更改也修改了Table，则转换将失败。

触发程序执行：

```
env.execute()
```

本例应用程序的完整代码如下：

```
import org.apache.flink.streaming.api.scala.StreamExecutionEnvironment
import org.apache.flink.table.api.{$, EnvironmentSettings}
import org.apache.flink.table.api.bridge.scala.StreamTableEnvironment
import org.apache.flink.streaming.api.scala._
import org.apache.flink.table.api._

/**
  * Flink SQL统计订单流数据
  * 知识点：DataStream转为Table、视图，Table转为DataStream
  */
object FlinkSQLDemo {
    def main(args: Array[String]): Unit = {
        //创建流执行环境
        val env = StreamExecutionEnvironment.getExecutionEnvironment
        //创建EnvironmentSettings实例并设置参数
        val settings = EnvironmentSettings
          .newInstance()//创建一个用于创建EnvironmentSettings实例的构建器
          .useBlinkPlanner()//将Blink计划器设置为所需的模块（默认）
          .inStreamingMode()//设置组件以流模式工作，默认启用
          .build()//创建一个不可变的EnvironmentSettings实例

        //构建流式表执行环境StreamTableEnvironment
        val tableEnv: StreamTableEnvironment = StreamTableEnvironment.
create(env, settings)

        //构建订单数据流A
        val orderStreamA: DataStream[Order] = env.fromCollection(
            List(Order(1L, "尺子", 3),
                Order(1L, "铅笔", 4),
                Order(3L, "橡皮", 2)
            )
        )
        //构建订单数据流B
        val orderStreamB: DataStream[Order] = env.fromCollection(
            List(Order(2L, "手表", 3),
                Order(2L, "笔记本", 3),
                Order(4L, "计算器", 1)
            )
```

```
            )
            //将DataStream转为Table，并指定Table的所有字段
            val tableA: Table = tableEnv.fromDataStream(orderStreamA, $"user",
$"product", $"amount")
            //将Table的schema以摘要格式打印到控制台
            tableA.printSchema()
            //(
            //  `user` BIGINT,
            //  `product` STRING,
            //  `amount` INT
            //  )
            //将DataStream转为视图，视图名称为tableB，并指定视图的所有字段
            tableEnv.createTemporaryView("tableB", orderStreamB, $("user"),
$("product"), $("amount"))
            //执行SQL查询，合并查询结果
            println("tableA默认表名："+tableA.toString)
            val resultTable:Table=tableEnv.sqlQuery(
                "SELECT * FROM " + tableA + " WHERE amount > 2 " +
                    "UNION ALL " +
                    "SELECT * FROM tableB WHERE amount > 2"
            )
            //将结果Table转为仅追加流
            val dataStreamResult=tableEnv.toAppendStream[Order](resultTable)
            //将流打印到控制台
            dataStreamResult.print()
            //触发程序执行
            env.execute()
        }
    }
    //创建订单样例类
    case class Order(user:Long,product:String,amount:Int)
```

在IDEA本地执行上述代码，控制台输出结果如下：

```
1> Order(1,铅笔,4)
11> Order(2,笔记本,3)
10> Order(2,手表,3)
12> Order(1,尺子,3)
```

5.4 Table API

5.4.1 基本概念

Table API是一个用于流和批处理的统一的关系型API。Table API查询既可以运行在批处理

上，也可以运行在流处理上，并且不需要改动。Table API是SQL语言的超集，是专门为使用Apache Flink而设计的。

与SQL不同的是，Table API的查询不是由SQL字符串指定的，而是由多个方法调用组成的一些关系操作，是一种嵌入式语言风格，并支持自动完成和语法验证。例如table.groupBy(...).select()，其中groupBy(...)指对table根据指定字段分组，而select(...)是在table分组的基础上查询。

Table API适用于Scala、Java和Python。Scala Table API利用了Scala表达式，Java Table API既支持表达式DSL，也支持解析和转换为等效表达式的字符串，Python Table API目前只支持解析和转换为等效表达式的字符串。

一个简单的Table API聚合查询代码如下：

```
//获得表环境TableEnvironment
val tableEnv: TableEnvironment = ...
```

```
//注册一个Orders表
```

```
//扫描（读取）已注册的Orders表，返回结果Table（相当于将已经注册的表转为Table，便于后续
操作）
val orders: Table = tableEnv.from("Orders")
//计算来自法国的所有客户的收入
val revenue: Table = orders
  .filter($"cCountry" === "FRANCE")
  .groupBy($"cID", $"cName")
  .select($"cID", $"cName", $"revenue".sum AS "revSum")
```

```
//Table转为DataStream
//执行查询
```

上述代码中的tableEnv.from("Orders")表示读取已注册的Orders表，返回结果Table（要读取的表必须提前在TableEnvironment中注册）。例如，从默认的Catalog和数据库中读取名称为tableName的表（或视图）：

```
Table tab = tableEnv.from("tableName");
```

从指定的Catalog中读取名称为tableName的表：

```
Table tab = tableEnv.from("catalogName.dbName.tableName");
```

使用转义从指定的Catalog中读取表（例如，数据库名称中的点必须转义）：

```
Table tab = tableEnv.from("catalogName.`db.Name`.Table");
```

5.4.2　示例：订单分组计数

为了更加直观地了解常用的Scala和Java Table API的区别，接下来假设有一个名为Orders的已注册表具有属性a、b、c、rowtime。rowtime字段可以是流中的逻辑时间属性，也可以是批处理中的常规时间戳字段。下面分别使用Scala和Java Table API在批处理环境中对Orders表进行处理。扫描Orders表，按字段a分组，并计算每组的数据行数。

Java Table API代码如下：

```
//Java Table API需要导入的包
import org.apache.flink.table.api.*;
//对于表达式DSL，需要导入静态包
import static org.apache.flink.table.api.Expressions.*;

//环境配置
EnvironmentSettings settings = EnvironmentSettings
    .newInstance()
    .inStreamingMode()
    .build();
TableEnvironment tEnv = TableEnvironment.create(settings);

//向表环境注册一个Orders表
// ...

//读取已注册的Orders表，返回结果Table（相当于将已经注册的表转为Table，便于后续操作）
Table orders = tEnv.from("Orders"); //字段：(a, b, c, rowtime)
//查询表
Table counts = orders
        .groupBy($("a"))  //按照a分组
        .select($("a"), $("b").count().as("cnt"));

//将结果Table转为DataSet
DataSet<Row> result = tEnv.toDataSet(counts, Row.class);
result.print();
```

Scala Table API代码如下：

```
import org.apache.flink.api.scala._
import org.apache.flink.table.api._
import org.apache.flink.table.api.bridge.scala._

//环境配置
val settings = EnvironmentSettings
    .newInstance()
    .inStreamingMode()
    .build();
val tEnv = TableEnvironment.create(settings);

//注册Orders表
// ...

//读取已注册的Orders表，返回结果Table（相当于将已经注册的表转为Table，便于后续操作）
val orders = tEnv.from("Orders") //字段：(a, b, c, rowtime)
//查询并打印结果
val result = orders
            .groupBy($"a") //按照a分组
            .select($"a", $"b".count as "cnt")
```

```
        .toDataSet[Row] //转为DataSet
        .print()
```

5.4.3　示例：每小时订单分组求平均值

下面的示例展示了一个更复杂的Table API程序。该程序再次扫描Orders表，过滤空值，并按照字段a分组，每小时计算一次各组数据中字段b的平均值。

Java Table API代码如下：

```
//读取表Orders
Table orders = tEnv.from("Orders"); // 字段：(a, b, c, rowtime)
//执行查询
Table result = orders
        //过滤空值
        .filter(
            and(
                $("a").isNotNull(),
                $("b").isNotNull(),
                $("c").isNotNull()
            ))
        //字段a转为小写
        .select($("a").lowerCase().as("a"), $("b"), $("rowtime"))
        //1小时滚动窗口
        .window(Tumble.over(lit(1).hours()).on($("rowtime")).
as("hourlyWindow"))
        //按照窗口和字段a分组
        .groupBy($("hourlyWindow"), $("a"))
        //查询字段a、窗口结束时间、字段b的平均值
        .select($("a"), $("hourlyWindow").end().as("hour"), $("b").avg().
as("avgBillingAmount"));
```

Scala Table API代码如下：

```
//读取表Orders
val orders: Table = tEnv.from("Orders") // 字段：(a, b, c, rowtime)
//执行查询
val result: Table = orders
        //过滤空值
        .filter($"a".isNotNull && $"b".isNotNull && $"c".isNotNull)
        //字段a转为小写
        .select($"a".lowerCase() as "a", $"b", $"rowtime")
        //1小时滚动窗口
        .window(Tumble over 1.hour on $"rowtime" as "hourlyWindow")
        //按照窗口、字段a分组
        .groupBy($"hourlyWindow", $"a")
        //查询字段a、窗口结束时间、字段b的平均值
        .select($"a", $"hourlyWindow".end as "hour", $"b".avg as
"avgBillingAmount")
```

由于Table API是用于批处理和流处理的统一API，上述两个示例程序都可以在批处理和流处理输入数据上执行，而无须对表程序本身进行任何修改。在这两种情况下，程序产生相同的结果（假定流数据记录没有延迟）。

5.4.4 关系操作

Table API提供了非常多的表关系操作，但并不是所有的Table API操作都可以同时用在批处理和流处理上，常见的Table API操作如下。

1. 扫描、投影和过滤操作

（1）from

支持流处理和批处理，用于扫描已注册的表，类似于SQL查询中的FROM子句。

```
val orders: Table = tableEnv.from("Orders")
```

（2）fromValues

支持流处理和批处理，类似于SQL查询中的VALUES子句。根据提供的行生成内联表，可以使用row(…)表达式来创建多行。

```
val table: Table = tEnv.fromValues(
   row(1, "ABC"),
   row(2L, "ABCDE")
)
```

上述代码将生成一个表，其Schema信息如下：

```
root
|-- f0: BIGINT NOT NULL
|-- f1: VARCHAR(5) NOT NULL
```

原始数据类型若存在INT和BIGINT，转为表后将为BIGINT。原始数据类型CHAR(3)和CHAR(5)，转为表后将为VARCHAR(5)。该方法将自动从输入表达式派生类型。如果某个位置的类型不同，该方法将尝试为所有类型找到一个共同的超类型。如果公共超类型不存在，将引发异常。如果想显式指定类型，可使用fromValues(AbstractDataType, Object…)方法。这样有助于分配更广泛的类型，例如DECIMAL或命名列，代码如下：

```
val table: Table = tEnv.fromValues(
   DataTypes.ROW(
       DataTypes.FIELD("id", DataTypes.DECIMAL(10, 2)),
       DataTypes.FIELD("name", DataTypes.STRING())
   ),
   row(1, "ABC"),
   row(2L, "ABCDE")
)
```

上述代码将生成一个带有以下Schema的Table：

```
root
|-- id: DECIMAL(10, 2)
|-- name: STRING
```

（3）select

支持流处理和批处理，类似于SQL SELECT语句，执行选择操作。

```
val orders: Table = tableEnv.from("Orders")
val result: Table = orders.select($"a", $"c" as "d");
```

也可以使用星号（*）作为通配符，选择表中的所有列。

```
val result: Table = orders.select($"*")
```

（4）as

支持流处理和批处理，用于重命名字段。

```
val orders: Table = tableEnv.from("Orders").as("x", "y", "z", "t")
```

（5）where/filter

支持流处理和批处理，类似于SQL WHERE子句，用于过滤出满足筛选条件的行。

```
val orders: Table = tableEnv.from("Orders")
val result: Table = orders.where($"a" % 2 === 0)
```

或者

```
val orders: Table = tableEnv.from("Orders")
val result: Table = orders.filter($"a" % 2 === 0)
```

2. 列操作

（1）addColumns

支持流处理和批处理，用于向表中添加字段，如果添加的字段已经存在，将抛出异常。

```
val orders: Table = tableEnv.from("Orders");
val result: Table = orders.addColumns(concat($"c", "Sunny"))
```

（2）addOrReplaceColumns

支持流处理和批处理，用于向表中添加字段，如果添加的列名与现有列名相同，则将替换现有字段。此外，如果添加的字段有重复的字段名，则使用最后一个字段名。

```
val orders: Table = tableEnv.from("Orders");
val result: Table = orders.addOrReplaceColumns(concat($"c", "Sunny") as
"desc")
```

（3）DropColumns

支持流处理和批处理，用于删除表中指定的列。

```
val orders: Table = tableEnv.from("Orders");
val result: Table = orders.dropColumns($"b", $"c")
```

（4）renameColumns

支持流处理和批处理，用于执行字段重命名操作。字段表达式应该是别名表达式，并且只有现有的字段可以重命名。

```
val orders: Table = tableEnv.from("Orders");
val result: Table = orders.renameColumns($"b" as "b2", $"c" as "c2")
```

3. 聚合操作

（1）groupBy

支持流处理和批处理，类似于SQL GROUP BY子句，使用聚合操作符对字段a进行分组，对每一组的字段b求和，代码如下：

```
val orders: Table = tableEnv.from("Orders")
val result: Table = orders.groupBy($"a").select($"a", $"b".sum().as("d"))
```

对于流查询，计算查询结果所需的状态可能会无限增长，这取决于聚合的类型和不同分组键的数量。

（2）groupBy Window

支持流处理和批处理，在窗口上对表进行分组和聚合，分组键（分组字段）可能有一个或多个。示例代码如下：

```
val orders: Table = tableEnv.from("Orders")
val result: Table = orders
    .window(Tumble over 5.minutes on $"rowtime" as "w")//定义5分钟滚动窗口
    .groupBy($"a", $"w") //按照字段a（分组key）和窗口分组
    //选择字段：字段a、窗口开始时间、窗口结束时间、字段rowtime、字段b的求和结果
    .select($"a", $"w".start, $"w".end, $"w".rowtime, $"b".sum as "d")
```

（3）over Window

类似于SQL OVER子句，Flink SQL中对OVER窗口的定义遵循标准SQL的定义语法。与在GROUP BY子句中指定的组窗口不同，其在窗口上不会折叠行。相反，通过窗口聚合计算每个输入行在其邻近行范围内的聚合。示例代码如下：

```
val orders: Table = tableEnv.from("Orders")
val result: Table = orders
    //定义窗口
    .window(
        Over
            partitionBy $"a"
            orderBy $"rowtime"
            preceding UNBOUNDED_RANGE
            following CURRENT_RANGE
            as "w")
    .select($"a", $"b".avg over $"w", $"b".max().over($"w"), $"b".min().
over($"w"))
```

4. 连接操作

（1）Inner Join

支持流处理和批处理，类似于SQL JOIN子句，用于连接两个表，两个表必须具有不同的
字段名，并且必须通过连接操作符或使用where或filter操作符定义至少一个相等连接谓词。示
例代码如下：

```
val left: Table = ds1.toTable(tableEnv, $"a", $"b", $"c")
val right: Table = ds2.toTable(tableEnv, $"d", $"e", $"f")
val result: Table = left.join(right).where($"a" === $"d").select($"a", $"b",
$"e")
```

（2）Outer Join

支持流处理和批处理，类似于SQL LEFT/RIGHT/FULL OUTER JOIN子句，用于连接两个
表，两个表必须具有不同的字段名，并且必须定义至少一个相等连接谓词。示例代码如下：

```
val left: Table = tableEnv.fromDataSet(ds1, $"a", $"b", $"c")
val right: Table = tableEnv.fromDataSet(ds2, $"d", $"e", $"f")
//左外连接
val leftOuterResult: Table = left.leftOuterJoin(right, $"a" === $"d")
.select($"a", $"b", $"e")
//右外连接
val rightOuterResult: Table = left.rightOuterJoin(right, $"a" === $"d")
.select($"a", $"b", $"e")
//全外连接
val fullOuterResult: Table = left.fullOuterJoin(right, $"a" === $"d")
.select($"a", $"b", $"e")
```

5.5　SQL API

Flink支持标准的SQL语言，包括数据定义语言、数据操纵语言以及数据查询语言。目前
Flink SQL所支持的所有语句如下：

- SELECT (Queries)。
- CREATE TABLE、DATABASE、VIEW、FUNCTION。
- DROP TABLE、DATABASE、VIEW、FUNCTION。
- ALTER TABLE、DATABASE、FUNCTION。
- INSERT。
- SQL HINTS。
- DESCRIBE。
- EXPLAIN。
- USE。
- SHOW。

- LOAD。
- UNLOAD。

接下来对Flink SQL常用的操作语句进行讲解。

5.5.1 DDL 操作

1. CREATE语句

用于创建表、视图、数据库和函数。可以使用TableEnvironment的executeSql()方法执行单个CREATE语句，并返回执行结果。目前Flink SQL支持以下CREATE语句：

- CREATE TABLE。
- CREATE DATABASE。
- CREATE VIEW。
- CREATE FUNCTION。

CREATE语句的使用示例代码如下：

```
val settings = EnvironmentSettings.newInstance()...
val tableEnv = TableEnvironment.create(settings)

//对已注册的表进行SQL查询
//注册名为Orders的表
tableEnv.executeSql("CREATE TABLE Orders (`user` BIGINT, product STRING,
amount INT) WITH (...)");
//在表上执行SQL查询，并把得到的结果作为一个新的表
val result = tableEnv.sqlQuery(
    "SELECT product, amount FROM Orders WHERE product LIKE '%Rubber%'");

//对已注册的表进行INSERT操作
//注册TableSink
tableEnv.executeSql("CREATE TABLE RubberOrders(product STRING, amount INT)
WITH ('connector.path'='/path/to/file' ...)");
//在表上执行 INSERT 语句并向 TableSink 发出结果
tableEnv.executeSql(
    "INSERT INTO RubberOrders SELECT product, amount FROM Orders WHERE product
LIKE '%Rubber%'")
```

如果Catalog中已经存在了同名表，则无法创建。

（1）物理列

物理列是数据库中已知的常规列。它们定义物理数据中字段的名称、类型和顺序。其他类型的列可以在物理列之间声明，但不会影响最终的物理模式。

下面的语句创建了一个只有常规列的表：

```
CREATE TABLE MyTable (
  `user_id` BIGINT,
```

```
  `name` STRING
) WITH (
  ...
);
```

（2）元数据列

元数据列是SQL标准的扩展，允许访问连接器（Connector）或表中每一行的特定字段。例如，元数据列可以用来读取或写入Kafka记录的时间戳，以进行基于时间的操作（每个连接器组件都有可用的元数字符串，称为元数据键）。但是，在创建表的时候声明的元数据列是可选的。

下面的语句创建一个连接Kafka的表，其中包含附加的元数据列，该列引用元数据键timestamp：

```
CREATE TABLE MyTable (
  `user_id` BIGINT,
  `name` STRING,
  `record_time` TIMESTAMP_LTZ(3) METADATA FROM 'timestamp'
) WITH (
  'connector' = 'kafka'
  ...
);
```

上述语句中的record_time列的含义是读取或写入Kafka记录的时间戳。通过FROM关键字指定的字符串'timestamp'将该列与Kafka记录的时间戳相关联。

每个元数据键都使用一个字符串名称进行标识，并且具有文档化的数据类型。例如，Kafka连接器有一个可用的元数据键timestamp，该键具有关键时间戳和数据类型TIMESTAMP_LTZ(3)，可以用于读写记录。

在上面的例子中，元数据列record_time成为表的一部分，可以像普通列一样转换和存储数据：

```
INSERT INTO MyTable SELECT user_id, name, record_time + INTERVAL '1' SECOND
FROM MyTable;
```

为了方便起见，可以使用列名作为元数据键，从而省略FROM关键字：

```
CREATE TABLE MyTable (
  `user_id` BIGINT,
  `name` STRING,
  `timestamp` TIMESTAMP_LTZ(3) METADATA   -- 使用列名作为元数据键
) WITH (
  'connector' = 'kafka'
  ...
);
```

为了方便起见，如果列的数据类型与元数据键的数据类型不同，运行时将执行显式强制类型转换。当然，要求这两种数据类型必须是兼容的，代码如下：

```
CREATE TABLE MyTable (
  `user_id` BIGINT,
  `name` STRING,
  `timestamp` BIGINT METADATA      -- 将时间戳转换为BIGINT类型
) WITH (
  'connector' = 'kafka'
  ...
);
```

2. DROP语句

DROP语句用于删除一个已经存在的表、视图或函数。

Flink SQL目前支持以下DROP语句：

- DROP TABLE。
- DROP DATABASE。
- DROP VIEW。
- DROP FUNCTION。

删除表的语法如下：

```
DROP TABLE [IF EXISTS] [catalog_name.][db_name.]table_name
```

可以使用TableEnvironment的executeSql()方法执行单个DROP语句，并返回执行结果，代码如下：

```
val settings = EnvironmentSettings.newInstance()...
val tableEnv = TableEnvironment.create(settings)

//注册名为Orders的表
tableEnv.executeSql("CREATE TABLE Orders (`user` BIGINT, product STRING,
amount INT) WITH (...)")

//列出所有的表名称，结果为字符串数组：["Orders"]
val tables = tableEnv.listTables()
// 或者 tableEnv.executeSql("SHOW TABLES").print()

//从Catalog中删除Orders表
tableEnv.executeSql("DROP TABLE Orders")

//结果为空字符串数组
val tables = tableEnv.listTables()
//或者 tableEnv.executeSql("SHOW TABLES").print()
```

3. ALTER语句

ALTER语句用于修改一个已经存在的表、视图或函数定义。

Flink SQL目前支持以下ALTER语句：

- ALTER TABLE。
- ALTER DATABASE。

- ALTER FUNCTION。

可以使用TableEnvironment的executeSql()方法执行单个ALTER语句，并返回执行结果，代码如下：

```
//把Orders的表名改为NewOrders
tableEnv.executeSql("ALTER TABLE Orders RENAME TO NewOrders;")
```

```
//结果为字符串数组：["NewOrders"]
val tables = tableEnv.listTables()
//或 tableEnv.executeSql("SHOW TABLES").print()
```

5.5.2　DML 操作

DML操作主要使用INSERT语句，用于向表中添加行。INSERT语句的语法如下：

```
INSERT { INTO | OVERWRITE } [Catalog名称.][数据库名称.]表名称 [PARTITION 分区列
与值] select语句
```

语法解析：

- OVERWRITE：INSERT OVERWRITE 将会覆盖表中或分区中任何已存在的数据；否则，新数据会追加到表中或分区中。
- PARTITION：PARTITION语句应该包含需要插入的静态分区列与值。列与值的格式为(列1=值1 [,列2=值2, ...])。

例如以下代码读取page_view_source表的数据，并插入country_page_view表中：

```
-- 创建一个分区表，根据date和country字段分区
CREATE TABLE country_page_view (user STRING, cnt INT, date STRING, country
STRING)
PARTITIONED BY (date, country)
WITH (...)
```

```
-- 追加行到静态分区(date='2019-8-30', country='China')中
INSERT INTO country_page_view PARTITION (date='2019-8-30', country='China')
  SELECT user, cnt FROM page_view_source;
```

也可以直接将值插入表中，语法如下：

```
INSERT { INTO | OVERWRITE } [Catalog名称.][数据库名称.]表名称 values 值集合
```

示例代码如下：

```
CREATE TABLE students (name STRING, age INT, gpa DECIMAL(3, 2)) WITH (...);
INSERT INTO students
  VALUES ('fred flintstone', 35, 1.28), ('barney rubble', 32, 2.32);
```

在Table API中，可以使用TableEnvironment 中的executeSql()方法执行单条 INSERT 语句。executeSql()方法执行INSERT语句时会立即提交一个Flink作业，并且返回一个TableResult对象。该对象用于表示语句的执行结果。对于DML和DQL语句，通过TableResult 的getJobClient()

方法可以获取与提交的Flink作业关联的JobClient。通过TableResult的print()方法可以将结果内容以Tableau（一种结果视图显示模式，具体见5.9.3节）形式打印到客户端控制台。

对于多条INSERT语句，可以使用TableEnvironment中的createStatementSet()方法创建一个StatementSet对象，然后使用StatementSet中的addInsertSql()方法添加多条INSERT语句，最后通过StatementSet中的execute()方法来执行。具体示例代码如下：

```
val settings = EnvironmentSettings.newInstance()...
val tEnv = TableEnvironment.create(settings)

//注册一个Orders源表和RubberOrders结果表
tEnv.executeSql("CREATE TABLE Orders (`user` BIGINT, product STRING, amount
INT) WITH (...)")
tEnv.executeSql("CREATE TABLE RubberOrders(product STRING, amount INT) WITH
(...)")

//运行一个INSERT语句，将源表的数据输出到结果表中
val tableResult1 = tEnv.executeSql(
  "INSERT INTO RubberOrders SELECT product, amount FROM Orders WHERE product
LIKE '%Rubber%'")
//通过TableResult来获取作业状态
println(tableResult1.getJobClient().get().getJobStatus())

//注册一个GlassOrders结果表，用于运行多条INSERT语句
tEnv.executeSql("CREATE TABLE GlassOrders(product VARCHAR, amount INT) WITH
(...)");
//运行条INSERT语句，将原表数据输出到多个结果表中
val stmtSet = tEnv.createStatementSet()
//`addInsertSql` 方法是每次只接收单条INSERT语句
stmtSet.addInsertSql(
  "INSERT INTO RubberOrders SELECT product, amount FROM Orders WHERE product
LIKE '%Rubber%'")
stmtSet.addInsertSql(
  "INSERT INTO GlassOrders SELECT product, amount FROM Orders WHERE product LIKE
'%Glass%'")
//执行刚刚添加的所有INSERT语句
val tableResult2 = stmtSet.execute()
//通过TableResult来获取作业状态
println(tableResult2.getJobClient().get().getJobStatus())
```

5.5.3 DQL 操作

1. SELECT&WHERE子句

SELECT语句的一般语法如下：

```
SELECT select_list FROM table_expression [ WHERE boolean_expression ]
```

table_expression可以引用任何数据源。它可以是一个已存在的表、视图或VALUES子句，

也可以是多个已存在表的连接结果或子查询。假设表在Catalog中可用，从Orders表中读取所有行，代码如下：

```
SELECT * FROM Orders
```

select_list指定的星号"*"意味着查询将解析所有列。但是，在生产中不鼓励使用"*"，因为它使查询对Catalog更改不友好。相反，select_list可以指定可用列的子集，或者使用这些列进行计算。例如，如果Orders有名为order_id、price和tax的列，则可以使用以下查询语句：

```
SELECT order_id, price + tax FROM Orders
```

查询还可以使用VALUES子句，从而使用内联数据。每个元组对应一行，可以提供一个别名为每一列分配名称，代码如下：

```
SELECT order_id, price FROM (VALUES (1, 2.0), (2, 3.1)) AS t (order_id, price)
```

可以基于WHERE子句对行进行过滤，代码如下：

```
SELECT price + tax FROM Orders WHERE id = 10
```

此外，可以在单行的列上调用内置的和用户定义的函数。用户定义函数在使用前必须在Catalog中注册，代码如下：

```
SELECT PRETTY_PRINT(order_id) FROM Orders
```

2. SELECT DISTINCT

如果指定了SELECT DISTINCT，则将从结果集中删除所有重复的行（从每组重复的行中保留一行），代码如下：

```
SELECT DISTINCT id FROM Orders
```

对于流查询，计算查询结果所需的状态可能会无限增长。状态大小取决于不同的行数。你可以提供一个带有适当状态生存时间（Time to Live，TTL）的查询配置，以防止状态过大。注意，这可能会影响查询结果的正确性。

5.5.4 窗口函数

窗口是处理无限流的核心。窗口将流分成有限大小的"桶"，我们可以在这些桶上进行计算。本节重点讲解如何在Flink SQL中执行窗口操作，以及如何从其提供的功能中最大限度地获益。

Flink提供了几个窗口函数来将表中的元素划分为几个窗口，包括：

- Tumble窗口。
- Hop窗口。
- Cumulate窗口。

每个元素在逻辑上可以属于多个窗口，这取决于你使用的窗口函数。例如，HOP窗口创建重叠窗口，其中一个元素可以分配给多个窗口。窗口函数符合SQL标准，支持复杂的基于窗口的计算，如窗口TopN、窗口连接。但是，分组窗口函数只能支持窗口聚合。

Flink提供3个内置的窗口函数：TUMBLE、HOP和CUMULATE。窗口函数的返回值是一个新表，它包含原始表的所有列，以及另外3列，分别名为window_start、window_end、window_time。window_time字段是窗口的时间字段，可以用于后续基于时间的操作，例如间隔连接、聚合。window_time的值总是等于window_end - 1ms。

1. TUMBLE

TUMBLE函数将每个元素分配给一个具有指定窗口大小的滚动窗口。滚动窗口有一个固定的大小，不重叠。例如，假设指定了一个大小为5分钟的滚动窗口。在这种情况下，Flink将评估当前窗口，并每5分钟启动一个新窗口，如图5-12所示。

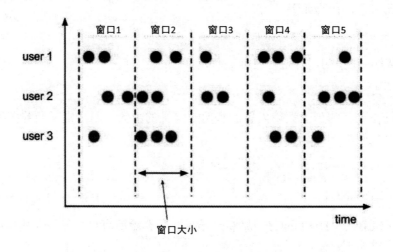

图 5-12　TUMBLE 滚动窗口

TUMBLE函数有3个必需的参数，使用语法如下：

```
TUMBLE(TABLE data, DESCRIPTOR(timecol), size)
```

- data：要查询的表名称。
- timecol：时间列的名称，指定数据的哪些时间属性列应映射到滚动窗口。
- size：窗口大小，指定滚动窗口宽度的持续时间。

下面有一张Bid表，该表有一个时间列bidtime，表的描述信息如图5-13所示。

```
Flink SQL> desc Bid;
+-----------+--------------------+------+-----+--------+---------------------------------+
|      name |               type | null | key | extras |                       watermark |
+-----------+--------------------+------+-----+--------+---------------------------------+
|   bidtime | TIMESTAMP(3) *ROWTIME* | true |     |        | `bidtime` - INTERVAL '1' SECOND |
|     price |      DECIMAL(10, 2) | true |     |        |                                 |
|      item |             STRING | true |     |        |                                 |
+-----------+--------------------+------+-----+--------+---------------------------------+
```

图 5-13　Bid 表的描述信息

Bid表的数据如下：

```
Flink SQL> SELECT * FROM Bid;
+-----------------+-------+------+
|         bidtime | price | item |
+-----------------+-------+------+
| 2020-04-15 08:05 |  4.00 | C    |
| 2020-04-15 08:07 |  2.00 | A    |
| 2020-04-15 08:09 |  5.00 | D    |
| 2020-04-15 08:11 |  3.00 | B    |
| 2020-04-15 08:13 |  1.00 | E    |
| 2020-04-15 08:17 |  6.00 | F    |
+-----------------+-------+------+
```

对该表使用TUMBLE函数，按照时间列bidtime分成大小为10分钟的窗口，显示每条数据所属的窗口时间信息，代码如下：

```
Flink SQL> SELECT * FROM TABLE(
    TUMBLE(TABLE Bid, DESCRIPTOR(bidtime), INTERVAL '10' MINUTES));
```

或者使用命名参数，DATA参数必须放在第一个：

```
Flink SQL> SELECT * FROM TABLE(
    TUMBLE(
      DATA => TABLE Bid,
      TIMECOL => DESCRIPTOR(bidtime),
      SIZE => INTERVAL '10' MINUTES));
```

执行结果如图5-14所示。

bidtime	price	item	window_start	window_end	window_time
2020-04-15 08:05	4.00	C	2020-04-15 08:00	2020-04-15 08:10	2020-04-15 08:09:59.999
2020-04-15 08:07	2.00	A	2020-04-15 08:00	2020-04-15 08:10	2020-04-15 08:09:59.999
2020-04-15 08:09	5.00	D	2020-04-15 08:00	2020-04-15 08:10	2020-04-15 08:09:59.999
2020-04-15 08:11	3.00	B	2020-04-15 08:10	2020-04-15 08:20	2020-04-15 08:19:59.999
2020-04-15 08:13	1.00	E	2020-04-15 08:10	2020-04-15 08:20	2020-04-15 08:19:59.999
2020-04-15 08:17	6.00	F	2020-04-15 08:10	2020-04-15 08:20	2020-04-15 08:19:59.999

图 5-14　使用 TUMBLE 窗口函数显示表的字段及窗口信息

窗口函数应与聚合操作一起使用，在滚动窗口表上应用聚合查询，按照窗口开始时间、结束时间分组，计算每一组的价格总和，代码如下：

```
Flink SQL> SELECT window_start, window_end, SUM(price)
  FROM TABLE(
    TUMBLE(TABLE Bid, DESCRIPTOR(bidtime), INTERVAL '10' MINUTES))
  GROUP BY window_start, window_end;
```

执行结果如下：

```
+------------------+------------------+-------+
|   window_start   |    window_end    | price |
+------------------+------------------+-------+
| 2020-04-15 08:00 | 2020-04-15 08:10 | 11.00 |
| 2020-04-15 08:10 | 2020-04-15 08:20 | 10.00 |
+------------------+------------------+-------+
```

为了更好地理解窗口的行为，上述代码简化了时间戳值的显示，不显示末尾的零。例如，当类型为timestamp(3)时，2020-04-15 08:05在Flink SQL Client中应该显示为2020-04-15 08:05:00.000。

2. HOP

HOP窗口函数将元素分配给固定长度的窗口。与TUMBLE窗口函数一样，窗口的大小是由窗口大小参数配置的。另一个滑动步伐参数控制HOP窗口的启动频率（即间隔多长时间开启一个新窗口）。因此，如果滑动步伐小于窗口大小，HOP窗口可以重叠。HOP窗口也被称为"滑动窗口"。

在本例中，元素被分配给多个窗口。例如，有一个10分钟大小的窗口，可以滑动5分钟（滑动步伐）。这样，每隔5分钟就会有一个窗口，其中包含过去10分钟内到达的事件，如图5-15所示。

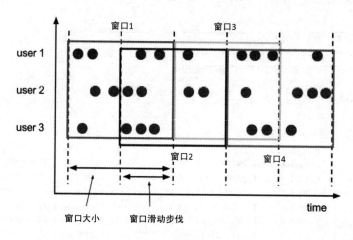

图 5-15　HOP 滑动窗口

HOP窗口基于表的时间列的值进行滑动，窗口的返回结果是一个新表，包括原有表的所有列，以及另外3列，分别是window_start、window_end、window_time，表示窗口开始时间、窗口结束时间、窗口时间。window_time字段是窗口的时间字段，可以用于后续基于时间的操作，例如间隔连接、聚合。window_time的值总是等于window_end − 1ms。

HOP函数有3个必需的参数，使用语法如下：

```
HOP(TABLE data, DESCRIPTOR(timecol), slide, size [, offset ])
```

- data：要查询的表名称。
- timecol：时间列的名称，指定数据的哪些时间属性列应映射到HOP窗口。

- slide: HOP窗口的滑动步伐。
- size: 窗口大小，指定HOP窗口宽度的持续时间。

对上面的Bid表使用HOP函数，按照时间列bidtime分成大小为10分钟的窗口，滑动步伐为5分钟，显示每条数据所属的窗口时间信息，代码如下：

```
Flink SQL> SELECT * FROM TABLE(
    HOP(TABLE Bid, DESCRIPTOR(bidtime), INTERVAL '5' MINUTES, INTERVAL '10'
MINUTES));
```

或者使用命名参数，DATA参数必须放在第一个：

```
Flink SQL> SELECT * FROM TABLE(
    HOP(
      DATA => TABLE Bid,
      TIMECOL => DESCRIPTOR(bidtime),
      SLIDE => INTERVAL '5' MINUTES,
      SIZE => INTERVAL '10' MINUTES));
```

执行结果如图5-16所示。

```
+------------------+-------+------+------------------+------------------+-------------------------+
|         bidtime  | price | item |    window_start  |     window_end   |      window_time        |
+------------------+-------+------+------------------+------------------+-------------------------+
| 2020-04-15 08:05 |  4.00 | C    | 2020-04-15 08:00 | 2020-04-15 08:10 | 2020-04-15 08:09:59.999 |
| 2020-04-15 08:05 |  4.00 | C    | 2020-04-15 08:05 | 2020-04-15 08:15 | 2020-04-15 08:14:59.999 |
| 2020-04-15 08:07 |  2.00 | A    | 2020-04-15 08:00 | 2020-04-15 08:10 | 2020-04-15 08:09:59.999 |
| 2020-04-15 08:07 |  2.00 | A    | 2020-04-15 08:05 | 2020-04-15 08:15 | 2020-04-15 08:14:59.999 |
| 2020-04-15 08:09 |  5.00 | D    | 2020-04-15 08:00 | 2020-04-15 08:10 | 2020-04-15 08:09:59.999 |
| 2020-04-15 08:09 |  5.00 | D    | 2020-04-15 08:05 | 2020-04-15 08:15 | 2020-04-15 08:14:59.999 |
| 2020-04-15 08:11 |  3.00 | B    | 2020-04-15 08:05 | 2020-04-15 08:15 | 2020-04-15 08:14:59.999 |
| 2020-04-15 08:11 |  3.00 | B    | 2020-04-15 08:10 | 2020-04-15 08:20 | 2020-04-15 08:19:59.999 |
| 2020-04-15 08:13 |  1.00 | E    | 2020-04-15 08:05 | 2020-04-15 08:15 | 2020-04-15 08:14:59.999 |
| 2020-04-15 08:13 |  1.00 | E    | 2020-04-15 08:10 | 2020-04-15 08:20 | 2020-04-15 08:19:59.999 |
| 2020-04-15 08:17 |  6.00 | F    | 2020-04-15 08:10 | 2020-04-15 08:20 | 2020-04-15 08:19:59.999 |
| 2020-04-15 08:17 |  6.00 | F    | 2020-04-15 08:15 | 2020-04-15 08:25 | 2020-04-15 08:24:59.999 |
+------------------+-------+------+------------------+------------------+-------------------------+
```

图 5-16　使用 TOP 窗口函数显示表的字段及窗口信息

窗口函数应与聚合操作一起使用，在HOP窗口表上应用聚合查询，按照窗口开始时间、结束时间分组，计算每一组的价格总和，代码如下：

```
Flink SQL> SELECT window_start, window_end, SUM(price)
  FROM TABLE(
    HOP(TABLE Bid, DESCRIPTOR(bidtime), INTERVAL '5' MINUTES, INTERVAL '10'
MINUTES))
  GROUP BY window_start, window_end;
```

执行结果如下：

```
+------------------+------------------+-------+
|   window_start   |    window_end    | price |
+------------------+------------------+-------+
```

```
| 2020-04-15 08:00 | 2020-04-15 08:10 | 11.00 |
| 2020-04-15 08:05 | 2020-04-15 08:15 | 15.00 |
| 2020-04-15 08:10 | 2020-04-15 08:20 | 10.00 |
| 2020-04-15 08:15 | 2020-04-15 08:25 |  6.00 |
+-----------------+------------------+-------+
```

3. CUMULATE

CUMULATE窗口在某些情况下是非常有用的，例如在固定的窗口间隔内触发滚动窗口。例如，每日仪表板需要绘制从00:00开始每分钟的累计UV，10:00的UV表示00:00～10:00的UV总数。这可以通过CUMULATE窗口轻松有效地实现。

CUMULATE函数将元素分配给指定步长间隔的窗口。窗口开始保持固定，窗口结束以固定的步长进行扩大，直到达到最大窗口大小。

可以将CUMULATE函数看作首先应用具有最大窗口大小的TUMBLE滚动窗口，并将每个滚动窗口分割成多个窗口，这些窗口的起始窗口和结束窗口具有相同的步长差异。所以CUMULATE窗口是有重叠的，并且没有固定的大小。

例如，有一个一小时步长和一天最大大小的CUMULATE窗口，你将每天得到[00:00, 01:00)、[00:00, 02:00)、[00:00, 03:00)、…、[00:00, 24:00)这样的窗口。CUMULATE窗口如图5-17所示。

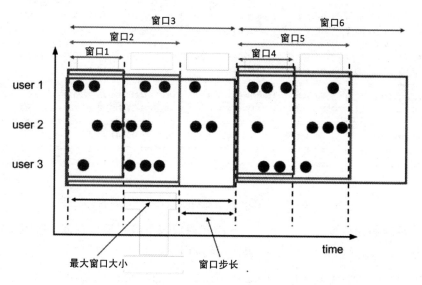

图 5-17　CUMULATE 累积窗口

CUMULATE函数根据时间列分配窗口。窗口的返回结果是一个新表，包括原有表的所有列，以及另外3列，分别是window_start、window_end、window_time，表示窗口开始时间、窗口结束时间、窗口时间。window_time字段是窗口的时间字段，可以用于后续基于时间的操作，例如间隔连接、聚合。window_time的值总是等于window_end – 1ms。

CUMULATE函数有4个必需的参数，使用语法如下：

```
CUMULATE(TABLE data, DESCRIPTOR(timecol), step, size)
```

- data：要查询的表名称。
- timecol：时间列的名称，指定数据的哪些时间属性列应映射到CUMULATE窗口。
- step：CUMULATE窗口的步长。
- size：窗口大小，指定CUMULATE窗口最大宽度的持续时间。大小必须是步长的整数倍。

对上面的Bid表使用CUMULATE函数，按照时间列bidtime分成最大大小为10分钟的窗口，步长为2分钟，显示每条数据所属的窗口时间信息，代码如下：

```
Flink SQL> SELECT * FROM TABLE(
    CUMULATE(TABLE Bid, DESCRIPTOR(bidtime), INTERVAL '2' MINUTES, INTERVAL
'10' MINUTES));
```

或者使用命名参数，DATA参数必须放在第一个：

```
Flink SQL> SELECT * FROM TABLE(
    CUMULATE(
      DATA => TABLE Bid,
      TIMECOL => DESCRIPTOR(bidtime),
      STEP => INTERVAL '2' MINUTES,
      SIZE => INTERVAL '10' MINUTES));
```

执行结果如图5-18所示。

bidtime	price	item	window_start	window_end	window_time
2020-04-15 08:05	4.00	C	2020-04-15 08:00	2020-04-15 08:06	2020-04-15 08:05:59.999
2020-04-15 08:05	4.00	C	2020-04-15 08:00	2020-04-15 08:08	2020-04-15 08:07:59.999
2020-04-15 08:05	4.00	C	2020-04-15 08:00	2020-04-15 08:10	2020-04-15 08:09:59.999
2020-04-15 08:07	2.00	A	2020-04-15 08:00	2020-04-15 08:08	2020-04-15 08:07:59.999
2020-04-15 08:07	2.00	A	2020-04-15 08:00	2020-04-15 08:10	2020-04-15 08:09:59.999
2020-04-15 08:09	5.00	D	2020-04-15 08:00	2020-04-15 08:10	2020-04-15 08:09:59.999
2020-04-15 08:11	3.00	B	2020-04-15 08:10	2020-04-15 08:12	2020-04-15 08:11:59.999
2020-04-15 08:11	3.00	B	2020-04-15 08:10	2020-04-15 08:14	2020-04-15 08:13:59.999
2020-04-15 08:11	3.00	B	2020-04-15 08:10	2020-04-15 08:16	2020-04-15 08:15:59.999
2020-04-15 08:11	3.00	B	2020-04-15 08:10	2020-04-15 08:18	2020-04-15 08:17:59.999
2020-04-15 08:11	3.00	B	2020-04-15 08:10	2020-04-15 08:20	2020-04-15 08:19:59.999
2020-04-15 08:13	1.00	E	2020-04-15 08:10	2020-04-15 08:14	2020-04-15 08:13:59.999
2020-04-15 08:13	1.00	E	2020-04-15 08:10	2020-04-15 08:16	2020-04-15 08:15:59.999
2020-04-15 08:13	1.00	E	2020-04-15 08:10	2020-04-15 08:18	2020-04-15 08:17:59.999
2020-04-15 08:13	1.00	E	2020-04-15 08:10	2020-04-15 08:20	2020-04-15 08:19:59.999
2020-04-15 08:17	6.00	F	2020-04-15 08:10	2020-04-15 08:18	2020-04-15 08:17:59.999
2020-04-15 08:17	6.00	F	2020-04-15 08:10	2020-04-15 08:20	2020-04-15 08:19:59.999

图 5-18　使用 CUMULATE 窗口函数显示表的字段及窗口信息

窗口函数应与聚合操作一起使用，在CUMULATE窗口表上应用聚合查询，按照窗口开始时间、结束时间分组，计算每一组的价格总和，代码如下：

```
Flink SQL> SELECT window_start, window_end, SUM(price)
    FROM TABLE(
      CUMULATE(TABLE Bid, DESCRIPTOR(bidtime), INTERVAL '2' MINUTES, INTERVAL
'10' MINUTES))
    GROUP BY window_start, window_end;
```

执行结果如下：

```
+------------------+------------------+-------+
|   window_start   |    window_end    | price |
+------------------+------------------+-------+
| 2020-04-15 08:00 | 2020-04-15 08:06 |  4.00 |
| 2020-04-15 08:00 | 2020-04-15 08:08 |  6.00 |
| 2020-04-15 08:00 | 2020-04-15 08:10 | 11.00 |
| 2020-04-15 08:10 | 2020-04-15 08:12 |  3.00 |
| 2020-04-15 08:10 | 2020-04-15 08:14 |  4.00 |
| 2020-04-15 08:10 | 2020-04-15 08:16 |  4.00 |
| 2020-04-15 08:10 | 2020-04-15 08:18 | 10.00 |
| 2020-04-15 08:10 | 2020-04-15 08:20 | 10.00 |
+------------------+------------------+-------+
```

5.5.5 窗口聚合

1. GROUP BY

窗口聚合定义在GROUP BY子句中，该子句包含应用于窗口函数的window_start和window_end列。与使用常规GROUP BY子句的查询一样，使用按窗口分组聚合的查询将为每个组计算单个结果行。

窗口聚合的语法如下：

```
SELECT ...
FROM <windowed_table> -- 应用窗口函数
GROUP BY window_start, window_end, ...
```

与连续表上的其他聚合不同，窗口聚合不产生中间结果，而只产生最终结果，即窗口末尾的总聚合。此外，当不再需要时，窗口聚合会清除所有中间状态。

Flink支持TUMBLE、HOP和CUMULATE类型的窗口聚合，这些窗口聚合可以在事件或处理时间属性上定义。

假设有一张Bid表，该表有一个时间列bidtime，表的描述信息如图5-19所示。

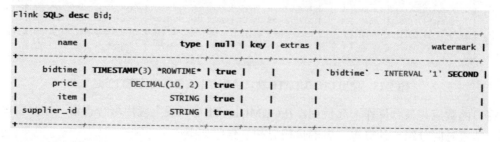

图 5-19 Bid 表的描述信息

Bid表的数据如下：

```
Flink SQL> SELECT * FROM Bid;
+------------------+-------+------+-------------+
|          bidtime | price | item | supplier_id |
```

```
+------------------+-------+------+-------------+
| 2020-04-15 08:05 | 4.00  | C    | supplier1   |
| 2020-04-15 08:07 | 2.00  | A    | supplier1   |
| 2020-04-15 08:09 | 5.00  | D    | supplier2   |
| 2020-04-15 08:11 | 3.00  | B    | supplier2   |
| 2020-04-15 08:13 | 1.00  | E    | supplier1   |
| 2020-04-15 08:17 | 6.00  | F    | supplier2   |
+------------------+-------+------+-------------+
```

使用GROUP BY子句按照窗口开始时间、结束时间分组，计算每一组的价格总和。TUMBLE函数的计算代码如下：

```
Flink SQL> SELECT window_start, window_end, SUM(price)
  FROM TABLE(
    TUMBLE(TABLE Bid, DESCRIPTOR(bidtime), INTERVAL '10' MINUTES))
  GROUP BY window_start, window_end;
```

执行结果如下：

```
+------------------+------------------+-------+
|   window_start   |   window_end     | price |
+------------------+------------------+-------+
| 2020-04-15 08:00 | 2020-04-15 08:10 | 11.00 |
| 2020-04-15 08:10 | 2020-04-15 08:20 | 10.00 |
+------------------+------------------+-------+
```

2. GROUPING SETS

窗口聚合也支持GROUPING SETS语法。该语法允许比标准GROUP BY所描述的更复杂的分组操作。其可以对GROUP BY分组后的每一组继续按照指定的列进行分组，并为每个组计算聚合，就像简单的GROUP BY子句一样。

使用GROUPING SETS的窗口聚合要求window_start和window_end列都必须在GROUP BY子句中，而不是在GROUPING SETS子句中。

对上面的GROUP BY分组继续使用GROUPING SETS语法，对每一组的数据按照supplier_id列再次分组，计算最终每一组的价格和，代码如下：

```
Flink SQL> SELECT window_start, window_end, supplier_id, SUM(price) as price
  FROM TABLE(
    TUMBLE(TABLE Bid, DESCRIPTOR(bidtime), INTERVAL '10' MINUTES))
  GROUP BY window_start, window_end, GROUPING SETS ((supplier_id), ());
```

GROUPING SETS的每个子列表可以指定零个或多个列或表达式，其解释方式与直接在GROUP BY子句中使用的方式相同。

上述代码中的"()"表示空分组集，空分组集意味着将所有行聚合为单个组，即使没有输入行，该组也将输出。结果行中对分组列或表达式的引用将被空值替换。

上述代码执行结果如下：

```
+------------------+------------------+-------------+-------+
|   window_start   |   window_end     | supplier_id | price |
+------------------+------------------+-------------+-------+
| 2020-04-15 08:00 | 2020-04-15 08:10 |      (NULL) | 11.00 |
| 2020-04-15 08:00 | 2020-04-15 08:10 |   supplier2 |  5.00 |
| 2020-04-15 08:00 | 2020-04-15 08:10 |   supplier1 |  6.00 |
| 2020-04-15 08:10 | 2020-04-15 08:20 |      (NULL) | 10.00 |
| 2020-04-15 08:10 | 2020-04-15 08:20 |   supplier2 |  9.00 |
| 2020-04-15 08:10 | 2020-04-15 08:20 |   supplier1 |  1.00 |
+------------------+------------------+-------------+-------+
```

从执行结果可以看到，窗口[2020-04-15 08:00,2020-04-15 08:10)的数据继续按照supplier_id
列进行了分组，并且计算了每一组的价格总和。由于使用了空分组集"()"，因此同时计算了
该窗口中所有组的价格总和。

3. ROLLUP

ROLLUP是一种用于指定通用类型分组集的简写符号。它表示给定的表达式列表和列表的
所有前缀，包括空列表。

使用ROLLUP的窗口聚合要求window_start和window_end列都必须在GROUP BY子句中，
而不是在ROLLUP子句中。

例如，下面的查询语句等价于上面的GROUPING SETS查询语句：

```
SELECT window_start, window_end, supplier_id, SUM(price) as price
FROM TABLE(
    TUMBLE(TABLE Bid, DESCRIPTOR(bidtime), INTERVAL '10' MINUTES))
GROUP BY window_start, window_end, ROLLUP (supplier_id);
```

4. CUBE

CUBE是一种用于指定通用类型分组集的简写符号，它表示给定的列表及其所有可能的
子集。

使用CUBE的窗口聚合要求window_start和window_end列必须在GROUP BY子句中，而不
是在CUBE子句中。

例如，使用CUBE语句的以下查询：

```
SELECT window_start, window_end, item, supplier_id, SUM(price) as price
  FROM TABLE(
    TUMBLE(TABLE Bid, DESCRIPTOR(bidtime), INTERVAL '10' MINUTES))
  GROUP BY window_start, window_end, CUBE (supplier_id, item);
```

与下面的GROUPING SETS查询语句是等价的：

```
SELECT window_start, window_end, item, supplier_id, SUM(price) as price
  FROM TABLE(
    TUMBLE(TABLE Bid, DESCRIPTOR(bidtime), INTERVAL '10' MINUTES))
  GROUP BY window_start, window_end, GROUPING SETS (
```

```
        (supplier_id, item),
        (supplier_id      ),
        (            item),
        (               )
)
```

5. 级联窗口聚合

window_start和window_end列是常规的时间戳列，而不是时间属性。因此，它们不能在随后的基于时间的操作中用作时间属性。为了传播时间属性，需要在GROUP BY子句中额外添加window_time列。window_time是窗口函数生成的第三列，它是已分配窗口的一个时间属性。将window_time添加到GROUP BY子句中，使得window_time也成为可以选择的组键。后面的查询可以使用此列进行后续基于时间的操作，例如级联窗口聚合和窗口TopN。

下面的示例展示了一个级联窗口聚合，其中第二个窗口聚合的时间属性使用了第一个窗口聚合的时间属性。

```
-- 滚动5分钟的窗口聚合，将结果创建成视图
CREATE VIEW window1 AS
SELECT window_start, window_end, window_time as rowtime, SUM(price) as
partial_price
  FROM TABLE(
    TUMBLE(TABLE Bid, DESCRIPTOR(bidtime), INTERVAL '5' MINUTES))
  GROUP BY supplier_id, window_start, window_end, window_time;

-- 在上面窗口的基础上进行滚动10分钟的窗口聚合
SELECT window_start, window_end, SUM(partial_price) as total_price
  FROM TABLE(
      TUMBLE(TABLE window1, DESCRIPTOR(rowtime), INTERVAL '10' MINUTES))
  GROUP BY window_start, window_end;
```

5.5.6　分组聚合

像大多数数据系统一样，Apache Flink支持内置的和用户定义的聚合函数。用户定义函数在使用前必须在Catalog中注册。

聚合函数从多个输入行计算单个结果。例如，在一组行上有计算COUNT、SUM、AVG（平均值）、MAX（最大值）和MIN（最小值）的聚合。

```
SELECT COUNT(*) FROM Orders
```

对于流查询，重要的是要理解Flink运行永不终止的连续查询。相反，它们根据输入表上的更新来更新结果表。对于上面的查询，每次将新行插入Orders表时，Flink都会输出一个更新的计数。

Flink支持用于聚合数据的标准GROUP BY子句：

```
SELECT COUNT(*)
FROM Orders
GROUP BY order_id
```

对于流查询，计算查询结果所需的状态可能会无限增长。状态大小取决于组的数量以及聚合函数的数量和类型。例如，MIN/MAX在状态大小上很重，而COUNT则很轻。你可以提供一个带有适当状态生存时间的查询配置，以防止状态过大。注意，这可能会影响查询结果的正确性。

Distinct聚合在应用聚合函数之前会删除重复的值。下面的示例计算不同order_id的数量，而不是Orders表中的总行数（相当于对order_id列的数据去重后统计数量）。

```
SELECT COUNT(DISTINCT order_id) FROM Orders
```

GROUPING SETS不仅可以用于窗口的聚合，也可以用于普通的分组聚合，代码如下：

```
SELECT supplier_id, rating, COUNT(*) AS total
FROM (VALUES
    ('supplier1', 'product1', 4),
    ('supplier1', 'product2', 3),
    ('supplier2', 'product3', 3),
    ('supplier2', 'product4', 4))
AS Products(supplier_id, product_id, rating)
GROUP BY GROUPING SETS ((supplier_id, rating), (supplier_id), ())
```

执行结果如下：

```
+-------------+--------+-------+
| supplier_id | rating | total |
+-------------+--------+-------+
|   supplier1 |      4 |     1 |
|   supplier1 | (NULL) |     2 |
|      (NULL) | (NULL) |     4 |
|   supplier1 |      3 |     1 |
|   supplier2 |      3 |     1 |
|   supplier2 | (NULL) |     2 |
|   supplier2 |      4 |     1 |
+-------------+--------+-------+
```

使用ROLLUP执行下面的查询，与上面的查询效果等价：

```
SELECT supplier_id, rating, COUNT(*)
FROM (VALUES
    ('supplier1', 'product1', 4),
    ('supplier1', 'product2', 3),
    ('supplier2', 'product3', 3),
    ('supplier2', 'product4', 4))
AS Products(supplier_id, product_id, rating)
GROUP BY ROLLUP (supplier_id, rating)
```

使用CUBE语句执行以下查询：

```
SELECT supplier_id, rating, product_id, COUNT(*)
FROM (VALUES
```

```
        ('supplier1', 'product1', 4),
        ('supplier1', 'product2', 3),
        ('supplier2', 'product3', 3),
        ('supplier2', 'product4', 4))
    AS Products(supplier_id, product_id, rating)
    GROUP BY CUBE (supplier_id, rating, product_id)
```

与下面的GROUPING SETS查询语句是等价的：

```
SELECT supplier_id, rating, product_id, COUNT(*)
FROM (VALUES
        ('supplier1', 'product1', 4),
        ('supplier1', 'product2', 3),
        ('supplier2', 'product3', 3),
        ('supplier2', 'product4', 4))
    AS Products(supplier_id, product_id, rating)
    GROUP BY GROUPING SET (
        ( supplier_id, product_id, rating ),
        ( supplier_id, product_id         ),
        ( supplier_id,             rating ),
        ( supplier_id                     ),
        (             product_id, rating ),
        (             product_id         ),
        (                         rating ),
        (                                )
    )
```

HAVING与WHERE不同，WHERE过滤GROUP BY之前的单独行，而HAVING过滤GROUP BY创建的组行。在HAVING条件中引用的每个列必须是一个分组列，除非该列出现在聚合函数中，代码如下：

```
SELECT SUM(amount)
FROM Orders
GROUP BY users
HAVING SUM(amount) > 50
```

即使没有GROUP BY子句，HAVING的存在也会将查询转换为分组查询。这与查询包含聚合函数但不包含GROUP BY子句时的情况相同。查询将所有选中的行视为单个组，SELECT列表和HAVING子句只能从聚合函数中引用表列。如果HAVING条件为真，这样的查询将发出一行结果，如果不为真，则结果为零行。

5.5.7　OVER 聚合

OVER聚合计算一段有序行范围内的每个输入行的聚合值。与GROUP BY聚合相比，OVER聚合不会将每组的结果行数减少到单个行。相反，OVER聚合为每个输入行生成聚合值。

以下查询将为每个订单计算当前订单之前一小时内收到的同一产品的所有订单的金额总和：

```
SELECT order_id, order_time, amount,
  SUM(amount) OVER (
    PARTITION BY product
    ORDER BY order_time
    RANGE BETWEEN INTERVAL '1' HOUR PRECEDING AND CURRENT ROW
  ) AS one_hour_prod_amount_sum
FROM Orders
```

OVER聚合的语法如下：

```
SELECT
  agg_func(agg_col) OVER (
    [PARTITION BY col1[, col2, ...]]
    ORDER BY time_col
    range_definition),
  ...
FROM ...
```

OVER聚合是在一个有序的行序列上定义的。由于表没有固有的顺序，order by子句是必需的。对于流查询，Flink目前只支持以升序时间属性定义的OVER聚合，不支持其他顺序。

OVER聚合可以在分区表上定义。在存在PARTITION BY子句时，只对其分区上的每个输入行计算聚合。

范围定义指定聚合中包含多少行。范围是用一个BETWEEN子句定义的，该子句定义了上下边界。这些边界之间的所有行都包含在聚合中。Flink只支持CURRENT ROW作为上边界。有两个选项可以定义范围：ROWS间隔和RANGE间隔。

RANGE间隔是在ORDER BY列的值上定义的，在Flink中，它总是一个时间属性。以下RANGE间隔定义了将所有time属性小于当前行最多30分钟的行包含在聚合中：

```
RANGE BETWEEN INTERVAL '30' MINUTE PRECEDING AND CURRENT ROW
```

ROWS间隔是基于计数的间隔。它精确地定义了聚合中包含多少行。下面的ROWS间隔定义了在汇总中包含当前行和当前行之前的10行，因此总共11行：

```
ROWS BETWEEN 10 PRECEDING AND CURRENT ROW
WINDOW
```

WINDOW子句可用于在SELECT子句之外定义一个OVER窗口。它可以使查询更具可读性，还允许我们重用多个聚合的窗口定义，代码如下：

```
SELECT order_id, order_time, amount,
  SUM(amount) OVER w AS sum_amount,
  AVG(amount) OVER w AS avg_amount
FROM Orders
WINDOW w AS (
  PARTITION BY product
  ORDER BY order_time
  RANGE BETWEEN INTERVAL '1' HOUR PRECEDING AND CURRENT ROW)
```

5.5.8　连接查询

1. JOIN

Flink SQL支持复杂而灵活的动态表连接操作。有几种不同类型的连接，以适应查询可能需要的各种语义。

默认情况下，连接的顺序是不优化的。表按照FROM子句中指定的顺序进行连接。你可以调整连接查询的结果，首先列出更新频率最低的表，最后列出更新频率最高的表。

常规连接是通用的连接类型，其中任何新记录或连接两端的更改都是可见的，并且会影响连接结果的整体。例如，如果左侧有一条新记录，当产品id相等时，它将与右侧的所有以前和将来的记录合并，代码如下：

```
SELECT * FROM Orders
INNER JOIN Product
ON Orders.productId = Product.id
```

对于流查询，常规连接的语法是最灵活的，允许任何类型的更新（插入、更新、删除）输入表。然而，这个操作需要注意的是，它需要将连接输入的两边永远保持在Flink的状态中。因此，计算查询结果所需的状态可能会无限增长，这取决于所有输入表和中间连接结果的不同输入行数。你可以提供一个带有适当状态生存时间的查询配置，以防止状态过大。注意，这可能会影响查询结果的正确性。

对于流查询，计算查询结果所需的状态可能会无限增长，这取决于聚合的类型和不同分组键的数量。请提供具有有效保留间隔的查询配置，以防止状态过大。

INNER JOIN内连接查询返回一个受连接条件限制的简单笛卡儿积。目前，只支持相等连接，即至少有一个具有相等谓词的连接条件的连接，不支持任意的交叉或连接。

Flink支持LEFT、RIGHT和FULL外连接。外连接返回符合条件的笛卡儿积中的所有行（即通过其连接条件的所有组合行），加上连接条件与其他表中的任何行不匹配的外部表中的每一行的一个副本。目前，只支持等价连接，即至少有一个具有等价谓词的连接条件，不支持任意的交叉或连接。外连接代码如下：

```
SELECT *
FROM Orders
LEFT JOIN Product
ON Orders.product_id = Product.id

SELECT *
FROM Orders
RIGHT JOIN Product
ON Orders.product_id = Product.id

SELECT *
FROM Orders
FULL OUTER JOIN Product
ON Orders.product_id = Product.id
```

间隔连接返回一个受连接条件和时间限制的简单笛卡儿积。间隔连接至少需要一个等效连接谓词和一个连接条件，该连接条件限定了两端的时间。两个适当的范围谓词可以定义这样一个条件（<、<=、>=、>），一个BETWEEN谓词或者一个等式谓词用于比较两个输入表的相同类型的时间属性（例如处理时间或事件时间）。

例如，如果商家是在收到订单4小时后发货的，那么该查询将把所有订单与相应的发货连接起来：

```
SELECT *
FROM Orders o, Shipments s
WHERE o.id = s.order_id
AND o.order_time BETWEEN s.ship_time - INTERVAL '4' HOUR AND s.ship_time
```

以下谓词是有效的间隔连接条件示例：

- ltime = rtime。
- ltime >= rtime AND ltime < rtime + INTERVAL '10' MINUTE。
- ltime BETWEEN rtime - INTERVAL '10' SECOND AND rtime + INTERVAL '5' SECOND。

对于流查询，与常规连接相比，间隔连接只支持带有时间属性的仅追加表。由于时间属性是准单调递增的，Flink可以在不影响结果正确性的情况下从其状态中删除旧值。

2. UNION

UNION和UNION ALL返回在任意一个表中找到的行。UNION只保留不重复的行，而UNION ALL保留结果行中重复的行。

例如，使用以下代码创建两个视图t1和t2：

```
Flink SQL> create view t1(s) as values ('c'), ('a'), ('b'), ('b'), ('c');
Flink SQL> create view t2(s) as values ('d'), ('e'), ('a'), ('b'), ('b');
```

使用UNION合并两个视图的数据，将自动去除重复数据：

```
Flink SQL> (SELECT s FROM t1) UNION (SELECT s FROM t2);
+---+
| s|
+---+
| c|
| a|
| b|
| d|
| e|
+---+
```

使用UNION ALL合并两个视图的数据，将保留所有数据：

```
Flink SQL> (SELECT s FROM t1) UNION ALL (SELECT s FROM t2);
+---+
| c|
+---+
| c|
| a|
```

```
|  b|
|  b|
|  c|
|  d|
|  e|
|  a|
|  b|
|  b|
+---+
```

INTERSECT和INTERSECT ALL返回在两个表中找到的行。INTERSECT只取相同的行（即两个表的交集），不包含重复数据。而INTERSECT ALL只取相同的行（即两个表的交集），包含重复数据。例如以下代码：

```
Flink SQL> (SELECT s FROM t1) INTERSECT (SELECT s FROM t2);
+---+
|  s|
+---+
|  a|
|  b|
+---+

Flink SQL> (SELECT s FROM t1) INTERSECT ALL (SELECT s FROM t2);
+---+
|  s|
+---+
|  a|
|  b|
|  b|
+---+
```

EXCEPT和EXCEPT ALL排除一个表在另一个表中存在的行。EXCEPT将去除结果数据的重复数据，而EXCEPT ALL保留结果数据的重复数据。例如以下代码：

```
Flink SQL> (SELECT s FROM t1) EXCEPT (SELECT s FROM t2);
+---+
| s |
+---+
| c |
+---+

Flink SQL> (SELECT s FROM t1) EXCEPT ALL (SELECT s FROM t2);
+---+
| s |
+---+
| c |
| c |
+---+
```

5.6 TopN 查询

TopN查询是大数据中常见的查询需求。最小值集和最大值集都被认为是TopN查询。TopN查询主要用于需要显示指定条件下批处理/流表中每一组数据最下面的N条或最上面的N条记录的情况。该结果集可用于进一步分析。

5.6.1 OVER 子句

Flink 使用 OVER 窗口子句和过滤条件的组合来表示 TopN 查询。通过 OVER 窗口 PARTITION BY子句的强大功能，Flink还支持每个组的TopN，例如每个类别中销售额最高的前5种产品。

使用OVER窗口子句可以在查询结果中对每个分组的数据按照其排列的顺序添加一列行号（从1开始），根据行号可以方便地对每一组数据取前N行（分组取TopN）。OVER窗口子句的语法如下：

```
ROW_NUMBER() OVER ([PARTITION BY 列1[, 列2...]]
     ORDER BY 列1 [asc|desc][, 列2 [asc|desc]...]) AS rownum
```

上述语法说明如下：

- ROW_NUMBER(): 根据分区内的行顺序为每一行分配一个唯一的、连续的编号，从1开始。目前，Flink只支持ROW_NUMBER()。在未来将支持RANK()和DENSE_RANK()。
- PARTITION BY: 指定分组（分区）列，按照某一列进行分组。每个分组都有一个TopN结果。
- ORDER BY: 指定排序列，即分组后按照某一列进行组内排序。排序方向（升序或降序）在不同的列上可以不同。
- asc/desc: 升序/降序，默认升序。
- rownum: 行号列的名称。

批处理表和流表上的SQL支持TopN查询。将OVER窗口子句嵌入SQL中实现TopN语句的完整语法如下：

```
SELECT [列1,列2...]
FROM (
   SELECT [列1,列2…],
     ROW_NUMBER() OVER ([PARTITION BY 列1[, 列2...]]
       ORDER BY 列1 [asc|desc][, 列2 [asc|desc]...]) AS rownum
   FROM 表名)
WHERE rownum <= N [AND 其他条件]
```

上述语法说明如下：

- WHERE rownum <= N: rownum <= N是TopN查询所必需的。N表示每一组将保留N个最小或最大的记录。

- [AND　其他条件]：可以在WHERE子句中自由添加其他条件，但其他条件只能使用AND与
  rownum <= N进行组合。

需要注意的是，TopN查询必须严格遵循上述模式，否则Flink优化器将无法翻译查询。

例如下面的示例，在流表上指定具有TopN的SQL查询，获得"每个类别中即时销量最高的前5款产品"：

```
-- 产品销量表
CREATE TABLE ShopSales (
    product_id   STRING,  -- 产品ID
    category     STRING,  -- 产品类别
    product_name STRING,  -- 产品名称
    sales        BIGINT   -- 产品销量
) WITH (...);

-- TopN查询语句
SELECT *
FROM (
  SELECT *,
    ROW_NUMBER() OVER (PARTITION BY category ORDER BY sales DESC) AS row_num
  FROM ShopSales)
WHERE row_num <= 5
```

上面的TopN查询语句查询结果包含row_num字段，如果将查询结果写入指定的结果表中，可能会产生大量冗余记录。例如，当排名9的记录（比如product_id为1001）被更新，并且排名提升到1时，排名1 ~ 9的所有记录都会作为更新消息输出到结果表中。如果结果表接收的数据太多，就会成为SQL作业的瓶颈。优化方法是在TopN查询的外层SELECT子句中省略row_num字段，即将查询所有列改为查询指定的列。这是合理的，因为前N条记录的数量通常不是很大，因此可以自己从结果表中快速地对记录进行排序。在上面的查询中，如果结果中没有row_num字段，只需要将更改的记录（product_id 为1001）发送到下游，这可以减少结果表的大量IO。对上面的TopN查询进行优化，查询语句如下：

```
-- 查询结果中不包含row_num字段
SELECT product_id, category, product_name, sales
FROM (
  SELECT *,
    ROW_NUMBER() OVER (PARTITION BY category ORDER BY sales DESC) AS row_num
  FROM ShopSales)
WHERE row_num <= 5
```

在流处理中，TopN查询的结果可以动态更新。Flink SQL将根据唯一键对输入数据流进行排序，因此如果排名前N的记录发生了更改，更改后的记录将作为撤销/更新记录发送到下游。建议使用支持更新的存储系统来存储TopN的查询结果。此外，如果TopN记录需要存储在外部存储中，为了将上述查询输出到外部存储并得到正确的结果，结果表应该与TopN查询具有相同的唯一键。在上面的示例查询中，如果product_id是查询的唯一键，那么外部结果表也应该使用product_id作为唯一键。

5.6.2 示例：计算产品类别销售额 TopN

本例假设有一个存储产品类别销售额数据的文件sales.csv（字段分别为日期、产品类别、销售额），内容如下：

```
2021-06-01,A,500
2021-06-01,B,600
2021-06-01,C,550
2021-06-02,A,700
2021-06-02,B,800
2021-06-02,C,880
2021-06-03,A,790
2021-06-03,B,700
2021-06-03,C,980
2021-06-04,A,920
2021-06-04,B,990
2021-06-04,C,680
```

使用Flink SQL编写应用程序，统计sales.csv文件每一个产品类别的销售额前3名（分组求TopN）。

首先需要在Maven项目的pom.xml中添加支持读取CSV文件的Flink依赖：

```xml
<dependency>
    <groupId>org.apache.flink</groupId>
    <artifactId>flink-csv</artifactId>
    <version>1.13.0</version>
</dependency>
```

然后编写Flink SQL应用程序，完整代码如下：

```scala
import org.apache.flink.table.api.{EnvironmentSettings, _}
/**
 * 统计每一个产品类别的销售额前3名（相当于分组求TopN）
 */
object SQL_Over_TopN {
  def main(args: Array[String]): Unit = {
    //1.创建批表执行环境
    val settings = EnvironmentSettings
      .newInstance()
      .useBlinkPlanner()
      .inBatchMode()//批模式
      .build()
    val tableEnv = TableEnvironment.create(settings)

    //2.创建数据源表，读取CSV文件数据
    //字段：日期、产品类别、销售额
    tableEnv.executeSql(
      """
```

```
CREATE TABLE t_sales(
    `date` STRING,
    `type` STRING,
    money INT
) WITH (
  'connector' = 'filesystem',
  'path' = 'D:\\input\\sales.csv',
  'format' = 'csv'
)
"""
)
//3.执行TopN查询，并打印结果
tableEnv.executeSql(
    """
    select `date`,`type`,money,rownum
    from(
        select `date`,`type`,money,
            row_number() over (partition by `type` order by money desc)
rownum
        from t_sales) t
    where t.rownum<=3
    """
).print()

}
}
```

直接在IDEA中运行上述程序，控制台输出结果如下：

```
+----------+----+-----+----+
|      date|type|money|rank|
+----------+----+-----+----+
|2021-06-04|   B|  990|   1|
|2021-06-02|   B|  800|   2|
|2021-06-03|   B|  700|   3|
|2021-06-03|   C|  980|   1|
|2021-06-02|   C|  880|   2|
|2021-06-04|   C|  680|   3|
|2021-06-04|   A|  920|   1|
|2021-06-03|   A|  790|   2|
|2021-06-02|   A|  700|   3|
+----------+----+-----+----+
```

5.6.3　示例：搜索词热度统计

本例根据用户上网的搜索记录对每天的热点搜索词进行统计，以了解用户所关心的热点话题。

搜索记录来源于日志文件keywords.csv，数据格式如下：

```
日期           用户ID  搜索词
2021-10-01,tom,小吃街
2021-10-01,jack,谷歌浏览器
2021-10-01,jack,小吃街
2021-10-01,look,小吃街
2021-10-01,steven,烤肉
2021-10-01,lojas,烤肉
2021-10-01,look,小吃街
2021-10-02,marry,安全卫士
2021-10-02,tom,名胜古迹
2021-10-02,marry,安全卫士
2021-10-02,leo,名胜古迹
2021-10-03,tom,名胜古迹
2021-10-03,leo,小吃街
```

接下来使用Flink SQL编写应用程序，统计每天搜索数量最多的搜索词前3名（同一天中同一用户多次搜索同一个搜索词视为一次）。

首先需要在Maven项目的pom.xml中添加支持读取CSV文件的Flink依赖：

```xml
<dependency>
    <groupId>org.apache.flink</groupId>
    <artifactId>flink-csv</artifactId>
    <version>1.13.0</version>
</dependency>
```

然后编写Flink SQL应用程序，完整代码如下：

```scala
import org.apache.flink.table.api.{EnvironmentSettings, _}
/**
  * 统计每天搜索数量最多的搜索词前3名
  * （同一天中同一用户多次搜索同一个搜索词视为一次）
  */
object SQL_Over_TopN_02 {
    def main(args: Array[String]): Unit = {
        //1.创建批表执行环境
        val settings = EnvironmentSettings
          .newInstance()
          .useBlinkPlanner()
          .inBatchMode()
          .build()
        val tableEnv = TableEnvironment.create(settings)

        //2.创建数据源表，读取keywords.csv文件数据
        //字段：日期、用户ID、搜索词
        tableEnv.executeSql(
            """
            CREATE TABLE user_keywords(
                `date` STRING,
```

```
        user_id STRING,
        keyword STRING
    ) WITH (
      'connector' = 'filesystem',
      'path' = 'D:\input\data\keywords.csv',
      'format' = 'csv'
    )
    """
)
```

```
//3.执行分组查询，获得搜索词uv
//根据(日期,关键词)进行分组，获取每天每个搜索词被哪些用户进行搜索
//同时对用户ID进行去重，并统计去重后的数量，获得其uv
val uvTable=tableEnv.sqlQuery(
    """
      |SELECT
      |    `date`,keyword,COUNT(DISTINCT user_id) as uv
      |FROM user_keywords
      |GROUP BY `date`,keyword
    """.stripMargin
)
```

```
//4.执行TopN查询，并打印结果
//使用over子句根据日期分组，统计每天搜索uv排名前3的搜索词
tableEnv.executeSql(
    s"""
    SELECT `date`,keyword,uv
    from(
        select `date`,keyword,uv,
            row_number() over (partition by `date` order by uv desc) rownum
        from ${uvTable}) t
    where t.rownum<=3
    """
).print()
```

```
    }
}
```

直接在IDEA中运行上述程序，控制台输出结果如下：

```
+----------+----------+-----+
|      date|   keyword|   uv|
+----------+----------+-----+
|2021-10-01|    小吃街|    3|
|2021-10-01|      烤肉|    2|
|2021-10-01| 谷歌浏览器|    1|
|2021-10-02|  名胜古迹|    2|
|2021-10-02|  安全卫士|    1|
|2021-10-03|  名胜古迹|    1|
```

```
|2021-10-03|      小吃街|    1|
+----------+----------+----+
```

本例的统计数据转化流程如图5-20所示。

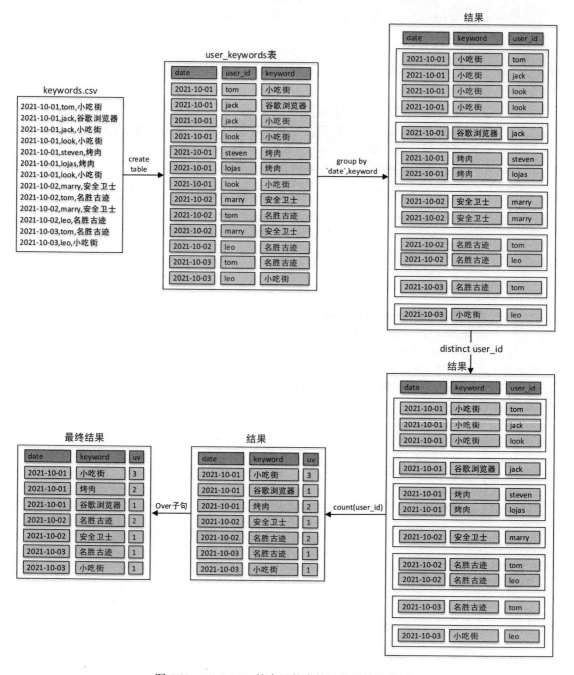

图 5-20　Flink SQL 搜索词热度统计数据转化流程

5.6.4　窗口 TopN

Window TopN是一个特殊的TopN，它为每个窗口和其他分区键返回N个最小或最大的值。

对于流查询，与连续表上的常规TopN不同，窗口TopN不发出中间结果，而只发出最终结果，即窗口末尾的TopN记录总数。此外，当不再需要窗口时，窗口TopN会清除所有中间状态。因此，如果用户不需要根据每个记录更新结果，窗口TopN查询具有更好的性能。通常，窗口TopN与窗口聚合一起使用。

窗口TopN可以用与常规TopN相同的语法定义。除此之外，窗口TopN要求PARTITION BY子句包含应用于窗口函数或窗口聚合的关系的window_start和window_end列。否则，优化器将无法转换查询。

窗口TopN语句的语法如下：

```
SELECT [column_list]
FROM (
   SELECT [column_list],
     ROW_NUMBER() OVER (PARTITION BY window_start, window_end [, col_key1...]
       ORDER BY col1 [asc|desc][, col2 [asc|desc]...]) AS rownum
   FROM table_name) -- 应用窗口函数
WHERE rownum <= N [AND conditions]
```

假设有一张表Bid，表数据如下：

```
Flink SQL> SELECT * FROM Bid;
+------------------+-------+------+-------------+
|      bidtime     | price | item | supplier_id |
+------------------+-------+------+-------------+
| 2020-04-15 08:05 |  4.00 |   A  |  supplier1  |
| 2020-04-15 08:06 |  4.00 |   C  |  supplier2  |
| 2020-04-15 08:07 |  2.00 |   G  |  supplier1  |
| 2020-04-15 08:08 |  2.00 |   B  |  supplier3  |
| 2020-04-15 08:09 |  5.00 |   D  |  supplier4  |
| 2020-04-15 08:11 |  2.00 |   B  |  supplier3  |
| 2020-04-15 08:13 |  1.00 |   E  |  supplier1  |
| 2020-04-15 08:15 |  3.00 |   H  |  supplier2  |
| 2020-04-15 08:17 |  6.00 |   F  |  supplier5  |
+------------------+-------+------+-------------+
```

现要计算每10分钟窗口内销售额最高的前3家供应商，代码如下：

```
Flink SQL> SELECT *
  FROM (
    SELECT *, ROW_NUMBER() OVER (PARTITION BY window_start, window_end ORDER
BY price DESC) as rownum
    FROM (
      SELECT window_start, window_end, supplier_id, SUM(price) as price,
COUNT(*) as cnt
      FROM TABLE(
        TUMBLE(TABLE Bid, DESCRIPTOR(bidtime), INTERVAL '10' MINUTES))
      GROUP BY window_start, window_end, supplier_id
    )
```

```
) WHERE rownum <= 3;
```

执行结果如下：

```
+------------------+------------------+-------------+-------+-----+------+
|   window_start   |   window_end     | supplier_id | price | cnt | rownum |
+------------------+------------------+-------------+-------+-----+------+
| 2020-04-15 08:00 | 2020-04-15 08:10 |  supplier1  | 6.00  |  2  |    1 |
| 2020-04-15 08:00 | 2020-04-15 08:10 |  supplier4  | 5.00  |  1  |    2 |
| 2020-04-15 08:00 | 2020-04-15 08:10 |  supplier2  | 4.00  |  1  |    3 |
| 2020-04-15 08:10 | 2020-04-15 08:20 |  supplier5  | 6.00  |  1  |    1 |
| 2020-04-15 08:10 | 2020-04-15 08:20 |  supplier2  | 3.00  |  1  |    2 |
| 2020-04-15 08:10 | 2020-04-15 08:20 |  supplier3  | 2.00  |  1  |    3 |
+------------------+------------------+-------------+-------+-----+------+
```

注意，为了更好地理解窗口的行为，上述内容简化了时间戳值的显示，不显示末尾的零。例如，当类型为timestamp(3)时，2020-04-15 08:05在Flink SQL Client中应该显示为2020-04-15 08:05:00.000。

5.7 Catalog 元数据管理

Catalog是Flink的元数据管理中心，提供了元数据信息，其中元数据包括数据库、表、分区、视图或其他外部系统中存储的函数和信息。

Flink的Catalog提供了一个统一的API，用于管理元数据，并使其可以使用Table API和SQL访问元数据。

在代码层面，Catalog是Flink定义的一个接口，定义代码如下：

```
public interface Catalog {
    ...
}
```

该接口负责从已注册的Catalog中读取和写入元数据（数据库、表、视图、UDF）。它连接已注册的Catalog和Flink的Table API。该接口只处理永久元数据对象。为了处理临时对象，可以使用TemporaryOperationListener接口。

Catalog接口中主要定义了以下方法。

1. 数据库操作

```
//获取此Catalog的默认数据库的名称。当用户没有指定当前数据库时，将使用默认数据库
String getDefaultDatabase()
//获取此Catalog中所有数据库的名称
List<String> listDatabases()
//从该Catalog中获取一个数据库
CatalogDatabase getDatabase(String databaseName)
//检查此Catalog中是否存在某个数据库
```

```
boolean databaseExists(String databaseName)
//创建一个数据库
void createDatabase(String name, CatalogDatabase database, boolean
ignoreIfExists)
//删除数据库
void dropDatabase(String name, boolean ignoreIfNotExists, boolean cascade)
//修改数据库
void alterDatabase(String name, CatalogDatabase newDatabase, boolean
ignoreIfNotExists)
```

2. 表操作

```
//获取指定数据库下所有表和视图的名称。如果不存在，则返回空列表
List<String> listTables(String databaseName)
//获取指定数据库下所有视图的名称。如果不存在，则返回空列表
List<String> listViews(String databaseName)
//获取指定的表或视图
CatalogBaseTable getTable(ObjectPath tablePath)
//检查此Catalog中是否存在某个表或视图
boolean tableExists(ObjectPath tablePath)
//删除表或视图
void dropTable(ObjectPath tablePath,boolean ignoreIfNotExists)
//重命名一个已经存在的表或视图
void renameTable(ObjectPath tablePath, String newTableName, boolean
ignoreIfNotExists)
//创建表或视图
void createTable(ObjectPath tablePath, CatalogBaseTable table, boolean
ignoreIfExists)
//修改表或视图。不允许将普通表更改为分区表，或将视图更改为表，反之亦然
void alterTable(ObjectPath tablePath, CatalogBaseTable newTable,
boolean ignoreIfNotExists)
```

3. 分区操作

```
//列出表的所有分区
List<CatalogPartitionSpec> listPartitions(ObjectPath tablePath)
//获取给定表的一个分区
CatalogPartition getPartition(ObjectPath tablePath,CatalogPartitionSpec
partitionSpec)
//检查分区是否存在
boolean partitionExists(ObjectPath tablePath,CatalogPartitionSpec
partitionSpec)
//删除分区
void dropPartition(ObjectPath tablePath,CatalogPartitionSpec partitionSpec,
boolean ignoreIfNotExists)
//修改分区
void alterPartition(ObjectPath tablePath,
                CatalogPartitionSpec partitionSpec,
```

```
CatalogPartition newPartition,
boolean ignoreIfNotExists)
```

除了上述操作外，还包含函数等相关操作。

Catalog接口的主要实现类如图5-21所示。

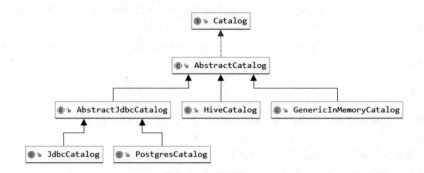

图 5-21　Catalog 接口实现类

相关实现类的解析如下：

- HiveCatalog：基于Hive的Catalog实现，使用 Hive 的元数据存储来作为 Flink 的Catalog。HiveCatalog实际上是通过Hive的MetastoreClient访问Hive的元数据的。
- GenericInMemoryCatalog：基于内存的Catalog实现，在内存中保存元数据，所有元数据只在应用程序会话的生命周期内可用（默认使用此方式）。
- JdbcCatalog：基于JDBC的Catalog实现，使用支持JDBC协议的关系型数据库来存储元数据。JdbcCatalog使得用户可以将Flink通过JDBC协议连接到关系数据库。
- PostgresCatalog：基于PostgreSQL数据库的Catalog实现，使用PostgreSQL数据库来作为Catalog存储元数据。
- 自定义Catalog：Catalog是可扩展的，可以通过实现Catalog接口来开发自定义Catalog。

5.8　Flink SQL 整合 Kafka

在Flink生态体系中，Kafka占有非常重要的位置。Kafka是一个使用Scala语言编写的基于ZooKeeper的高吞吐量低延迟的分布式发布与订阅消息系统，它可以实时处理大量消息数据以满足各种需求，比如基于Hadoop的批处理系统、低延迟的实时系统等。即便使用非常普通的硬件，Kafka每秒也可以处理数百万条消息，其延迟最低只有几毫秒。

在实际开发中，Kafka常常作为Flink的实时数据源，Flink从Kafka中读取实时消息进行处理，保证了数据的可靠性与实时性。二者是实时消息处理系统的重要组成部分。

5.8.1　基本概念

Flink集成了通用的Kafka连接器，用于消费Kafka中的数据或向Kafka中写入数据。使用时首先需要在Maven项目的pom.xml中添加以下内容，引入Flink Kafka连接器的依赖库。

```
<dependency>
<groupId>org.apache.flink</groupId>
<artifactId>flink-connector-kafka_2.11</artifactId>
<version>1.13.0</version>
</dependency>
```

如果需要读取Kafka中的JSON数据并解析，需要引入以下依赖：

```
<dependency>
    <groupId>org.apache.flink</groupId>
    <artifactId>flink-json</artifactId>
    <version>1.13.0</version>
</dependency>
```

如果需要读取Kafka中的CSV数据并解析，需要引入以下依赖：

```
<dependency>
    <groupId>org.apache.flink</groupId>
    <artifactId>flink-csv</artifactId>
    <version>1.13.0</version>
</dependency>
```

如果需要读取Kafka中的Apache Avro数据并解析，需要引入以下依赖：

```
<dependency>
    <groupId>org.apache.flink</groupId>
    <artifactId>flink-sql-avro</artifactId>
    <version>1.13.0</version>
</dependency>
```

　　然后可以通过在应用程序中使用Flink SQL创建Source表（即Kafka Source）和Sink表（即Kafka Sink）的方式读写Kafka数据。Source表创建后，可以对该表进行数据查询、窗口计算、ETL等操作。如果希望将操作结果写入Kafka，只需将结果写入Sink表即可，非常方便。

　　Source表在定义时需要通过WITH关键字指定Kafka的连接属性。这样在执行创建Source表的SQL语句时，Flink会连接Kafka读取相应主题的数据，同时将数据按照字段对应写入Source表（根据指定的数据格式把二进制数据映射到表的列上）。例如以下SQL语句，创建表KafkaTable，表数据来源于Kafka主题user_behavior的CSV格式数据：

```
CREATE TABLE KafkaTable (
  `user_id` BIGINT,
  `item_id` BIGINT,
  `behavior` STRING,
  `ts` TIMESTAMP(3) METADATA FROM 'timestamp'
) WITH (
  'connector' = 'kafka',
  'topic' = 'user_behavior',
  'properties.bootstrap.servers' = 'centos01:9092, centos02:9092,
centos03:9092',
  'properties.group.id' = 'testGroup',
```

```
'scan.startup.mode' = 'earliest-offset',
'format' = 'csv'
)
```

Kafka的常用连接属性及描述如表5-2所示。

表5-2　Flink SQL连接Kafka的常用属性及描述

属　　性	是否必选	数据类型	描　　述
connector	必选	String	指定使用的连接器，Kafka 连接器的值为 kafka，JDBC 连接器的值为 jdbc。注意，不同连接器对应的其余属性不同，此处只讲解 Kafka 连接器
topic	必选	String	Kafka 记录的主题名称。支持用分号间隔的主题列表，如 topic-1;topic-2。注意，对 Source 表而言，topic 和 topic-pattern 两个属性只能使用其中一个。当表被用作 Sink 时，该属性表示写入的主题名，Sink 表不支持主题列表
topic-pattern	可选	String	匹配读取主题名称的正则表达式。在作业开始运行时，所有匹配该正则表达式的主题都将被 Kafka 消费者订阅。注意，对 Source 表而言，topic 和 topic-pattern 两个属性只能使用其中一个
properties.bootstrap.servers	必选	String	逗号分隔的 Kafka Broker 列表
properties.group.id	Source 表必选	String	Kafka 源的消费组 ID。Kafka 作为 Sink 时可选
properties.*	可选	String	可以设置任意的 Kafka 允许的配置项。例如，可以通过 'properties.allow.auto.create.topics' = 'false'来禁用 Kafka 主题的自动创建。但是某些配置项不支持配置，因为 Flink 会覆盖这些配置，例如'key.deserializer'和'value.deserializer'
format	必选	String	用于序列化或反序列化 Kafka 消息的格式。表格式是一种存储格式，定义了如何把二进制数据映射到表的列上。常用的格式有 JSON、CSV、Avro、Parquet 等。注意，该配置项和 value.format 二者必须配置其中一个
value.format	必选	String	用于序列化或反序列化 Kafka 消息的格式。注意，该配置项和 format 二者必须配置其中一个
scan.startup.mode	可选	String	配置 Kafka 消费者的启动模式。有效值为： • group-offsets（默认值）：从 Zookeeper/Kafka 中某个指定的消费组已提交的偏移量开始。 • earliest-offset：从可能的最早偏移量开始。
scan.startup.mode	可选	String	• latest-offset：从最末尾偏移量开始。 • timestamp：从用户为每个分区指定的时间戳开始。 • specific-offsets：从用户为每个分区指定的偏移量开始

（续表）

属　　性	是否必选	数据类型	描　　述
sink.partitioner	可选	String	Flink 分区到 Kafka 分区的映射关系，可选值有： • default（默认值）：使用 Kafka 默认的分区器对消息进行分区。 • fixed：每个 Flink 分区对应最多一个 Kafka 分区 • round-robin：Flink 分区按轮循的模式对应到 Kafka 分区。只有当未指定消息的消息键时生效 • 自定义 FlinkKafkaPartitioner 的子类：例如 org.mycompany.MyPartitioner

5.8.2　示例：Flink SQL 整合 Kafka 实现实时 ETL

本例讲解使用Flink SQL实时读取Kafka中的用户订单流数据进行处理，筛选出订单状态为success的数据，并将结果流数据写回Kafka。

JSON格式的用户订单流数据（字段为用户ID、购买的商品ID、订单状态）如下：

```
{"user_id": "1", "product_id":"1", "status": "success"}
{"user_id": "2", "product_id":"1", "status": "success"}
{"user_id": "2", "product_id":"2", "status": "success"}
{"user_id": "3", "product_id":"3", "status": "fail"}
{"user_id": "4", "product_id":"3", "status": "fail"}
```

1. 程序编写

使用Flink SQL编写应用程序的具体操作步骤如下。

由于是流处理，首先需要创建一个流执行环境StreamExecutionEnvironment，代码如下：

```
val env = StreamExecutionEnvironment.getExecutionEnvironment
```

然后通过创建EnvironmentSettings实例定义初始化表环境所需要的参数。这些参数只在实例化表环境（TableEnvironment）时使用，之后不能更改，代码如下：

```
//创建EnvironmentSettings实例并设置参数
val settings = EnvironmentSettings
  .newInstance()          //创建一个用于创建EnvironmentSettings实例的构建器
  .useBlinkPlanner()      //将Blink计划器设置为所需的模块（默认）
  .inStreamingMode()      //设置组件以流模式工作，默认启用
  .build()                //创建一个不可变的EnvironmentSettings实例
```

接下来使用StreamTableEnvironment的create()方法实例化一个流式表环境，该环境用于创建与DataStream API集成的表和使用SQL API程序的入口点和中央上下文。它统一用于有界和无界数据处理。

```
val tableEnv: StreamTableEnvironment = StreamTableEnvironment.create(env,
settings)
```

接下来使用StreamTableEnvironment的executeSql()方法执行SQL语句，创建Kafka Source表input_table，表数据来源于Kafka主题topic01，此时Flink作为Kafka的消费者，代码如下：

```
tableEnv.executeSql(
    "CREATE TABLE input_table (" +
    "  `user_id` BIGINT," +
    "  `product_id` BIGINT," +
    "  `status` STRING" +
    ") WITH (" +
    "  'connector' = 'kafka'," +
    "  'topic' = 'topic01'," +
    "  'properties.bootstrap.servers' = 'centos01:9092,centos02:9092,
centos03:9092'," +
    "  'properties.group.id' = 'testGroup'," +
    "  'scan.startup.mode' = 'latest-offset'," +
    "  'format' = 'json'" +
    ")"
)
```

Kafka相关连接属性的解析见表5-2。

表input_table创建后，接下来使用StreamTableEnvironment的sqlQuery()方法对该表进行SQL查询，筛选订单状态为success的数据，代码如下：

```
val inputTable: Table=tableEnv.sqlQuery("" +
    "select " +
    "user_id," +
    "product_id," +
    "status " +
    "from input_table " +
    "where status = 'success'"
)
```

接下来将查询结果（Table类型）转为数据流（DataStream类型）并输出到控制台，代码如下：

```
inputTable.toRetractStream[Row].print()
```

接下来使用StreamTableEnvironment的executeSql()方法执行SQL语句，创建Kafka Sink表output_table，表数据将被写入Kafka主题topic02，此时Flink作为Kafka的生产者，代码如下：

```
tableEnv.executeSql(
    "CREATE TABLE output_table (" +
    "  `user_id` BIGINT," +
    "  `product_id` BIGINT," +
    "  `status` STRING" +
    ") WITH (" +
    "  'connector' = 'kafka'," +
    "  'topic' = 'topic02'," +
    "  'properties.bootstrap.servers' = 'centos01:9092,centos02:9092,
centos03:9092'," +
    "  'format' = 'json'," +
    "  'sink.partitioner' = 'round-robin'" +
    ")"
)
```

Kafka相关连接属性的解析见表5-2。

接下来继续使用StreamTableEnvironment的executeSql()方法执行SQL语句，将查询结果写入Kafka Sink表output_table，代码如下：

```
tableEnv.executeSql("insert into output_table select * from "+inputTable)
```

最后触发任务执行：

```
env.execute("MyJob")
```

本例应用程序的完整代码如下：

```scala
import org.apache.flink.streaming.api.scala._
import org.apache.flink.table.api._
import org.apache.flink.table.api.bridge.scala._
import org.apache.flink.types.Row
/**
  * Flink SQL实时读取Kafka数据，处理后写入Kafka
  */
object Demo04_SQL_Kafka {
    def main(args: Array[String]): Unit = {
        //1.创建表执行环境
        val env = StreamExecutionEnvironment.getExecutionEnvironment
        val settings = EnvironmentSettings
          .newInstance()
          .useBlinkPlanner()
          .inStreamingMode()
          .build()
        val tableEnv = StreamTableEnvironment.create(env, settings)

        //2.创建Kafka Source
        tableEnv.executeSql(
          "CREATE TABLE input_table (" +
          " `user_id` BIGINT," +
          " `product_id` BIGINT," +
          " `status` STRING" +
          ") WITH (" +
          " 'connector' = 'kafka'," +
          " 'topic' = 'topic01'," +
          " 'properties.bootstrap.servers' = 'centos01:9092,centos02:9092,
centos03:9092'," +
          " 'properties.group.id' = 'testGroup'," +
          " 'scan.startup.mode' = 'latest-offset'," +
          " 'format' = 'json'" +
          ")"
        )

        //3.执行查询：查询订单状态为success的数据
        val inputTable: Table=tableEnv.sqlQuery("" +
          "select " +
```

```
            "user_id," +
            "product_id," +
            "status " +
            "from input_table " +
            "where status = 'success'"
        )
        //将查询结果Table转为流，输出到控制台
        inputTable.toRetractStream[Row].print()

        //4.创建Kafka Sink
        tableEnv.executeSql(
            "CREATE TABLE output_table (" +
            "  `user_id` BIGINT," +
            "  `product_id` BIGINT," +
            "  `status` STRING" +
            ") WITH (" +
            "  'connector' = 'kafka'," +
            "  'topic' = 'topic02'," +
            "  'properties.bootstrap.servers' = 'centos01:9092,centos02:9092,
centos03:9092'," +
            "  'format' = 'json'," +
            "  'sink.partitioner' = 'round-robin'" +
            ")"
        )

        //5.向Kafka Sink写入数据
        tableEnv.executeSql("insert into output_table select * from
"+inputTable)
        //6.触发执行
        env.execute("MyJob")
    }
}
```

2. 程序运行

本例仍然使用3个节点（centos01、centos02和centos03）进行应用程序的运行测试。ZooKeeper与Kafka集群的搭建此处不做讲解。

（1）启动 ZooKeeper 集群

分别在3个节点上执行以下命令，启动ZooKeeper集群（需进入ZooKeeper安装目录）：

```
$ bin/zkServer.sh start
```

（2）启动 Kafka 集群

分别在3个节点上执行以下命令，启动Kafka集群（需进入Kafka安装目录）：

```
$ bin/kafka-server-start.sh -daemon config/server.properties
```

集群启动后，分别在各个节点上执行jps命令，查看启动的Java进程，若能输出如下进程信息，说明启动成功。

```
2848 jps
2518 QuorumPeerMain
2795 Kafka
```

（3）创建 Kafka 主题

在Kafka中创建主题topic01：

```
$ bin/kafka-topics.sh \
--create \
--zookeeper centos01:2181,centos02:2181,centos03:2181 \
--replication-factor 2 \
--partitions 2 \
--topic topic01
```

上述代码中各参数含义如下：

- **--create：** 指定命令的动作是创建主题，使用该命令必须指定--topic参数。
- **--topic：** 所创建的主题名称。
- **--partitions：** 所创建主题的分区数。
- **--zookeeper：** 指定ZooKeeper集群的访问地址。
- **--replication-factor：** 所创建主题的分区副本数，其值必须小于等于Kafka的节点数。

在Kafka中创建主题topic02：

```
$ bin/kafka-topics.sh \
--create \
--zookeeper centos01:2181,centos02:2181,centos03:2181 \
--replication-factor 2 \
--partitions 2 \
--topic topic02
```

（4）创建生产者

Kafka生产者作为消息生产角色，可以使用Kafka自带的命令工具创建一个简单的生产者。例如，在主题topic01上创建一个生产者，命令如下：

```
$ bin/kafka-console-producer.sh \
--broker-list centos01:9092,centos02:9092,centos03:9092 \
--topic topic01
```

上述代码中各参数含义如下：

- **--broker-list：** 指定Kafka Broker的访问地址，只要能访问其中一个即可连接成功，若想写多个，则用逗号隔开。建议将所有的Broker都写上，如果只写其中一个，该Broker失效，连接将失败。注意此处的Broker访问端口为9092，Broker通过该端口接收生产者和消费者的请求，该端口在安装Kafka时已经指定。
- **--topic：** 指定生产者发送消息的主题名称。

创建完成后，控制台进入等待键盘输入消息的状态。

（5）创建消费者

新开启一个SSH连接窗口（可连接Kafka集群中的任意一个节点），在主题topic02上创建一个消费者，命令如下：

```
$ bin/kafka-console-consumer.sh \
--bootstrap-server centos01:9092,centos02:9092,centos03:9092 \
--topic topic02
```

上述代码中，参数--bootstrap-server用于指定Kafka Broker访问地址。

创建完成后，控制台进入接收消息的状态。

（6）IDEA运行程序

在IDEA中直接运行程序，等待控制台输出。

（7）观察控制台结果

在Kafka生产者控制台输入订单消息后按回车键（默认一行作为一个消息）即可将消息发送到Kafka集群，如图5-22所示。

图 5-22　Kafka 生产者控制台生产订单消息

此时观察IDEA控制台输出的查询结果，发现已过滤出订单状态为success的数据，如图5-23所示。

观察Kafka消费者控制台接收到的结果消息，发现内容一致，如图5-24所示。

图 5-23　IDEA 控制台输出订单数据的查询结果

图 5-24　Kafka 消费者控制台接收的消息

5.9　Flink SQL CLI

Flink SQL CLI是Flink提供的SQL交互式客户端命令行界面，用于向Flink提交SQL查询并将结果可视化，能够在命令行中检索和可视化分布式应用中实时产生的结果。SQL CLI的目的

是提供一种简单的方式来编写、调试和提交表程序到Flink集群上，而无须写一行Java或Scala
代码。

5.9.1　启动 SQL CLI

使用SQL CLI首先要启动Flink集群（例如Standalone模式）：

```
./bin/start-cluster.sh
```

然后在Flink安装目录中运行以下命令即可启动SQL CLI：

```
./bin/sql-client.sh
```

启动时会默认读取Flink安装目录下conf/sql-client-defaults.yaml文件中的配置信息，如
图5-25所示。

```
[hadoop@centos01 flink-1.13.0]$ bin/sql-client.sh
No default environment specified.
Searching for '/opt/modules/flink-1.13.0/conf/sql-client-defaults.yaml'...not found.
Command history file path: /home/hadoop/.flink-sql-history
```

图 5-25　Flink SQL CLI 启动过程

Flink 1.13.0版本中没有sql-client-defaults.yaml文件，启动时若找不到该文件，则会使用默
认配置，如果需要修改相应配置，手动创建该文件，添加相关配置项即可。部分默认配置内容
如下：

```
execution:
  # 使用的执行计划，默认为'blink'，旧计划使用'old'
  planner: blink
  # 批或流执行，批使用'batch'
  type: streaming
  # 在源中使用“事件时间”或“处理时间”，可选值为'event-time'或'processing-time'
  time-characteristic: event-time
  # 发射周期性水印的毫秒间隔
  periodic-watermarks-interval: 200
  # 结果视图显示模式：'changelog'、'table' 或 'tableau'
  result-mode: table
  # 结果表显示的最大数据行数
  max-table-result-rows: 1000000
  # 程序的并行度
  # parallelism: 1
  # 最大并行度
  max-parallelism: 128
  # 最小空闲状态保留毫秒
  min-idle-state-retention: 0
  # 最大空闲状态保留毫秒
  max-idle-state-retention: 0
  # 当前默认Catalog名称
  current-catalog: default_catalog
```

```
# 当前默认Catalog下的默认数据库名称
current-database: default_database
```

启动成功后，执行"help;"命令可显示出所有可用的SQL命令：

```
Flink SQL> help;
```

```
CLEAR              清除当前终端内容
CREATE TABLE       在当前Catalog和数据库下创建表
DROP TABLE         删除表。语法：'DROP TABLE [IF EXISTS] <name>;'
CREATE VIEW        创建一个虚拟表（视图）。语法：'CREATE VIEW <name> AS <query>;'
DESCRIBE           描述具有指定名称的表的Schema
DROP VIEW          删除先前创建的虚拟表（视图）。语法：'DROP VIEW <name>;'
EXPLAIN            描述具有指定名称的查询或表的执行计划
HELP               输出可用的命令
INSERT INTO        向指定的表或接收器（Sink）插入数据
INSERT OVERWRITE       向指定的表或接收器（Sink）插入数据，并覆盖现有的数据
QUIT               退出SQL CLI客户端
RESET              重置会话配置属性。语法：'RESET <key>;'
SELECT             在Flink集群上执行SQL SELECT查询
SET                设置会话配置属性。语法：'SET <key>=<value>;'
SHOW FUNCTIONS     显示所有用户定义函数和内置函数，或仅显示用户定义函数。 语法：'SHOW
[USER] FUNCTIONS;'
SHOW TABLES        显示所有已注册表
SOURCE             从文件中读取SQL SELECT查询，并在Flink集群上执行
USE CATALOG        设置当前使用的Catalog。当前数据库被设置为Catalog的默认数据库。语法：
'USE CATALOG <name>;'
USE                设置当前默认数据库。语法：'USE <name>;'
LOAD MODULE        加载模块。语法：'LOAD MODULE <name> [WITH ('<key1>' = '<value1>'
[, '<key2>' = '<value2>', ...])];'
UNLOAD MODULE             卸载模块。语法：'UNLOAD MODULE <name>;'
USE MODULES              启用加载模块。语法：'USE MODULES <name1> [,
<name2>, ...];'
BEGIN STATEMENT SET    开始一个语句集。语法：'BEGIN STATEMENT SET;'
END                     结束语句集。语法：'END;'
```

5.9.2 执行 SQL 查询

执行以下命令，显示当前Flink中所有的Catalog名称：

```
Flink SQL> show catalogs;
+-----------------+
|   catalog name  |
+-----------------+
| default_catalog |
+-----------------+
1 row in set
```

可以看到，默认有一个名称为default_catalog的Catalog。

显示当前Catalog中的所有数据库名称：

```
Flink SQL> show databases;
+------------------+
|   database name  |
+------------------+
| default_database |
+------------------+
1 row in set
```

可以看到，默认有一个名称为default_database的数据库。

创建一张名称为student的表：

```
Flink SQL> create table student(id int,name string);
[INFO] Execute statement succeed.
```

显示当前数据库中的所有表名称：

```
Flink SQL> show tables;
+------------+
| table name |
+------------+
|   student  |
+------------+
1 row in set
```

发现该数据库存在一张刚才创建的student表。

接下来可以使用以下SQL命令验证相关设置及集群连接是否正确：

```
Flink SQL> select 'hello world';
```

若能成功输出"hello world"，则说明集群连接成功。

执行以下SQL命令，统计单词数量：

```
Flink SQL> SELECT name, COUNT(*) AS cnt FROM (VALUES ('Bob'), ('Alice'), ('Greg'),
('Bob')) AS NameTable(name) GROUP BY name;
```

输出结果如图5-26所示。

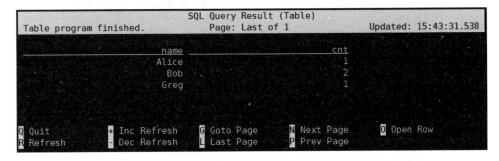

图 5-26　Flink SQL 计算单词数量结果视图界面

按Q或Esc键退出结果视图界面。

5.9.3 可视化结果模式

Flink SQL CLI提供了3种可视化结果模式：表格模式（Table Mode）、变更日志模式（Changelog Mode）和Tableau模式（Tableau Mode），默认为表格模式。

1. 表格模式

在内存中实体化结果，并将结果用规则的分页表格可视化展示出来。默认使用该模式，例如图5-26统计单词数量的显示结果使用的就是表格模式。该模式下，可视化结果表将不断更新，直到显示最终结果。

2. 变更日志模式

不会实体化和可视化结果，而显示由插入（+）和撤销（-）组成的持续查询产生的结果数据流。如果要将结果模式改为变更日志模式，则需要修改Flink安装目录下conf/sql-client-defaults.yaml文件中的配置信息，将result-mode参数值改为changelog，代码如下：

```
execution:
  result-mode: changelog
```

该模式只支持作业执行类型为“流”的结果显示，不支持“批”的结果显示。作业执行类型可在Flink SQL的配置文件sql-client-defaults.yaml中通过execution.type参数设置，代码如下，设置作业执行类型为“流”：

```
execution:
  type: streaming
```

设置作业执行类型为“流”，结果显示模式为变更日志模式，执行上面的统计单词数量的SQL命令，显示结果如图5-27所示。

```
Flink SQL>
> SELECT
>     name,
>     COUNT(*) AS cnt
> FROM (VALUES ('Bob'), ('Alice'), ('Greg'), ('Bob')) AS NameTable(name)
> GROUP BY name;
+----+--------------------------------+----------------------+
| op |                           name |                  cnt |
+----+--------------------------------+----------------------+
| +I |                            Bob |                    1 |
| +I |                          Alice |                    1 |
| +I |                           Greg |                    1 |
| -U |                            Bob |                    1 |
| +U |                            Bob |                    2 |
+----+--------------------------------+----------------------+
Received a total of 5 rows
```

图 5-27 Flink SQL 计算单词数量结果视图（变更日志模式）

若设置的作业执行类型为“批”，则结果显示模式为变更日志模式，执行上面的统计单词数量的SQL命令将报以下错误：

```
Flink SQL> SELECT name, COUNT(*) AS cnt FROM (VALUES ('Bob'), ('Alice'), ('Greg'),
('Bob')) AS NameTable(name) GROUP BY name;
```

```
[ERROR] Could not execute SQL statement. Reason:
org.apache.flink.table.client.gateway.SqlExecutionException: Results of
batch queries can only be served in table or tableau mode.
```

3. Tableau模式

该模式更接近传统的数据库，会将执行的结果以制表的形式直接打印在屏幕上。

设置作业执行类型为"批"，结果视图为Tableau模式，conf/sql-client-defaults.yaml文件中的配置信息如下：

```
execution:
  type: batch
  result-mode: tableau
```

使用该配置执行上面的统计单词数量的SQL命令，显示结果如图5-28所示。

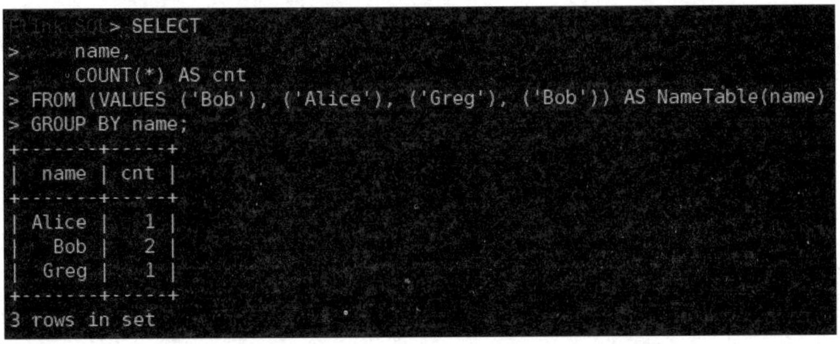

图 5-28　Flink SQL 计算单词数量结果视图（Tableau 模式）

在作业执行类型为"流"的情况下，Tableau模式与变更日志模式的结果视图一样，都显示由插入（+）和撤销（-）组成的持续查询产生的结果数据流。无论作业执行类型为"流"还是"批"，表格模式都会以可视化表格的形式展示最终数据。

这几种模式的结果数据都存储在Flink SQL客户端的Java堆内存中。为了节省资源，变更日志模式仅显示最近的1000个更改。

5.10　Flink SQL 整合 Hive

Hive是一个基于Hadoop的数据仓库架构，使用SQL语句读、写和管理大型分布式数据集。Hive可以将SQL语句转化为MapReduce（或Apache Spark、Apache Tez）任务执行，大大降低了Hadoop的使用门槛，减少了开发MapReduce程序的时间成本。可以将Hive理解为一个客户端工具，其提供了一种类SQL查询语言，称为HiveQL。这使得Hive十分适合数据仓库的统计分析，能够轻松使用HiveQL开启数据仓库任务，如提取/转换/加载（ETL）、分析报告和数据分析。Hive不仅可以分析HDFS文件系统中的数据，也可以分析其他存储系统，例如HBase。Flink SQL与Hive整合后，可以在Flink SQL中使用HiveQL轻松操作数据仓库。

Flink与Hive整合主要用于以下两方面：

- Flink可以使用Hive的MetaStore作为持久化的Catalog（Flink的元数据管理中心），通过已经实现的HiveCatalog将不同会话中的Flink元数据存储到Hive Metastore中。例如，可以使用HiveCatalog将Kafka表元数据或Elasticsearch表元数据存储在Hive Metastore中，并且后续在SQL查询中使用它们。
- 使用Flink读写Hive表。由于Hive的执行引擎为MapReduce，使用Flink读写Hive会在很大程度上加快读写速度。

Flink的HiveCatalog的设计提供了与Hive良好的兼容性，与Hive整合后，如同使用Spark SQL或者Impala操作Hive中的数据一样，可以使用Flink直接读写Hive中的表，对Hive数据仓库进行管理。

建议使用Flink的Blink Planner与Hive集成。

5.10.1　整合步骤

Flink SQL与Hive整合后的某些功能是否可用取决于使用的Hive版本，而不是由Flink 所引起的。本例使用Flink 1.13.0整合Hive 2.3.3，使用MySQL数据库来存储Hive元数据信息，Hadoop版本为2.8.2。Hive与FlinkSQL的配置都在同一个节点（本例都在centos01主节点），集群各节点安装的软件如表5-3所示。

表5-3　集群各节点安装的软件

节　　点	Hadoop	Flink	Hive
centos01	✓	✓	✓
centos02	✓	✓	
centos03	✓	✓	

Hive的安装此处不做讲解。Flink SQL整合Hive的操作步骤如下。

1. 添加依赖包

Flink针对Hive和Hadoop提供了相关JAR包。要与Hive集成，需要在Flink安装目录下的lib目录中添加以下额外的依赖包（Flink集群的每个节点都需要添加，因为每个TaskManager都需要参与计算），以便通过Table API或SQL CLI与 Hive进行交互。

```
flink-shaded-hadoop-2-uber-2.8.3-10.0.jar
flink-sql-connector-hive-2.3.6_2.11-1.13.0.jar
commons-lang3-3.9.jar
```

上述依赖包可以在Flink官网根据集群所使用的Hadoop版本、Flink版本和Hive版本进行下载。

2. 创建配置文件

在Flink安装目录下的conf目录中创建以下配置文件（只在centos01主节点创建即可）：

```
sql-client-defaults.yaml
```

Flink SQL CLI启动时将读取该文件。Flink 1.12.0自带该文件，而Flink 1.13.0不包含该文件，需要手动创建。

然后向其写入以下内容：

```
catalogs:
  - name: myhive
    type: hive
    hive-conf-dir: /opt/modules/apache-hive-2.3.3-bin/conf/
    default-database: default
```

上述配置项解析如下：

- name：指定Catalog名称。
- type：指定Catalog类型，此处为hive。使用HiveCatalog时，该参数必须设置为hive。
- hive-conf-dir：本地安装的Hive配置文件的目录位置，指向包含hive-site.xml目录的URI。如果没有设置该参数，Flink会在ClassPath下查找hive-site.xml。
- default-database：当前Catalog（此处指上面设置的myhive）中所使用的默认数据库名称（Catalog中包含多个数据库，数据库中包含多张表）。

上述配置表示，在Flink SQL中将注册一个名称为myhive的Catalog，该Catalog下包含Hive的所有数据库及数据库中的表。当需要在Flink SQL中操作Hive数据时，应首先使用use catalog myhive语句切换到myhive Catalog，或者配置Flink SQL的默认Catalog为myhive。

除了上述配置内容外，还可以添加以下配置（可选）：

```
execution:
  # 使用的执行计划，默认为blink
  planner: blink
  # 批或流执行。批使用batch，流使用streaming，默认为流
  type: batch
  # 在源中使用"事件时间"或"处理时间"
  time-characteristic: event-time
  # 发射周期性水印的毫秒间隔
  periodic-watermarks-interval: 200
  # 结果视图显示模式：'changelog', 'table'或'tableau'
  result-mode: table
  # 结果表显示的最大数据行数
  max-table-result-rows: 1000000
  # 程序并行度
  # parallelism: 1
  # 最大并行度
  max-parallelism: 128
  # 最小空闲状态保留毫秒
  min-idle-state-retention: 0
  # 最大空闲状态保留毫秒
  max-idle-state-retention: 0
  # 当前默认使用的Catalog (默认为'default_catalog')，此处使用已配置的myhive
  current-catalog: myhive
  # 当一个Catalog被设置为默认Catalog时，该Catalog所使用的默认数据库（默认为
  # 'default_database')，此处设置为Hive中的default数据库，将默认使用该数据库
```

```
    current-database: default
    # 控制在失败时如何重新启动表程序
    # restart-strategy:
      # 策略类型，可使用的值为"fixed-delay"、"failure-rate"、"none"或"fallback"
（默认）
      # type: fallback
```

3. 配置Hive

Flink是作为客户端连接Hive的，因此需要进行Hive服务端和客户端相关配置（本例Hive服务端与客户端在同一节点）。Hive配置文件hive-site.xml的配置内容如下：

```xml
<configuration>
<!--Hive服务端配置信息 ------------------------->
<!--MySQL数据库连接信息 -->
<!--连接MySQL的驱动类 -->
<property>
    <name>javax.jdo.option.ConnectionDriverName</name>
    <value>com.mysql.jdbc.Driver</value>
</property>
<!--MySQL连接地址，此处连接远程数据库，可根据实际情况进行配置 -->
<property>
    <name>javax.jdo.option.ConnectionURL</name>
    <value>jdbc:mysql://192.168.0.107:3306/hive_db?createDatabaseIfNotExist=
true</value>
</property>
<!--MySQL用户名 -->
<property>
    <name>javax.jdo.option.ConnectionUserName</name>
    <value>hive</value>
</property>
<!--MySQL密码 -->
<property>
    <name>javax.jdo.option.ConnectionPassword</name>
    <value>hive</value>
</property>

<!--Hive客户端配置信息-------------------------->
<!--Hive数据仓库在HDFS中的存储目录-->
<property>
    <name>hive.metastore.warehouse.dir</name>
    <value>/user/hive/warehouse</value>
</property>
<!--是否启用本地服务器连接Hive，false为非本地模式，即远程模式-->
<property>
    <name>hive.metastore.local</name>
    <value>false</value>
```

```
</property>
<!--Hive服务端Metastore Server连接地址（Hive所在节点IP），默认监听端口9083-->
<property>
    <name>hive.metastore.uris</name>
    <value>thrift://192.168.170.133:9083</value>
</property>
</configuration>
```

在Hive配置文件中，如果不添加上述客户端配置信息，启动Flink SQL时将报以下错误：

```
Caused by: java.lang.IllegalArgumentException: Embedded metastore is not
allowed. Make sure you have set a valid value for hive.metastore.uris
```

4. 启动Hive Metastore Server

在Hive安装目录中执行以下命令，启动Hive的Metastore Server：

```
bin/hive --service metastore &
```

如果没有启动Hive Metastore Server，则启动Flink SQL时将报以下错误：

```
Exception in thread "main" org.apache.flink.table.client.SqlClientException:
Unexpected exception. This is a bug. Please consider filing an issue.
    at org.apache.flink.table.client.SqlClient.startClient(SqlClient.java:201)
    at org.apache.flink.table.client.SqlClient.main(SqlClient.java:161)
    Caused by: org.apache.flink.table.catalog.exceptions.CatalogException:
Failed to create Hive Metastore client at org.apache.flink.table.catalog.hive.
client. HiveShimV230. getHiveMetastoreClient(HiveShimV230.java:74) at org.apache.
flink. table.catalog.hive.client.HiveMetastoreClientWrapper.
createMetastoreClient(HiveMetastoreClientWrapper.java:274)
```

5. 启动Flink集群

此处使用Standalone模式启动Flink集群：

```
bin/start-cluster.sh
```

6. 启动Flink SQL

Flink应与Hive安装在同一台服务器上。
在Flink安装目录下执行以下命令，启动Flink SQL：

```
bin/sql-client.sh
```

启动后，查看当前主节点的所有Java进程：

```
[root@centos01 flink-1.13.0]# jps
2720 SecondaryNameNode
2530 DataNode
3714 RunJar
4787 StandaloneSessionClusterEntrypoint
2422 NameNode
```

```
4872 Jps
3802 SqlClient
```

其中SqlClient为Flink SQL CLI的客户端进程，RunJar为Hive Metastore Server守护进程，NameNode、SecondaryNameNode、DataNode为Hadoop的HDFS进程，StandaloneSessionCluster-Entrypoint为Flink集群的JobManager进程。

其他两个节点的Java进程为：

```
[root@centos02 modules]# jps
2884 Jps
2395 DataNode
2830 TaskManagerRunner

[root@centos03 ~]# jps
2912 Jps
2403 DataNode
2837 TaskManagerRunner
```

其中DataNode为Hadoop的HDFS进程，TaskManagerRunner为Flink集群的TaskManager进程。

7. 执行SQL命令并操作Hive表

启动后执行show catalogs命令可查看当前Flink SQL中所有的Catalog：

```
Flink SQL> show catalogs;
+-----------------+
|    catalog name |
+-----------------+
| default_catalog |
|          myhive |
+-----------------+
2 rows in set
```

可以发现，存在一个默认名称为default_catalog的Catalog和一个新创建的自定义名称为myhive的Catalog。

切换到myhive Catalog，并显示当前Catalog中的所有数据库：

```
Flink SQL> use catalog myhive;
[INFO] Execute statement succeed.

Flink SQL> show databases;
+---------------+
| database name |
+---------------+
|       default |
|       test_db |
+---------------+
2 rows in set
```

可以发现，已经显示出了Hive中的默认数据库default和在Hive中创建的数据库test_db。

根据前面的配置，默认使用数据库default，因此执行show tables命令查看数据库default中所有的表名称：

```
Flink SQL> show tables;
+----------------+
|   table name   |
+----------------+
|        student |
|         t_user |
|      user_info |
+----------------+
6 rows in set
```

可以发现，已经显示出了Hive中的数据库default中的所有表名称。

通过以上操作表明，Flink SQL可以正常查询Hive Metastore中的元数据。

接下来查看表student中的所有数据，如图5-29所示。

```
Flink SQL> select * from student;
```

在Hive中查看表student中的所有数据：

```
Hive> select * from student;
OK
1    zhangsan     male      17
2    lisi         male      17
3    wangwu       female    17
4    zhangsan2    male      20
5    lisi2        male      20
6    wangwu2      female    20
```

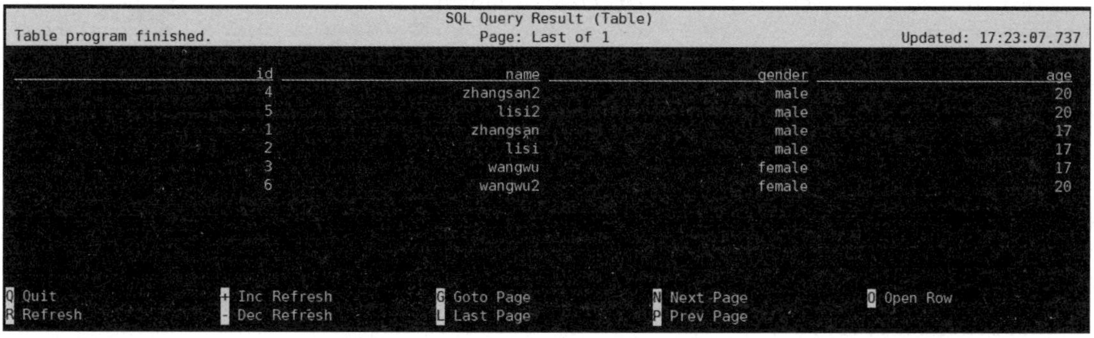

图 5-29　在 Flink SQL 中查看表数据

在Flink SQL中向表student插入一条数据：

```
Flink SQL> insert into student values(7,'wangwu7','male',25);
[INFO] Submitting SQL update statement to the cluster...
[INFO] SQL update statement has been successfully submitted to the cluster:
Job ID: c2aa4524789dc3c396a8e0bf6d897f4b
```

在Hive中可以查看到新增的数据：

```
hive> select * from student;
OK
1    zhangsan     male      17
2    lisi         male      17
3    wangwu       female    17
4    zhangsan2    male      20
5    lisi2        male      20
6    wangwu2      female    20
7    wangwu7      male      25
```

至此，Flink SQL整合Hive成功。

接下来，可以测试在Flink SQL CLI中创建一张Kafka数据源表：

```
Flink SQL> CREATE TABLE kafka_table (
>          `user_id` BIGINT,
>          `product_id` BIGINT,
>          `status` STRING
>       ) WITH (
>          'connector' = 'kafka',
>          'topic' = 'topic01',
>          'properties.bootstrap.servers' = 'centos01:9092,centos02:9092,
centos03:9092',
>          'properties.group.id' = 'testGroup',
>          'scan.startup.mode' = 'latest-offset',
>          'format' = 'json'
>       )
> ;
```

显示所有表名称，发现多了一张名称为kafka_table的表：

```
Flink SQL> show tables;
+----------------+
|   table name   |
+----------------+
|   kafka_table  |
|      student   |
|       t_user   |
|    user_info   |
+----------------+
6 rows in set
```

使用DESCRIBE命令查看该表的表结构：

```
Flink SQL> DESCRIBE kafka_table;
+-----------+--------+------+-----+--------+-----------+
|    name   |  type  | null | key | extras | watermark |
+-----------+--------+------+-----+--------+-----------+
```

```
|    user_id | BIGINT | true |        |        |        |
| product_id | BIGINT | true |        |        |        |
|     status | STRING | true |        |        |        |
+------------+--------+------+-----+--------+----------+
3 rows in set
```

当然，也可以在Hive CLI中查看Flink SQL CLI中创建的表的描述信息：

```
hive> desc formatted kafka_table;
OK
# Detailed Table Information
Database:               default
Owner:                  null
CreateTime:             Mon Aug 16 16:14:49 CST 2021
LastAccessTime:         UNKNOWN
Retention:              0
Location:               hdfs://centos01:9000/user/hive/warehouse/kafka_table
Table Type:             MANAGED_TABLE
Table Parameters:
    flink.connector         kafka
    flink.format            json
    flink.properties.bootstrap.servers        centos01:9092,centos02:9092,
centos03:9092
    flink.properties.group.id       testGroup
    flink.scan.startup.mode         latest-offset
    flink.schema.0.data-type        BIGINT
    flink.schema.0.name             user_id
    flink.schema.1.data-type        BIGINT
    flink.schema.1.name             product_id
    flink.schema.2.data-type        VARCHAR(2147483647)
    flink.schema.2.name             status
    flink.topic                     topic01
    transient_lastDdlTime           1629101689
```

由于在Flink SQL CLI中创建的表会将该表的元数据信息持久化到Hive的Metastore中，接下来在Hive的Metastore（此处为MySQL）中执行以下命令查看该表的元数据信息：

```
SELECT
    a.tbl_id, -- 表id
    from_unixtime(create_time) AS create_time, -- 创建时间
    a.db_id, -- 数据库id
    b.name AS db_name, -- 数据库名称
    a.tbl_name -- 表名称
FROM TBLS AS a
LEFT JOIN DBS AS b ON a.db_id =b.db_id
WHERE a.tbl_name = "kafka_table";
```

输出结果如下：

```
+---------+--------------------+-------+---------+------------+
| tbl_id  |      create_time   | db_id | db_name | tbl_name   |
+---------+--------------------+-------+---------+------------+
|   36    | 2021-08-16 16:14:39 |   1  | default | kafka_table |
+---------+--------------------+-------+---------+------------+
```

5.10.2 Table API 操作 Hive

除了上面使用Flink SQL CLI操作Hive外，还可以在应用程序中使用Table API操作Hive。在Maven项目的pom.xml中添加以下依赖：

```xml
<!--Flink依赖 -->
<dependency>
    <groupId>org.apache.flink</groupId>
    <artifactId>flink-connector-hive_2.11</artifactId>
    <version>1.13.0</version>
    <scope>provided</scope>
</dependency>

<dependency>
    <groupId>org.apache.flink</groupId>
    <artifactId>flink-table-api-scala-bridge_2.11</artifactId>
    <version>1.13.0</version>
    <scope>provided</scope>
</dependency>

<!-- Hive依赖 -->
<dependency>
    <groupId>org.apache.hive</groupId>
    <artifactId>hive-exec</artifactId>
    <version>2.3.3</version>
    <scope>provided</scope>
</dependency>
```

然后使用TableEnvironment API连接Hive，向Hive表user_info中写入一条数据，代码如下：

```scala
import org.apache.flink.table.api._
import org.apache.flink.table.catalog.hive.HiveCatalog
/**
  * Flink SQL连接Hive，读取表数据
  */
object Flink_SQL_Hive {
    def main(args: Array[String]): Unit = {
        //1.创建表执行环境
        val settings = EnvironmentSettings
            .newInstance()
            .useBlinkPlanner()
            .build()
        val tableEnv = TableEnvironment.create(settings)
```

```scala
//2.连接Hive
val catalogName= "myhive"//Catalog名称
val defaultDatabase="default"//默认数据库名称
//Hive配置文件目录位置
val hiveConfDir= "/opt/modules/apache-hive-2.3.3-bin/conf/"

val hive = new HiveCatalog(catalogName, defaultDatabase, hiveConfDir)
//注册一个Catalog，名称为myhive，在Catalog下可以创建数据库和表
tableEnv.registerCatalog("myhive", hive)
//使用已经注册的myhive作为默认Catalog
tableEnv.useCatalog("myhive")

//3.执行SQL
val result = tableEnv.executeSql(
        "insert into user_info values(3,'wangwu')"
)

    }
}
```

由于Table API应用程序最终需要运行在Flink集群上，而应用程序中使用了Flink针对Hive的相关 API，Flink集群中不存在这些API所在的依赖JAR包，因此当项目完成时需要将pom.xml中引入的API依赖包一起打包到项目中。

Maven默认的普通打包方式是不支持打包依赖JAR包的，为了实现这个功能，只需要在pom.xml中加入一个Maven的打包插件即可，内容如下：

```xml
<!--Maven打包插件 -->
<plugin>
    <groupId>org.apache.maven.plugins</groupId>
    <artifactId>maven-shade-plugin</artifactId>
    <version>1.4</version>
    <executions>
        <execution>
            <phase>package</phase>
            <goals>
                <goal>shade</goal>
            </goals>
            <configuration>
                <filters>
                    <filter>
                        <artifact>*:*</artifact>
                        <excludes>
                            <exclude>META-INF/*.SF</exclude>
                            <exclude>META-INF/*.DSA</exclude>
                            <exclude>META-INF/*.RSA</exclude>
                        </excludes>
                    </filter>
                </filters>
```

```
            </configuration>
        </execution>
    </executions>
</plugin>
```

Maven项目打包后，将打包好的FlinkDemo-1.0-SNAPSHOT.jar上传到Flink集群（此处为主节点）中的/opt/softwares目录，然后执行该JAR包中的Flink_SQL_Hive程序，执行代码如下：

```
bin/flink run -c \
demo.sql.Flink_SQL_Hive \
/opt/softwares/FlinkDemo-1.0-SNAPSHOT.jar
```

上述代码中的demo.sql为应用程序Flink_SQL_Hive所在的包。
若执行过程中报以下错误：

```
org.apache.flink.client.program.ProgramInvocationException: The main method
caused an error: Unable to instantiate java compiler
    Caused by: java.lang.IllegalStateException: Unable to instantiate java
compiler
    Caused by: java.lang.ClassCastException: org.codehaus.janino.CompilerFactory
cannot be cast to org.codehaus.commons.compiler.ICompilerFactory
```

可能的原因是，执行的JAR包中包含的依赖与Flink集群中存在的依赖冲突。解决方法是，在Flink配置文件flink-conf.yaml中添加以下配置内容（只在执行JAR包的Flink节点添加即可）：

```
#配置类加载顺序
classloader.resolve-order: parent-first
```

该参数可选的值有parent-first和child-first，默认为child-first。

- parent-first：优先从Flink集群加载类，如果没有该类，就从用户提交的任务（JAR包）中加载类。
- child-first：优先从Flink任务（JAR包）中加载类，如果没有，则从Flink集群加载。

添加完上述配置内容后重启Flink集群，重新执行应用程序JAR包。执行成功后，在Hive中查看表user_info，发现多了一条数据：

```
hive> select * from user_info;
OK
1    zhangsan
2    lisi
3    wangwu
```

5.10.3 示例：Flink SQL 整合 Hive 分析搜狗用户搜索日志

本例讲解使用Flink SQL整合Hive对搜狗用户的搜索行为日志进行分析。具体操作步骤如下：

1. 下载测试数据

测试数据可以从搜狗实验室下载（地址：http://www.sogou.com/labs/resource/q.php）。搜

狗实验室提供约一个月的搜狗搜索引擎部分网页查询需求及用户点击情况的网页查询日志数据集合。该数据共分成了3部分：迷你版（样例数据，376KB）、精简版（一天数据，63MB）和完整版（1.9GB）。此处下载精简版数据进行操作演示。

将下载到的精简版测试数据压缩包解压后，使用Nodepad++工具打开其中的文件SogouQ.reduced，截取前10条数据，如图5-30所示。

```
00:00:00 2982199073774412    [360安全卫士] 8 3  download.it.com.cn/softweb/software/firewall/antivirus/20067/17938.html
00:00:00 07594220010824798   [哄抢救灾物资] 1 1  news.21cn.com/social/daqian/2008/05/29/4777194_1.shtml
00:00:00 5228056822071097    [75810部队] 14 5 www.greatoo.com/greatoo_cn/list.asp?link_id=276&title=%BE%DE%C2%D6%D
00:00:00 6140463203615646    [绳艺] 62 36  www.jd-cd.com/jd_opus/xx/200607/706.html
00:00:00 8561366108033201    [汶川地震原因] 3 2  www.big38.net/
00:00:00 23908140386148713   [莫表一是的意思] 1 2  www.chinabaike.com/article/81/82/110/2007/2007020724490.html
00:00:00 1797943298449139    [星梦缘全集在线观看]  8 5  www.6wei.net/dianshiju/????\xa1\xe9|????do=index
00:00:00 00717725924582846   [闪字吧]  1 2  www.shanziba.com/
00:00:00 41416219018952116   [霍震霆与朱玲玲照片]  2 6  bbs.gouzai.cn/thread-698736.html
00:00:00 9975666857142764    [电脑创业]  2 2  ks.cn.yahoo.com/question/1307120203719.html
```

图 5-30　精简版测试数据前 10 条

数据字段从左到右分别为访问时间、用户ID、搜索关键词、结果URL在返回结果中的排名、用户点击的顺序号、用户点击的URL。其中，用户ID是根据用户使用浏览器访问搜索引擎时的Cookie信息自动赋值的，即同一次使用浏览器输入的不同查询对应同一个用户ID。

2. 修改数据格式与编码

1）单击Nodepad++工具栏的"显示所有字符"按钮，将数据文件中的空格与Tab制表符等字符显示出来，如图5-31所示。

```
00:00:00→2982199073774412→[360安全卫士]→8·3→download.it.com.cn/softweb/software/firewall/antivirus/20067/17938.html[LF]
00:00:00→07594220010824798→[哄抢救灾物资]→1·1→news.21cn.com/social/daqian/2008/05/29/4777194_1.shtml[LF]
00:00:00→5228056822071097→[75810部队]·14·5→www.greatoo.com/greatoo_cn/list.asp?link_id=276&title=%BE%DE%C2%D6%D
00:00:00→6140463203615646→[绳艺]→62·36→www.jd-cd.com/jd_opus/xx/200607/706.html[LF]
00:00:00→8561366108033201→[汶川地震原因]→3·2→www.big38.net/[LF]
00:00:00→23908140386148713→[莫表一是的意思]→1·2→www.chinabaike.com/article/81/82/110/2007/2007020724490.html[LF]
00:00:00→1797943298449139→[星梦缘全集在线观看]→8·5→www.6wei.net/dianshiju/????\xa1\xe9|????do=index[LF]
00:00:00→00717725924582846→[闪字吧]→1·2→www.shanziba.com/[LF]
00:00:00→41416219018952116→[霍震霆与朱玲玲照片]→2·6→bbs.gouzai.cn/thread-698736.html[LF]
00:00:00→9975666857142764→[电脑创业]→2·2→ks.cn.yahoo.com/question/1307120203719.html[LF]
```

图 5-31　显示数据的特殊字符

数据文件中显示的横向箭头代表Tab制表符（\t），垂直居中的点号代表空格，LF代表回车符（\n）。可以看到，该数据文件中的字段分割既有制表符又有空格。

2）将数据文件SogouQ.reduced的编码改为UTF-8，然后保存。

3）将文件SogouQ.reduced上传到Hive所在服务器，例如上传到目录/home/hadoop。

进入数据文件所在目录，执行以下命令，将文件中的制表符和空格全部替换为英文逗号。

```
$ sed -i "s/\t/,/g" SogouQ.reduced
$ sed -i "s/ /,/g" SogouQ.reduced
```

替换后的前10条数据如图5-32所示。

```
00:00:00,2982199073774412,[360安全卫士],8,3,download.it.com.cn/softweb/software/firewall/antivirus/20067/17938.html
00:00:00,07594220010824798,[哄抢救灾物资],1,1,news.21cn.com/social/daqian/2008/05/29/4777194_1.shtml
00:00:00,5228056822071097,[75810部队],14,5,www.greatoo.com/greatoo_cn/list.asp?link_id=276&title=%BE%DE%C2%D6%D0%C2%CE%C5
00:00:00,6140463203615646,[绳艺],62,36,www.jd-cd.com/jd_opus/xx/200607/706.html
00:00:00,8561366108033201,[汶川地震原因],3,2,www.big38.net/
00:00:00,23908140386148713,[莫表一是的意思],1,2,www.chinabaike.com/article/81/82/110/2007/2007020724490.html
00:00:00,1797943298449139,[星梦缘全集在线观看],8,5,www.6wei.net/dianshiju/????\xa1\xe9|????do=index
00:00:00,00717725924582846,[闪字吧],1,2,www.shanziba.com/
00:00:00,41416219018952116,[霍震霆与朱玲玲照片],2,6,bbs.gouzai.cn/thread-698736.html
00:00:00,9975666857142764,[电脑创业],2,2,ks.cn.yahoo.com/question/1307120203719.html
```

图 5-32　替换特殊字符后的数据

3. 在Hive中创建表并导入数据

使用Flink SQL在Hive中创建表activelog，用于存储文件SogouQ.reduced的数据。表字段含义如表5-4所示。

表5-4　Hive表activelog的字段含义

字　　段	含　　义	字　　段	含　　义
time	访问时间	page_rank	结果链接排名
user_id	用户 ID	click_order	用户点击的顺序号
keyword	搜索关键词	url	用户点击的 URL

（1）设置 SQL 方言

Flink目前支持两种SQL方言：default和hive，需要先切换到Hive方言才能使用Hive语法，若需要使用Flink SQL语法，则需要切换为default方言，无须重新启动会话。

设置使用的SQL方言为Hive：

```
Flink SQL> SET table.sql-dialect=hive;
[INFO] Session property has been set.
```

也可以通过Flink SQL客户端的YAML配置文件中的configuration 部分来设置初始默认方言：

```
execution:
  planner: blink
  type: batch
  result-mode: table

configuration:
  table.sql-dialect: hive
```

（2）创建表并导入数据

然后创建表activelog，表中字段使用逗号分隔，方便向其导入数据，建表语句如下：

```
Flink SQL > CREATE TABLE activelog(
    > time STRING,
    > user_id STRING,
    > keyword STRING,
    > page_rank INT,
    > click_order INT,
    > url STRING)
    > ROW FORMAT DELIMITED
    > FIELDS TERMINATED BY ',';
```

创建成功后，在Hive中将文件SogouQ.reduced的数据导入表activelog中：

```
hive> LOAD DATA LOCAL INPATH '/home/hadoop/SogouQ.reduced' INTO TABLE
activelog;
```

4. 数据分析

（1）在 Hive CLI 中查询前 10 条数据

查询语句如下：

```
hive> SELECT * FROM activelog LIMIT 10;
```

查询结果如图5-33所示。

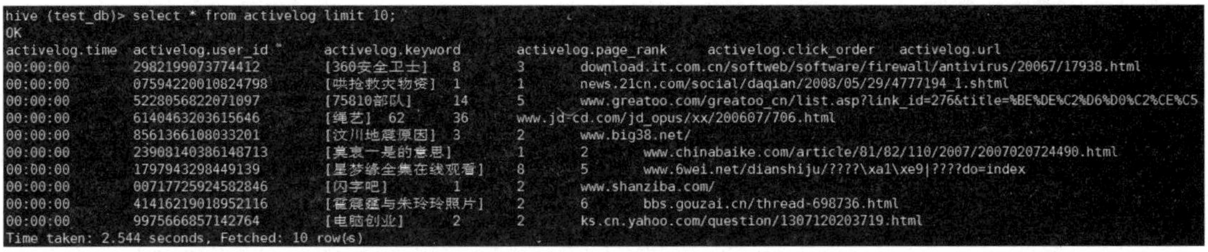

```
hive (test_db)> select * from activelog limit 10;
OK
activelog.time  activelog.user_id       activelog.keyword       activelog.page_rank     activelog.click_order   activelog.url
00:00:00        2982199073774412        [360安全卫士]   8       3       download.it.com.cn/softweb/software/firewall/antivirus/20067/17938.html
00:00:00        07594220010824798       [哄抢救灾物资]  1       1       news.21cn.com/social/daqian/2008/05/29/4777194_1.shtml
00:00:00        5228056822071097        [75810部队]     14      5       www.greatoo.com/greatoo_cn/list.asp?link_id=276&title=%BE%DE%C2%D6%D0%C2%CE%C5
00:00:00        6140463203615646        [绳艺]  62      36      www.jd-cd.com/jd_opus/xx/200607/706.html
00:00:00        8561366108033201        [汶川地震原因]  3       2       www.big38.net/
00:00:00        23908140386148713       [莫衷一是的意思]        1       2       www.chinabaike.com/article/81/82/110/2007/2007020724490.html
00:00:00        1797943298449139        [星梦缘全集在线观看]    8       5       www.6wei.net/dianshiju/????\xa1\xe9|????do=index
00:00:00        00717725924582846       [闪字吧]        1       2       www.shanziba.com/
00:00:00        41416219018952116       [霍震霆与朱玲玲照片]    2       6       bbs.gouzai.cn/thread-698736.html
00:00:00        9975666857142764        [电脑创业]      2       2       ks.cn.yahoo.com/question/1307120203719.html
Time taken: 2.544 seconds, Fetched: 10 row(s)
```

图 5-33　前 10 条数据查询结果

（2）在 Flink SQL CLI 中查询前 10 个访问量最高的用户 ID 及访问数量，并按照访问量降序排列

查询语句如下：

```
Flink SQL> SELECT user_id, COUNT(*) AS num
> FROM activelog
> GROUP BY user_id
> ORDER BY num DESC
> LIMIT 10;
```

查询结果如图5-34所示。

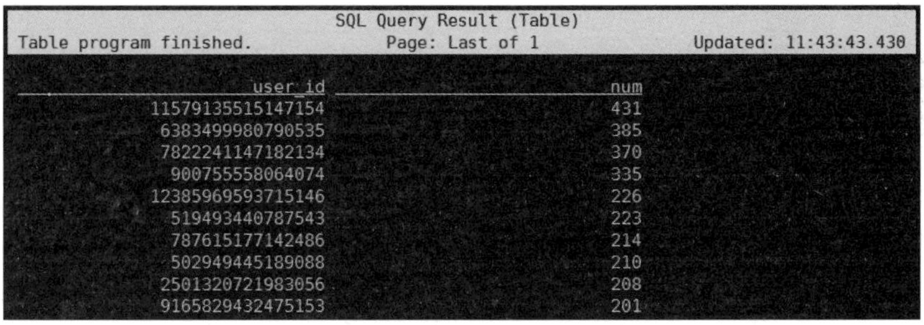

```
                              SQL Query Result (Table)
Table program finished.              Page: Last of 1              Updated: 11:43:43.430

                  user_id                         num
        11579135515147154                         431
         6383499980790535                         385
         7822241147182134                         370
          900755558064074                         335
        12385969593715146                         226
          519493440787543                         223
          787615177142486                         214
          502949445189088                         210
         2501320721983056                         208
         9165829432475153                         201
```

图 5-34　数据查询结果

（3）分析链接排名与用户单击的相关性

下面的语句以链接排名（page_rank）进行分组（并排除分组后的不规范数据，排名为空或0），查询链接排名及其点击数量，然后将结果按照链接排名升序显示，最终取前10条数据。

```
Flink SQL> SELECT page_rank, COUNT(*) AS num FROM activelog
    > GROUP BY page_rank
    > HAVING page_rank IS NOT NULL
    > AND page_rank <> 0
    > ORDER BY page_rank
    > LIMIT 10;
```

```
page_rank    num
1            532665
2            272585
3            183349
4            122899
5            92346
6            74243
7            63351
8            55643
9            51549
10           54554
```

从上述输出结果可以看出，链接排名越靠前，用户点击的数量越多，随着链接排名的靠后，点击数量逐渐降低。

（4）分析一天中上网用户最多的时间段

下面的语句以时间字段（time）中的小时进行分组，查询同一小时内用户的点击数量，并按数量降序排序，最终取前10条数据。

```
Flink SQL> SELECT substr(time,1,2) AS h, COUNT(*) AS num FROM activelog
    > GROUP BY substr(time, 1, 2)
    > ORDER BY num DESC
    > LIMIT 10;

h   num
16  116679
21  115283
20  111022
15  109255
10  104872
17  104756
14  101455
22  100122
11  98135
19  97247
```

上述查询语句使用substr()方法截取了时间字段的前两个字符。substr(time,1,2)与substr(time,0,2)的效果一样，都是指从第1位截取，截取字符长度为2。

从上述查询结果可以看出，一天中用户上网集中时间段排名前3的小时为下午4点、晚上9点和晚上8点。

（5）查询用户点击最多的前 10 个链接

下面的语句以用户点击的链接URL中的域名进行分组，查询同一个域名用户的点击数量，并按数量降序排序，最终取前10条数据。

```
Flink SQL> SELECT substr(url,1,instr(url, "/")-1) AS host, COUNT(*) AS num
> FROM activelog
> GROUP BY substr(url,1,instr(url, "/")-1)
> ORDER BY num DESC
```

```
> LIMIT 10;
host                   num
zhidao.baidu.com       102881
news.21cn.com          50594
ks.cn.yahoo.com        30646
www.tudou.com          28704
click.cpc.sogou.com    27319
wenwen.soso.com        24510
www.17tech.com         24070
baike.baidu.com        19456
pic.news.mop.com       16641
iask.sina.com.cn       14788
```

上述查询语句中使用了instr()方法，instr(url, "/")-1的含义为从URL中取得字符串"/"第一次出现的位置然后减1。substr(url,1,instr(url, "/")-1)的含义为截取字段URL中的域名。

从上述查询结果中可以看出，用户点击次数最多的网址域名为zhidao.baidu.com，其次是news.21cn.com等。

5.11 案例分析：Flink SQL 实时单词计数

假设在本地文件D:\input\words.txt中存在以下单词数据：

```
hello java scala flink
hello scala spark
hello flink
```

使用Flink SQL实时计算该文件的单词数量，操作步骤如下。

由于是流处理，首先需要创建一个流执行环境StreamExecutionEnvironment，代码如下：

```
val env = StreamExecutionEnvironment.getExecutionEnvironment
```

然后通过创建EnvironmentSettings实例定义初始化表环境所需要的参数。这些参数只在实例化表环境（TableEnvironment）时使用，之后不能更改，代码如下：

```
//创建EnvironmentSettings实例并设置参数
val settings = EnvironmentSettings
  .newInstance()              //创建一个用于创建EnvironmentSettings实例的构建器
  .useBlinkPlanner()          //将Blink计划器设置为所需的模块（默认）
  .inStreamingMode()          //设置组件以流模式工作，默认启用
  .build()                    //创建一个不可变的EnvironmentSettings实例
```

接下来使用StreamTableEnvironment的create()方法实例化一个流式表环境，该环境用于创建与DataStream API集成的表和使用SQL API程序的入口点和中央上下文。它统一用于有界和无界数据处理。

```
val tableEnv: StreamTableEnvironment = StreamTableEnvironment.create(env,
settings)
```

接下来使用StreamExecutionEnvironment的readTextFile()方法读取本地单词文件DataStream，代码如下：

```
val inputStream: DataStream[String] = env.readTextFile(
    "D:\\input\\words.txt"
)
```

StreamExecutionEnvironment的readTextFile()方法表示读取给定文件的行，生成一个数据流。该文件将使用系统的默认字符集读取，如果需要指定字符集，则可以添加一个字符集参数。例如，指定使用UTF-8字符集读取文件，代码如下：

```
val inputStream: DataStream[String] = env.readTextFile(
    "D:\\input\\words.txt","utf8"
)
```

需要注意的是，使用readTextFile()方法读取流数据，程序运行时可能会报如图5-35所示的错误。

原因是Flink引用了Apache的commons-compress库中的ZstdCompressorInputStream类，该类主要用于对Zstandard编码流进行解码。因此，在项目pom.xml中引入以下依赖，即可解决该问题：

```xml
<dependency>
    <groupId>org.apache.commons</groupId>
    <artifactId>commons-compress</artifactId>
    <version>1.20</version>
</dependency>
```

```
Exception in thread "main" java.lang.NoClassDefFoundError: org/apache/commons/compress/compressors/zstandard/ZstdCompressorInputStream
    at org.apache.flink.api.common.io.FileInputFormat.initDefaultInflaterInputStreamFactories(FileInputFormat.java:124)
    at org.apache.flink.api.common.io.FileInputFormat.<clinit>(FileInputFormat.java:90)
    at org.apache.flink.streaming.api.environment.StreamExecutionEnvironment.readTextFile(StreamExecutionEnvironment.java:1240)
    at org.apache.flink.streaming.api.environment.StreamExecutionEnvironment.readTextFile(StreamExecutionEnvironment.java:1216)
    at org.apache.flink.streaming.api.scala.StreamExecutionEnvironment.readTextFile(StreamExecutionEnvironment.scala:602)
    at sql.Demo02_Table_WordCount$.main(Demo02_Table_WordCount.scala:24)
    at sql.Demo02_Table_WordCount.main(Demo02_Table_WordCount.scala)
Caused by: java.lang.ClassNotFoundException: org.apache.commons.compress.compressors.zstandard.ZstdCompressorInputStream
    at java.net.URLClassLoader.findClass(URLClassLoader.java:381)
    at java.lang.ClassLoader.loadClass(ClassLoader.java:424)
    at sun.misc.Launcher$AppClassLoader.loadClass(Launcher.java:335)
    at java.lang.ClassLoader.loadClass(ClassLoader.java:357)
    ... 7 more
```

图 5-35　Kafka 消费者控制台接收消息

接下来对读取的数据流使用flatMap、map算子进行单词格式的处理，将单词转为(单词,1)的形式，代码如下：

```
val dataStream: DataStream[(String, Int)] = inputStream
  .flatMap(_.split(" "))  //按照空格拆分每行单词
  .map((_, 1))  //转为元组
```

接下来将读取的(单词,1)形式的数据流转为Table，并指定Table的第一个字段名称为word，第二个字段名称为count，以便可以使用Table或SQL API进行统计，代码如下：

```
//数据流DataStream转化成Table表，并指定字段
val inputTable:Table = tableEnv.fromDataStream[(String, Int)](
    dataStream,
    $"word",
    $"count"
)
```

接下来使用Table API对表进行关系操作，使用groupBy()按照word列进行分组，使用select()查询分组后的word列、count列，并对count列进行求和，代码如下：

```
val resultTable = inputTable
  .groupBy($"word")
  .select($"word", $"count".sum)
```

当然，也可以使用SQL API直接执行SQL查询进行单词统计。上述代码可以使用以下代码代替（此处使用Scala的多行字符串格式）：

```
val resultTable:Table = tableEnv.sqlQuery(
    s"""
      |select
      | word,
      | count(1) as wordcount
      |from $inputTable
      |group by word
    """.stripMargin
)
```

接下来将结果Table转成DataStream数据流（撤回流，见5.2.3节的动态表转换为流），并输出到控制台：

```
resultTable.toRetractStream[(String, Long)].print()
```

上述代码使用(String, Long)定义了最终DataStream数据流的数据类型。当然，也可以将数据类型定义为Row（org.apache.flink.types.Row），代码如下：

```
resultTable.toRetractStream[Row].print()
```

最后触发任务执行：

```
env.execute("MyJob")
```

观察控制台输出的结果如下：

```
3> (true,(scala,1))
6> (true,(spark,1))
9> (true,(hello,1))
11> (true,(java,1))
10> (true,(flink,1))
9> (false,(hello,1))
10> (false,(flink,1))
3> (false,(scala,1))
```

```
9> (true,(hello,2))
10> (true,(flink,2))
3> (true,(scala,2))
9> (false,(hello,2))
9> (true,(hello,3))
```

true表示在流中新增该元素，false表示在流中删除（撤回）该元素。

本例的完整代码如下：

```
import org.apache.flink.streaming.api.scala._
import org.apache.flink.table.api._
import org.apache.flink.table.api.bridge.scala._
import org.apache.flink.types.Row

/**
  * Flink Table API或SQL实时单词计数
  */
object Demo02_Table_WordCount {

    def main(args: Array[String]): Unit = {
        //1.创建表执行环境
        val env = StreamExecutionEnvironment.getExecutionEnvironment
        val settings = EnvironmentSettings
          .newInstance()
          .useBlinkPlanner()
          .inStreamingMode()
          .build()
        val tableEnv = StreamTableEnvironment.create(env, settings)

        //2.读取文件作为输入流，进行简单数据类型处理
        val inputStream: DataStream[String] = env.readTextFile(
            "D:\\input\\words.txt"
        )
        //val inputStream = env.socketTextStream("localhost",9999)
        //将单词转为(单词,1)的形式
        val dataStream: DataStream[(String, Int)] = inputStream
          .flatMap(_.split(" ")) //按照空格分割单词
          .map((_, 1))

        //3.数据流DataStream转化成Table表，并指定相应字段
        val inputTable:Table = tableEnv.fromDataStream[(String, Int)](
            dataStream,
            $"word",
            $"count"
        )
        //4.使用Table API对Table表进行关系操作
        val resultTable:Table = inputTable
          .groupBy($"word")
          .select($"word", $"count".sum)
```

```
//或者使用SQL API
/*val resultTable:Table = tableEnv.sqlQuery(
   s"""
     |select
     | word,
     | count(1) as wordcount
     |from $inputTable
     |group by word
   """.stripMargin
)*/
//5.结果Table转成DataStream数据流，并输出到控制台
resultTable.toRetractStream[(String,Long)].print()
//或者
//resultTable.toRetractStream[Row].print()
//6.任务执行
env.execute("MyJob")
   }
}
```

5.12 案例分析：Flink SQL 实时计算 5 秒内用户订单总金额

本例使用Flink SQL实时计算5秒内每个用户的订单总数、订单总金额，并使用水印解决数据延迟问题。用户订单数据包含的字段为：订单ID、用户ID、订单金额、订单时间。具体操作步骤如下。

1. 程序编写

（1）创建执行环境

由于是流处理，首先需要创建一个流执行环境StreamExecutionEnvironment，代码如下：

```
val env = StreamExecutionEnvironment.getExecutionEnvironment
```

然后通过创建EnvironmentSettings实例定义初始化表环境所需要的参数。这些参数只在实例化表环境（TableEnvironment）时使用，之后不能更改，代码如下：

```
//创建EnvironmentSettings实例并设置参数
val settings = EnvironmentSettings
  .newInstance()          //创建一个用于创建EnvironmentSettings实例的构建器
  .useBlinkPlanner()      //将Blink计划器设置为所需的模块（默认）
  .inStreamingMode()      //设置组件以流模式工作，默认启用
  .build()                //创建一个不可变的EnvironmentSettings实例
```

接下来使用StreamTableEnvironment的create()方法实例化一个流式表环境，该环境用于创

建与DataStream API集成的表和使用SQL API程序的入口点和中央上下文。它统一用于有界和无界数据处理。

```
val tableEnv: StreamTableEnvironment = StreamTableEnvironment.create(env,
settings)
```

（2）模拟实时流数据

接下来定义一个订单样例类，用于存放订单数据，代码如下：

```
case class Order(orderId:String,userId:Int,money:Double,createTime:Long)
```

接下来通过创建RichSourceFunction类的实例并实现其中的run()方法创建一个自定义数据源。然后使用流执行环境对象StreamExecutionEnvironment的addSource()方法将自定义数据源添加到流拓扑中，代码如下：

```
val orderDataStream:DataStream[Order]=env.addSource(new RichSourceFunction
[Order] {
    private var isRunning = true
    //启动Source
    override def run(ctx: SourceFunction.SourceContext[Order]): Unit = {
        val random = new Random()
        while (isRunning) {
            //用户订单数据
            val order=Order(
                UUID.randomUUID().toString(),      //订单ID
                random.nextInt(5),                 //用户ID：随机数0~4
                random.nextInt(200),               //订单金额：随机数0~199
                System.currentTimeMillis()         //订单时间：当前时间毫秒数
            )
            TimeUnit.SECONDS.sleep(1)//线程睡眠1秒钟
            ctx.collect(order)//发射一个订单元素
        }
    }
    override def cancel(): Unit = isRunning = false
})
```

addSource()方法可以使用用户定义的源函数为任意源创建一个DataStream。

（3）生成水印

接下来实现一个延迟3秒的固定延迟水印。Flink在DataStream中添加了assignTimestampsAndWatermarks(watermarkStrategy: WatermarkStrategy[T])方法用于生成水印。其作用是给数据流中的元素分配时间戳（Flink需要知道每个元素的事件时间），并生成水印以标记事件时间进度（关于水印的生成策略，见4.11.3节的详细讲解），代码如下：

```
//实现一个延迟3秒的固定延迟水印
val waterOrderStream=orderDataStream.assignTimestampsAndWatermarks(
    //指定水印生成策略:周期性策略
    WatermarkStrategy.forBoundedOutOfOrderness[Order](Duration
```

```
        .ofSeconds(3))//指定最大无序度，即允许的最大延迟时间
        .withTimestampAssigner(new SerializableTimestampAssigner[Order] {
            //指定事件时间戳，即让Flink知道元素中的哪个字段是事件时间
            override def extractTimestamp(element: Order, recordTimestamp: Long):
Long = element.createTime
        })
    )
```

（4）注册表（视图）

接下来使用流式表环境对象StreamTableEnvironment的createTemporaryView()方法将读取的订单数据流注册为一张表（视图），表名称为t_order，并指定表中所有字段，以便于后续进行SQL查询：

```
tableEnv.createTemporaryView("t_order", waterOrderStream,
    $("orderId"),//订单ID
    $("userId"),//用户ID
    $("money"),//订单金额
    $("createTime").rowtime()//订单时间（作为事件时间）
)
```

（5）执行 SQL 查询

接下来使用流式表环境对象StreamTableEnvironment的sqlQuery()方法执行一个具有5秒滚动窗口的SQL查询：

```
//定义SQL
val sql="select " +
  "userId," +
  "count(*) as totalCount," +
  "sum(money) as sumMoney " +
  "from t_order " +
  "group by userId," +
  "tumble(createTime, interval '5' second)"//5秒滚动窗口
//执行SQL查询
val resultTable: Table=tableEnv.sqlQuery(sql)
```

（6）输出结果

接下来使用流式表环境对象StreamTableEnvironment的toRetractStream()方法将结果Table转为DataStream流（撤回流，关于撤回流的详细介绍见5.2.3节的动态表转换为流），并输出到控制台：

```
val resultStream=tableEnv.toRetractStream[Row](resultTable)
resultStream.print()
```

关于将结果Table转为DataStream流，也可以使用以下代码，指定DataStream流的元素数据类型：

```
val resultStream: DataStream[(Boolean, (Int, Long, Double))] =
tableEnv.toRetractStream[(Int,Long,Double)](resultTable)
```

还可以直接使用Table的toRetractStream()方法将结果Table转为DataStream流，代码如下：

```
resultTable.toRetractStream[Row]
```

（7）触发执行

最后触发任务执行：

```
env.execute("MyJob")
```

2. 程序运行

直接在本地IDEA中运行本例应用程序，观察控制台的输出结果，发现每隔5秒钟控制台将输出一次计算结果，每次输出的结果为当前窗口的计算结果，与上一窗口的数据没有关联，如图5-36所示。

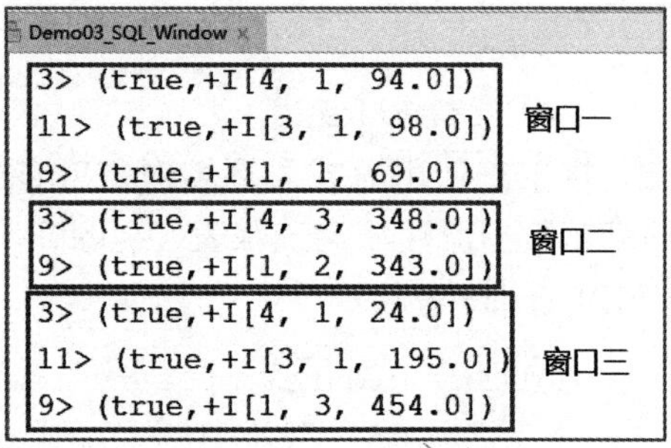

```
Demo03_SQL_Window
3> (true,+I[4, 1, 94.0])        窗口一
11> (true,+I[3, 1, 98.0])
9> (true,+I[1, 1, 69.0])
3> (true,+I[4, 3, 348.0])       窗口二
9> (true,+I[1, 2, 343.0])
3> (true,+I[4, 1, 24.0])        窗口三
11> (true,+I[3, 1, 195.0])
9> (true,+I[1, 3, 454.0])
```

图 5-36　窗口计算结果数据流

3. 完整代码

本例应用程序的完整代码如下：

```
import java.time.Duration
import java.util.UUID
import java.util.concurrent.TimeUnit

import org.apache.flink.api.common.eventtime.{SerializableTimestampAssigner,
WatermarkStrategy}
import org.apache.flink.streaming.api.functions.source.{RichSourceFunction,
SourceFunction}
import org.apache.flink.streaming.api.scala._
import org.apache.flink.table.api._
import org.apache.flink.table.api.bridge.scala._
import org.apache.flink.types.Row

import scala.util.Random
/**
  * Flink SQL实时计算5秒内每个用户的订单总数、订单总金额
  */
object Demo03_SQL_Window {
    def main(args: Array[String]): Unit = {

//1.创建表执行环境
    val env = StreamExecutionEnvironment.getExecutionEnvironment
    val settings = EnvironmentSettings
      .newInstance()
      .useBlinkPlanner()
      .inStreamingMode()
      .build()
    val tableEnv = StreamTableEnvironment.create(env, settings)

    //2.模拟实时流数据（使用自定义数据源）
```

```scala
val orderDataStream:DataStream[OrderA]=env.addSource(new
    RichSourceFunction[OrderA] {
    private var isRunning = true
    //启动Source
    override def run(ctx: SourceFunction.SourceContext[OrderA]): Unit
= {
        val random = new Random()
        while (isRunning) {
            //用户订单数据
            val order=OrderA(
                UUID.randomUUID().toString(),    //订单ID
                random.nextInt(5),               //用户ID：随机数0~4
                random.nextInt(200),             //订单金额：随机数0~199
                System.currentTimeMillis()       //订单时间：当前时间毫秒数
            )
            TimeUnit.SECONDS.sleep(1)            //线程睡眠1秒钟
            ctx.collect(order)                   //发射一个订单元素
        }
    }
    override def cancel(): Unit = isRunning = false
})

//3.生成水印，实现一个延迟3秒的固定延迟水印
    //水印Watermark=当前最大的事件时间-允许的最大延迟时间
    val waterOrderStream=orderDataStream.assignTimestampsAndWatermarks(
        //指定水印生成策略:周期性策略
        WatermarkStrategy.forBoundedOutOfOrderness[OrderA](Duration
            .ofSeconds(3))//指定最大无序度，即允许的最大延迟时间
            .withTimestampAssigner(new SerializableTimestampAssigner
[OrderA] {
            //指定事件时间戳，即让Flink知道元素中的哪个字段是事件时间
            override def extractTimestamp(element: OrderA, recordTimestamp:
Long): Long = element.createTime
        })
    )

    //4.注册一张表（视图）
    tableEnv.createTemporaryView("t_order", waterOrderStream,
        $("orderId"),
        $("userId"),
        $("money"),
        $("createTime").rowtime()
    )

//5.执行SQL查询
    val sql="select " +
        "userId," +
```

```
            "count(*) as totalCount," +
            "sum(money) as sumMoney " +
            "from t_order " +
            "group by userId," +
            "tumble(createTime, interval '5' second)"//5秒滚动窗口
        val resultTable:Table=tableEnv.sqlQuery(sql)
```

//6.结果Table转为DataStream
```
        val resultStream=tableEnv.toRetractStream[Row](resultTable)
        //或
        //val resultStream: DataStream[(Boolean, (Int, Long, Double))] =
tableEnv.toRetractStream[(Int,Long,Double)](resultTable)
        //或
        //resultTable.toRetractStream[Row].print()
```

//7.输出结果
```
        resultStream.print()
        //8.触发执行
        env.execute("MyJob")
    }
}
//样例类
case class OrderA(orderId:String,userId:Int,money:Double,createTime:Long)
```

5.13 案例分析：微博用户行为分析

　　当今互联网每天都在产生大量的Web日志和移动应用日志,通过对日志分析可以获取用户的浏览行为,从而更好地有针对性地进行系统的运营。而随着每天日志数据上百GB的增长,传统的单机处理架构已经不能满足需求,此时就需要使用大数据技术并行计算来解决。

　　本例讲解如何使用大数据技术对微博海量用户访问日志数据进行行为分析。此处只讲解开发思路以及架构设计,具体的编码不做详细讲解。

5.13.1　离线与实时计算业务架构

1.业务需求

假设现在需要实现以下需求:

- 实时统计前100名流量最高的微博话题。
- 实时统计当前系统的话题总数。
- 统计一天中哪个时段用户浏览量最高。
- 使用报表展示统计结果。

2. 设计思路

上述需求涉及离线计算和实时计算，由于Flink既拥有离线计算组件又拥有实时计算组件，因此使用Flink为核心进行数据分析会更加容易，免去了搭建其他系统的步骤，且易于维护，整个系统数据流架构的设计如图5-37所示。

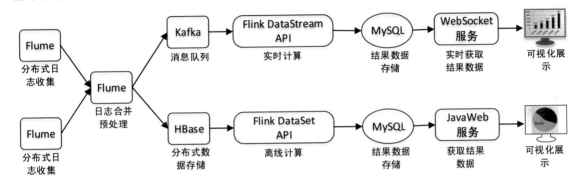

图 5-37　日志分析系统数据流架构设计

日志数据流的分析步骤如下：

1）在产生日志的每台服务器上安装Flume进行日志采集，然后把各自采集到的日志数据发送给同一个Flume服务器进行日志的合并。

2）将合并后的日志数据分成两路，一路进行实时计算，另一路进行离线计算。将需要实时计算的数据发送到实时消息系统Kafka进行中转，将需要离线计算的数据存储到HBase分布式数据库中。

3）使用Flink DataStream API作为Kafka的消费者，按实时从Kafka中获取数据进行实时计算，并将计算结果存储于MySQL关系型数据库中。

4）使用Flink DataSet API定时查询HBase中的日志数据进行离线计算，并将计算结果存储于MySQL关系型数据库中。通常的做法是使用两个关系型数据库分别存储实时和离线的计算结果。

5）使用WebSocket实时获取MySQL中的数据，然后通过可视化组件（ECharts等）进行实时展示。

6）当用户在前端页面点击需要获取离线计算结果时，使用Java Web获取MySQL中的结果数据，然后通过可视化组件（ECharts等）进行展示。

3. 系统架构

整个系统的技术架构如图5-38所示。

❖ **数据来源层**

用户在Web网站和手机App中浏览相关话题，服务器端会生成大量的日志文件记录用户的浏览行为。

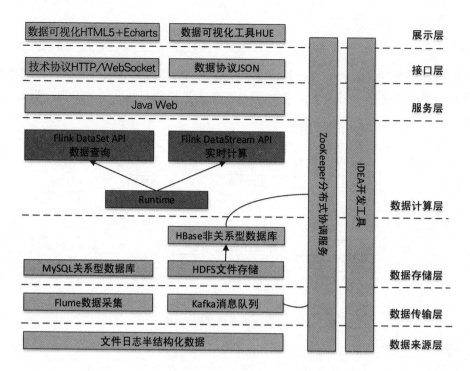

图 5-38　日志分析系统技术架构

❖ **数据传输层**

Apache Flume是一个分布式的、可靠和易用的日志收集系统，用于将大量日志数据从许多不同的源进行收集、聚合，最终移动到一个集中的数据中心进行存储。Flume的使用不仅仅限于日志数据聚合，由于数据源是可定制的，Flume可以用于传输大量数据，包括但不限于网络流量数据、社交媒体生成的数据、电子邮件消息和几乎所有可能的数据源。

Kafka是一个基于ZooKeeper的高吞吐量、低延迟的分布式发布与订阅消息系统，它可以实时处理大量消息数据以满足各种需求。即便使用非常普通的硬件，Kafka每秒也可以处理数百万条消息，其延迟最低只有几毫秒。

为了使Flume收集的数据和下游系统之间解耦合，保证数据的传输低延迟，采用Kafka作为消息中间件进行日志的中转。

❖ **数据存储层**

Apache HBase是一个分布式的、非关系型的列式数据库，数据存储于分布式文件系统并且使用ZooKeeper作为协调服务。HDFS为HBase提供了高可靠的底层存储支持，ZooKeeper则为HBase提供了稳定的服务和失效恢复机制。

HBase的设计目的是处理非常庞大的表，甚至可以使用普通计算机处理超过10亿行的、由数百万列组成的表的数据。

❖ **数据计算层**

Flink的核心是一个对由很多计算任务组成的、运行在多个工作机器或者一个计算集群上的应用进行调度、分发以及监控的计算引擎，是Flink分布式数据处理的核心实现，为API工具层提供基础服务。

在Flink Runtime的基础上，Flink提供了面向流处理（DataStream API）和批处理（DataSet API）的不同计算接口，并在此接口之上抽象出不同的应用类型组件库，例如基于流处理的CEP（复杂事件处理库）、Table&SQL（结构化表处理库）和基于批处理的Gelly（图计算库）、FlinkML（机器学习库）、Table&SQL（结构化表处理库）。

5.13.2　Flume 数据采集架构

1. 单节点架构

Flume中最小的独立运行单位是Agent，Agent是一个JVM进程，运行在日志收集节点（服务器节点）上，其包含3个组件——Source（源）、Channel（通道）和Sink（接收地）。数据可以从外部数据源流入这些组件，然后输出到目的地。一个Flume单节点架构如图5-39所示。

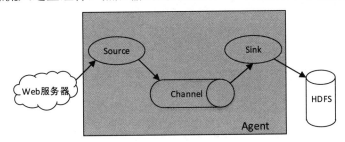

图 5-39　Flume 单节点架构

Flume中传输数据的基本单位是event（如果是文本文件，通常是一行记录），event包括event头（headers）和event体（body），event头是一些key-value键值对，存储在Map集合中，就好比HTTP的头信息，用于传递与体不同的额外信息。event体为一个字节数组，存储实际要传递的数据。event的结构如图5-40所示。

event从Source流向Channel，再流向Sink，最终输出到目的地。event的数据流向如图5-41所示。

图 5-40　event 的结构

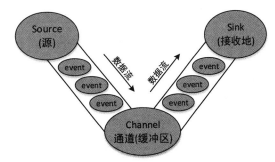

图 5-41　event 的数据流向

2. 多节点架构

如图5-42所示，Flume除了可以单节点直接采集数据外，也提供了多节点共同采集数据的功能，多个Agent位于不同的服务器上，每个Agent的Avro Sink将数据输出到了另一台服务器上的同一个Avro Source进行汇总，最终将数据输出到了HDFS文件系统中。

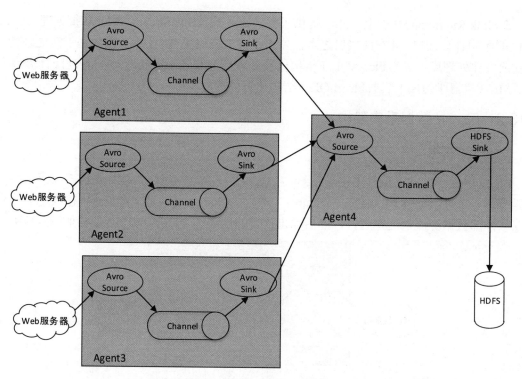

图 5-42　Flume 多节点共同采集数据架构

例如，一个大型网站，为了实现负载均衡功能，往往需要部署在多台服务器上，每台服务器都会产生大量日志数据，如何将每台服务器的日志数据汇总到一台服务器上，然后对其进行分析呢？这个时候可以在每台网站所在的服务器上安装一个 Flume，每个 Flume 启动一个 Agent 对本地日志进行收集，然后分别将每个 Agent 收集到的日志数据发送到同一台装有 Flume 的服务器进行汇总，最终将汇总的日志数据写入本地 HDFS 文件系统中。

为了能使数据流跨越多个 Agent，前一个 Agent 的 Sink 和当前 Agent 的 Source 需要同样是 Avro 类型，并且 Sink 需要指定 Source 的主机名（或者 IP 地址）和端口号。

此外，Flume 还支持将数据流多路复用到一个或多个目的地，如图 5-43 所示。

在图 5-43 中，名称为 foo 的 Agent 中的 Source 组件将接收到的数据发送给了 3 个不同的 Channel，这种方式可以是复制或多路输出。在复制的情况下，每个 event 都被发送到所有 3 个 Channel。对于多路输出的情况，一个 event 可以被发送到一部分可用的 Channel 中，Flume 会根据 event 的属性和预先配置的值选择 Channel，可以在 Agent 的配置文件中进行映射的设置。名称为 bar 的 Agent、JMS 和 HDFS 分别接收了来自 Sink1、Sink2 和 Sink3 的数据，这种方式称为"扇出"。所谓扇出，就是 Sink 可以将数据输出到多个目的地中。Flume 还支持"扇入"方式。所谓扇入，就是一个 Source 可以接收来自多个数据源的输入。

注　意
一个 Source 可以对应多个 Channel，一个 Channel 也可以对应多个 Source。一个 Channel 可以对应多个 Sink，但一个 Sink 只能对应一个 Channel。

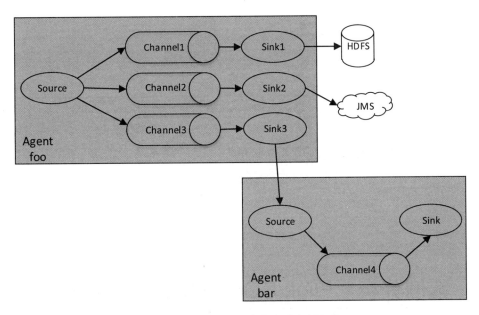

图 5-43　Flume 数据流的多路复用架构

5.13.3　Kafka 消息队列架构

Kafka的消息传递流程如图5-44所示。生产者将消息发送给Kafka集群，同时Kafka集群将消息转发给消费者。

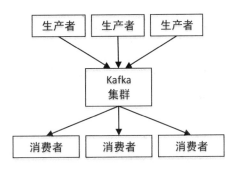

图 5-44　Kafka 的消息传递流程

在Kafka中，客户端和服务器之间的通信是通过一个简单的、高性能的、与语言无关的TCP协议完成的。该协议进行了版本控制，并与旧版本保持向后兼容。Kafka不仅提供Java客户端，也提供其他多种语言的客户端。

一个典型的Kafka集群中包含若干生产者（数据可以是Web前端产生的页面内容或者服务器日志等）、若干Broker、若干消费者（可以是Hadoop集群、实时监控程序、数据仓库或其他服务）以及一个ZooKeeper集群。ZooKeeper用于管理和协调Broker。当Kafka系统中新增了Broker或者某个Broker故障失效时，ZooKeeper将通知生产者和消费者。生产者和消费者据此开始与其他Broker协调工作。

Kafka的集群架构如图5-45所示。生产者使用Push模式将消息发送到Broker，而消费者使用Pull模式从Broker订阅并消费消息。

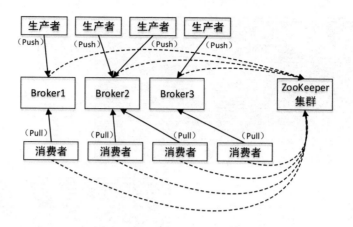

图 5-45 Kafka 的集群架构

5.14 案例分析：Flink SQL 智慧交通数据分析

本项目使用Flink SQL结合Hive分析道路摄像头拍摄的车辆数据，对各卡口和摄像头的状态、卡口的车流量、道路安全情况等进行监控，以便进行合理的道路交通规划和管制。

5.14.1 项目介绍

1. 数据概念

卡口号：在一条道路的红绿灯位置会有两个卡口，这两个卡口分别拍摄不同方向的车辆，每个卡口的编号称为卡口号。卡口位置示意图如图5-46所示。

摄像头编号：每一个卡口都有很多摄像头，同一卡口的所有摄像头拍摄的是同一方向的车辆，每一个方向都会有多个不同的车道，每一个车道对应一个摄像头，每个摄像头都有各自的编号。

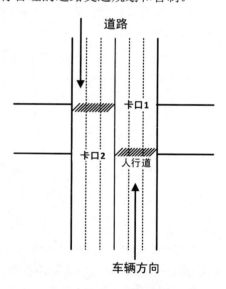

图 5-46 卡口位置示意图

2. 项目架构

整个项目架构可以使用离线计算和实时计算两种模式。

针对实时计算，需要将摄像头拍摄的数据实时写入分布式消息队列Kafka中；然后由后端实时数据处理程序（Flink）实时从Kafka中读取数据；最后对实时的数据进行处理和计算，实现实时的车辆调度、内容推荐等。

针对离线计算，需要将摄像头每次拍摄的数据传输到服务器端的文本文件中，然后使用可以进行离线计算的框架（Hive、Flink SQL）分析文本文件中的数据。

本案例重点讲解离线计算。

3. 环境搭建

需要提前搭建好Flink Standalone模式集群（参考3.1.2节），并配置与Hive整合（参考5.10节），使用MySQL作为Hive的元数据库。Flink集群角色分配如表5-5所示。

表 5-5 Flink 集群角色分配

节　　点	角　　色
centos01	Master
centos02	Worker
centos03	Worker

集群搭建所使用的软件及版本如下：

- Hadoop: 2.8.2。
- Hive: 2.3.3。
- Flink: 1.13.0。

5.14.2　数据准备

1. 数据库表设计

本项目使用两张数据库表记录数据，解析如下：

- monitor_flow_action表：记录车辆流动数据。摄像头每拍到一辆车，都会向该表写入一条该车辆的数据。
- monitor_camera_info表：记录卡口编号与摄像头编号的对应关系（一个卡口有多个摄像头）。

monitor_flow_action表字段设计如下：

- date: 日期。
- monitor_id: 卡口号。
- camera_id: 摄像头编号。
- car: 车牌号。
- action_time: 某个摄像头的拍摄时间。
- speed: 车辆通过卡口的速度。
- road_id: 道路ID。
- area_id: 区域ID。

monitor_camera_info表字段设计如下：

- monitor_id: 卡口编号。
- camera_id: 摄像头编号。

2. 数据文件准备

新建表数据文件monitor_flow_action，用于记录车辆流动情况。字段之间使用制表符分隔，从左到右依次为：日期、卡口ID、摄像头ID、车牌号、拍摄时间、车速、道路ID、区域ID，数据格式如下（由于篇幅原因，只展示少量数据）：

```
2018-04-26    0007    87299    深W619952018-04-26 02:03:42 89    1    02
2018-04-26    0006    26095    深W619952018-04-26 02:07:31 76    4    04
2018-04-26    0005    43356    深W619952018-04-26 02:13:57 67    32   05
2018-04-26    0004    84544    深W619952018-04-26 02:42:09 65    16   03
2018-04-26    0007    61695    深M374372018-04-26 18:19:41 68    49   05
2018-04-26    0007    14168    深M374372018-04-26 18:45:05 59    16   05
2018-04-26    0000    08079    深M374372018-04-26 18:10:50 66    36   06
2018-04-26    0004    43477    鲁P995592018-04-26 03:23:34 60    38   01
2018-04-26    0004    43155    鲁P995592018-04-26 03:47:14 79    36   08
2018-04-26    0007    82075    鲁P995592018-04-26 03:01:18 71    25   08
2018-04-26    0004    99554    鲁P995592018-04-26 03:50:55 75    21   05
2018-04-26    0000    03025    京S539092018-04-26 23:13:29 63    43   07
2018-04-26    0004    57346    京S539092018-04-26 23:34:34 43    35   05
2018-04-26    0005    75666    京S539092018-04-26 23:40:28 49    21   02
2018-04-26    0000    80158    京S539092018-04-26 23:29:37 38    48   01
2018-04-26    0006    67219    京S539092018-04-26 23:28:34 50    12   02
```

新建表数据文件monitor_camera_info，用于记录卡口与摄像头的对应关系。字段之间使用制表符分隔，从左到右依次为：卡口ID、摄像头ID，数据格式如下（由于篇幅原因，只展示少量数据）：

```
0007    78805
0007    63126
0007    45300
0007    06281
0007    15845
0006    85661
0006    86717
0006    20434
```

将表数据文件上传到Flink主节点（本例为ccntos01节点）的指定目录，例如/opt/data。

3. 导入数据到Hive

（1）启动相应服务

在Hadoop安装目录执行以下命令，启动HDFS集群：

```
sbin/start-dfs.sh
```

在Flink安装目录执行以下命令，启动Flink集群：

```
bin/start-cluster.sh
```

在Hive安装目录执行以下命令，启动Hive CLI：

```
bin/hive
```

在Hive安装目录执行以下命令，启动Hive的Metastore Server：

```
bin/hive --service metastore &
```

在Flink安装目录执行以下命令，启动Flink SQL CLI：

```
bin/sql-client.sh
```

（2）创建数据库和表

首先在Hive CLI中执行以下命令，创建数据库traffic_db：

```
hive> create database traffic_db;
```

使用（切换到）该数据库：

```
hive> use traffic_db;
```

然后在Hive中创建monitor_flow_action表，字段分隔符为制表符"\t"：

```
hive> CREATE TABLE IF NOT EXISTS monitor_flow_action (
    >      `date` STRING,
    >      monitor_id STRING,
    >      camera_id STRING,
    >      car STRING,
    >      action_time STRING,
    >      speed STRING,
    >      road_id STRING,
    >      area_id STRING
    > )
    > row format delimited fields terminated by '\t' ;
```

向monitor_flow_action表导入已准备好的本地数据：

```
hive> load data local inpath '/opt/data/monitor_flow_action' into table
monitor_flow_action;
```

接下来在Hive中创建monitor_camera_info表：

```
hive> CREATE TABLE IF NOT EXISTS monitor_camera_info (
    >      monitor_id STRING,
    >      camera_id STRING
    > )
    > row format delimited fields terminated by '\t';
```

向monitor_camera_info表导入已准备好的本地数据：

```
hive> load data local inpath '/opt/data/monitor_camera_info' into table
monitor_camera_info;
```

显示当前数据库中的所有表名称：

```
hive> show tables;
OK
monitor_camera_info
monitor_flow_action
```

5.14.3 统计正常卡口数量

1. 实现思路

查询monitor_flow_action表中卡口号去重后的数量，即为正常卡口数量。

2. 编码实操

若使用Hive CLI编写HiveQL进行查询，将开启MapReduce任务，执行效率比较低。因此，可以直接在Flink SQL CLI中编写SQL语句查询。

在Flink SQL CLI中切换到数据库traffic_db：

```
Flink SQL> use traffic_db;
```

查询所有正常卡口数量：

```
Flink SQL> select count(distinct monitor_id) from monitor_flow_action;
```

或者根据日期进行筛选查询，命令如下：

```
Flink SQL> select count(distinct monitor_id) from monitor_flow_action where
`date`>='2018-04-26' and `date`<='2018-04-27';
```

也可以编写**Flink SQL**应用程序进行查询，代码如下：

```scala
package sql.demo
import org.apache.flink.table.api._
import org.apache.flink.table.catalog.hive.HiveCatalog
/**
  * Flink SQL连接Hive，分析表数据
  */
object Flink_SQL_Hive_Traffic {
   def main(args: Array[String]): Unit = {
       //1.创建表执行环境
      val settings = EnvironmentSettings
        .newInstance()
        .useBlinkPlanner()
        .inBatchMode()//批处理模式，默认为流模式
        .build()
      val tableEnv = TableEnvironment.create(settings)

       //2.连接Hive
      val catalogName= "myhive"//Catalog名称
      val defaultDatabase="default"//默认数据库名称
      //Hive配置文件目录位置
      val hiveConfDir= "/opt/modules/apache-hive-2.3.3-bin/conf/"
      //创建HiveCatalog
      val hive = new HiveCatalog(catalogName, defaultDatabase, hiveConfDir)
      //注册一个Catalog，名称为myhive（Catalog下可以创建数据库和表）
      tableEnv.registerCatalog("myhive", hive)
      //使用已经注册的myhive作为默认Catalog
      tableEnv.useCatalog("myhive")

       //3.执行统计
      //切换到traffic_db数据库
      tableEnv.executeSql("use traffic_db")
      //统计正常卡口数量
      tableEnv.executeSql(
```

```
        "select " +
          "count(distinct monitor_id) as total " +
          "from monitor_flow_action "
      ).print()
    }
}
```

将上述应用程序打包为FlinkDemo-1.0-SNAPSHOT.jar，上传到Flink集群主节点的 /opt/softwares目录中，执行以下命令提交到Flink集群中运行：

```
bin/flink run -c \
sql.demo.Flink_SQL_Hive_Traffic \
/opt/softwares/FlinkDemo-1.0-SNAPSHOT.jar
```

运行过程中可以使用浏览器访问集群主节点的8081端口，查看Flink WebUI正在运行的作业，默认作业名称为collect，如图5-47所示。

Job Name	Start Time	Duration	End Time	Tasks	Status
collect	2021-08-18 10:45:53	22s	-	3 2 1	RUNNING

图 5-47 Flink WebUI 正在运行的作业

观察控制台打印的运行日志和结果如下：

```
2021-08-18 10:43:56,454 INFO  org.apache.hadoop.mapred.FileInputFormat
                  [] - Total input files to process : 1
Job has been submitted with JobID 073a7acc54ab1b02fddc3f1d163a5b65
+--------------------+
|              total |
+--------------------+
|                  9 |
+--------------------+
1 row in set
```

若需统计异常卡口数量，则使用卡口总数减去正常数量即为异常数量。

5.14.4 统计车流量排名前 3 的卡口号

1. 实现思路

查询monitor_flow_action表，按照卡口号分组，统计每一组的数量，最后根据每一组的数量降序排列取前3个。

2. 编码实操

使用Flink SQL CLI查询方式，SQL语句及执行结果如下：

```
Flink SQL>
> select
>     monitor_id,count(*) as total
```

```
>     from monitor_flow_action
> group by monitor_id
> order by total desc
> limit 3;

+------------+-------+
| monitor_id | total |
+------------+-------+
|       0008 |  7354 |
|       0004 |  7278 |
|       0000 |  7252 |
+------------+-------+
3 rows in set
```

若执行时报以下错误：

```
Exception in thread "main" org.apache.flink.table.client.SqlClientException:
Unexpected exception. This is a bug. Please consider filing an issue.
      at org.apache.flink.table.client.SqlClient.startClient
(SqlClient.java:201)
      at org.apache.flink.table.client.SqlClient.main(SqlClient.java:161)
  Caused by: java.lang.NoSuchMethodError:
org.apache.commons.lang3.StringUtils.join([IC)Ljava/lang/String;
```

原因是Flink集群中缺少commons-lang3-3.9.jar依赖，将该JAR包上传到Flink集群各个节点的Flink安装目录下的lib目录中，重启Flink集群即可。

Flink SQL应用程序查询方式，代码如下：

```
tableEnv.executeSql(
    " select monitor_id,count(*) as total " +
    "from monitor_flow_action " +
    "group by monitor_id " +
    "order by total desc " +
    "limit 3"
).print()
```

5.14.5　统计每个卡口通过速度最快的前 3 辆车

1. 实现思路

对于分组求TopN的需求可以使用开窗函数，开窗函数的格式如下：

```
row_number() over (partition by 分组列 order by 排序列 desc) as row_num
```

上述格式解析如下：

- partition by：按照某一列进行分组。
- order by：分组后按照某一列进行组内排序。
- desc：降序，默认升序。
- row_num：每一组中的每一行的行号，从1开始。根据行号可以取每一组的前N个值。

2. 编码实操

使用Flink SQL CLI查询方式，SQL语句及执行结果如下（展示部分结果数据）：

```
Flink SQL>
> SELECT
> *
> FROM(
>     SELECT
>         monitor_id,
>         car,
>         speed,
>         row_number () over (PARTITION BY monitor_id ORDER BY cast(speed AS INT)
DESC ) AS row_num
>     FROM monitor_flow_action
> ) t
> WHERE
> t.row_num <= 3;
```

```
+------------+----------+-------+---------+
| monitor_id |      car | speed | row_num |
+------------+----------+-------+---------+
|       0000 | 京D46925 |    78 |       1 |
|       0000 | 京G18094 |    70 |       2 |
|       0000 | 京C50564 |    69 |       3 |
|       0001 | 沪Q40729 |    88 |       1 |
|       0001 | 京B95733 |    78 |       2 |
|       0001 | 京Q37895 |    65 |       3 |
|       0002 | 京K01264 |    80 |       1 |
|       0002 | 京G85974 |    76 |       2 |
|       0002 | 深E09224 |    69 |       3 |
省略部分数据...
+------------+----------+-------+---------+
27 rows in set
```

上述代码中，cast(speed AS INT)表示将speed字段转为Int类型进行排序（该字段在表中的类型为String，直接使用String类型排序的结果不准确）。

使用Flink SQL应用程序查询方式，代码如下：

```
tableEnv.executeSql(
    """
    SELECT
      *
    FROM(
        SELECT
          monitor_id,
          car,
          speed,
```

```
            row_number () over (PARTITION BY monitor_id ORDER BY cast (speed AS INT)
DESC ) AS row_num
            FROM monitor_flow_action
        ) t
        WHERE
        t.row_num <= 3
        """
).print()
```

5.14.6 车辆轨迹分析

1. 需求描述

查询指定日期内某一车辆的运行轨迹。例如查询车牌号"京S53909"在2018年04月26日至2018年04月27日期间的运行轨迹。

2. 实现思路

查询指定日期内某一车辆经过了哪些卡口，按照时间升序排列，最后打印卡口号和时间两个字段。

3. 编码实操

使用Flink SQL CLI查询方式，SQL语句及执行结果如下（展示部分结果数据）：

```
Flink SQL>
> select
>     monitor_id,
>     action_time
> from monitor_flow_action
> where car='京S53909'
> and action_time>='2018-04-26'
> and action_time<='2018-04-27'
> order by action_time asc;

+------------+---------------------+
| monitor_id |      action_time    |
+------------+---------------------+
|       0003 | 2018-04-26 23:00:00 |
|       0000 | 2018-04-26 23:02:29 |
|       0007 | 2018-04-26 23:08:41 |
|       0007 | 2018-04-26 23:08:51 |
|       0005 | 2018-04-26 23:13:13 |
|       0000 | 2018-04-26 23:13:29 |
|       0003 | 2018-04-26 23:16:03 |
|       0008 | 2018-04-26 23:16:23 |
…
+------------+---------------------+
```

使用Flink SQL应用程序查询方式，代码如下：

```
tableEnv.executeSql(
    """
    select
        monitor_id,
        action_time
    from monitor_flow_action
    where car= '京S53909'
    and action_time>='2018-04-26'
    and action_time<='2018-04-27'
    order by action_time asc
    """
).print()
```

第 6 章

Flink 内核源码

本章内容

本章主要讲解 Flink 中的数据流转换过程，包括流图、作业图、执行图的核心对象、原理和生成过程，从代码角度进行深入剖析，让读者充分了解 Flink 的数据流结构与底层内核源码。

本章目标

❋ 掌握Flink流图的概念原理。

❋ 掌握Flink流图的核心对象与生成过程。

❋ 掌握Flink作业图的概念原理。

❋ 掌握Flink作业图的核心对象与生成过程。

❋ 掌握Flink执行图的概念原理。

❋ 掌握Flink执行图的核心对象与生成过程。

6.1 流图

Flink应用程序执行时会根据数据流生成多种图，每种图对应作业的不同阶段。根据不同图的生成顺序，主要分为4层：StreamGraph→JobGraph→ExecutionGraph→物理执行图。执行流程如图6-1所示。

具体执行步骤如下：

1）Flink Client将作业的应用程序代码生成StreamGraph（在批模式下生成的是OptimizedPlan，这里暂不讲解）。StreamGraph是表示流处理程序拓扑的数据结构，描述了算子和算子之间逻辑上的拓扑关系，封装了生成作业图（JobGraph）的必要信息。

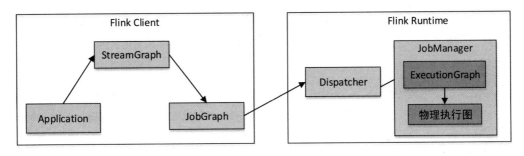

图 6-1　Flink 作业生成整体流程

2）将StreamGraph 转换为JobGraph。JobGraph表示JobManager可接受的低级别Flink数据流程序。所有来自更高级别API的程序都被转换成JobGraph。JobGraph是一个顶点和中间结果的图，这些顶点和中间结果连接在一起形成一个DAG（有向无环图）。JobGraph定义了作业范围的配置信息，而每个顶点和中间结果定义了具体操作和中间数据的特征。

3）将JobGraph提交给Dispatcher。Dispatcher组件负责接收作业提交、在故障时恢复作业、监控Flink会话集群的状态等。

4）Dispatcher根据JobGraph创建相应的JobManager并运行。

5）JobManager将JobGraph 转换为ExecutionGraph。ExecutionGraph是协调数据流的分布式执行的中心数据结构，它保留了每个并行任务、每个中间流以及它们之间的通信信息。

6）JobManager将ExecutionGraph转换为物理执行图。

6.1.1　StreamGraph 核心对象

在生成JobGraph并提交给JobManager之前，会预先生成StreamGraph。WordCount单词计数的StreamGraph如图6-2所示。

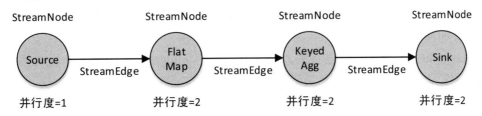

图 6-2　StreamGraph 示意图

StreamNode和StreamEdge是StreamGraph的核心数据结构对象。

1. StreamNode

StreamNode是StreamGraph中的节点，即流程序中的算子。一个StreamNode表示一个算子。Source和Sink在StreamGraph中也是以StreamNode表示的，它们是一种算子，只是因为它们是流的输入和输出而有特定的称呼。

在StreamGraph中存在实体和虚拟的StreamNode。因为StreamNode是转换而来的，但并非所有转换操作都具有实际的物理意义（即物理上对应具体的算子），有些转换操作只是逻辑概念，例如分区（Partition）、分割/选择（Select）和合并（Union）不会在StreamGraph中创建实际的节点（StreamNode），而是在StreamGraph中创建一个虚拟节点，该节点包含特定的属性，例如分区、选择器等。例如，某个流处理应用对应的转换树如图6-3所示。

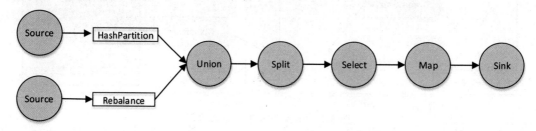

图 6-3　某个流处理应用对应的转换树

生成StreamGraph时，转换树中对应的一些逻辑操作在StreamGraph中并不存在。其生成的StreamGraph如图6-4所示。

Flink将这些逻辑转换操作转换成了虚拟节点，它们的信息会被存储到从Source到Map转换的边（StreamEdge）上。

2. StreamEdge

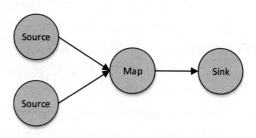

图 6-4　某个流处理应用对应的 StreamGraph

StreamEdge是StreamGraph中的边，用于连接两个StreamNode，一个StreamNode可以有多个入边、出边。StreamEdge中存储了分区器、旁路输出等信息。

3. StreamNode和StreamEdge的关系

StreamNode和StreamEdge之间有着双向的依赖关系。StreamEdge包含其连接的源节点（源StreamNode，使用sourceVertex属性表示）和目的节点（目的StreamNode，使用sourceVertex属性表示），如图6-5所示。

StreamNode中存储了与其连接的入边集合（使用inEdges属性表示）和出边集合（使用outEdges属性表示），集合的元素类型为StreamEdge，如图6-6所示。

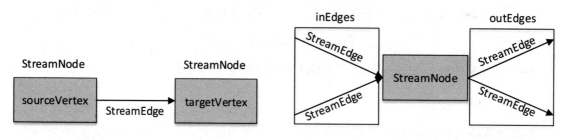

图 6-5　StreamEdge 示意图　　　　图 6-6　StreamNode 示意图

StreamNode中还封装了算子的其他关键属性，比如其并行度、分区信息、输入与输出类型的序列化器等。

StreamEdge类的构造函数源码如下：

```
public StreamEdge(
        StreamNode sourceVertex,//源节点
        StreamNode targetVertex,//目的节点
        int typeNumber,
        long bufferTimeout,
        StreamPartitioner<?> outputPartitioner,//分区器
        OutputTag outputTag,//一种类型化的命名标签，用于标记算子的侧道输出
        ShuffleMode shuffleMode) {//shuffle模式定义了算子之间的数据交换方式

    this.sourceId = sourceVertex.getId();//源节点ID
    this.targetId = targetVertex.getId();//目的节点ID
    this.typeNumber = typeNumber;
    this.bufferTimeout = bufferTimeout;
    this.outputPartitioner = outputPartitioner;//分区器
    this.outputTag = outputTag;//一种类型化的命名标签，用于标记算子的侧道输出
    //源节点的算子名称
    this.sourceOperatorName = sourceVertex.getOperatorName();
    //目的节点的算子名称
    this.targetOperatorName = targetVertex.getOperatorName();
    this.shuffleMode = checkNotNull(shuffleMode);
    this.edgeId =
            sourceVertex + "_" + targetVertex + "_" + typeNumber + "_" +
outputPartitioner;
    }
```

在StreamNode类中，入边集合inEdges和出边集合outEdges的定义源码如下：

```
private List<StreamEdge> inEdges = new ArrayList<StreamEdge>();
private List<StreamEdge> outEdges = new ArrayList<StreamEdge>();
```

给StreamNode添加入边和出边，实际上就是向集合inEdges和outEdges添加元素，源码如下：

```
/**
 * 添加入边
 * @param inEdge 边对象
 */
public void addInEdge(StreamEdge inEdge) {
    if (inEdge.getTargetId() != getId()) {
        throw new IllegalArgumentException("Destination id doesn't match the
StreamNode id");
    } else {
        inEdges.add(inEdge);
    }
}
/**
 * 添加出边
 * @param outEdge 边对象
 */
public void addOutEdge(StreamEdge outEdge) {
```

```
        if (outEdge.getSourceId() != getId()) {
            throw new IllegalArgumentException("Source id doesn't match the
StreamNode id");
        } else {
            outEdges.add(outEdge);
        }
    }
```

6.1.2 StreamGraph 生成过程

StreamExecutionEnvironment中的getStreamGraph()方法用于生成一个StreamGraph。该方法的源码如下：

```
/**
 * 生成流作业的StreamGraph，同时可以设置允许清除转换。例如，在多次调用execute()时不执
行相同的操作
 * @param jobName 作业名称
 * @param clearTransformations 是否清除先前注册的转换
 * @return 流图（StreamGraph对象）
 */
@Internal
public StreamGraph getStreamGraph(String jobName, boolean clearTransformations) {
    //得到StreamGraphGenerator对象，生成StreamGraph
    StreamGraph streamGraph = getStreamGraphGenerator().setJobName(jobName).
generate();
    if (clearTransformations) {
        this.transformations.clear();
    }
    return streamGraph;
}
```

上述关键代码为，使用生成器StreamGraphGenerator的generate()方法生成StreamGraph。

1. StreamGraphGenerator

StreamGraphGenerator是一个根据Transformation生成StreamGraph的生成器，它将从Sink开始遍历转换树。在每次转换时，递归地对输入进行转换，然后在StreamGraph中创建一个节点（StreamNode），并将来自输入节点的边（StreamEdge）添加到新创建的节点。转换方法返回StreamGraph中表示输入转换的节点ID。

当从虚拟节点到下游节点创建一条边时，StreamGraph解析原始节点的ID，并使用所需属性在图中创建一条边，如下所示：

```
Map-1 -> HashPartition-2 -> Map-3
```

其中数字代表转换ID。一直向下递归，Map-1被转换，即创建一个ID为1的StreamNode。然后转换HashPartition，为此创建ID为4的虚拟节点，该节点持有属性 HashPartition。此转换返回ID 4。然后转换Map-3，添加边4→3。StreamGraph解析了ID为1的实际节点，并使用属性HashPartition创建边1→3。

2. generate()方法

StreamGraphGenerator的generate()方法用于生成StreamGraph、配置StreamGraph、遍历所有转换（Transformation）和节点（StreamNode），源码如下：

```java
public StreamGraph generate() {
    //创建StreamGraph对象
    streamGraph = new StreamGraph(executionConfig, checkpointConfig,
savepointRestoreSettings);
    shouldExecuteInBatchMode =
shouldExecuteInBatchMode(runtimeExecutionMode);
    //配置StreamGraph
    configureStreamGraph(streamGraph);

    alreadyTransformed = new HashMap<>();
    //遍历所有转换
    for (Transformation<?> transformation : transformations) {
        transform(transformation);
    }
    //遍历所有节点
    for (StreamNode node : streamGraph.getStreamNodes()) {
        if (node.getInEdges().stream().anyMatch(edge ->
edge.getPartitioner().isPointwise())) {
            //遍历所有入边
            for (StreamEdge edge : node.getInEdges()) {
                edge.setSupportsUnalignedCheckpoints(false);
            }
        }
    }
    ...
}
```

上述代码中的Transformation代表从一个或多个DataStream生成新DataStream的操作。每个DataStream都有一个底层的Transformation，它是DataStream的起源。

Transformation类中定义的关键方法如表6-1所示。

表6-1　Transformation中的关键方法

返回类型	方　　法	描　　述
long	getBufferTimeout()	返回此转换的缓冲超时时间
int	getId()	返回此转换的唯一 ID
abstract List<Transformation<?>>	getInputs()	返回此转换的上游转换
int	getMaxParallelism()	获取此流转换的最大并行度
ResourceSpec	getMinResources()	获取此流转换的最小资源
String	getName()	返回此转换的名称
TypeInformation<T>	getOutputType()	以 TypeInformation 的形式返回此转换的输出类型

（续表）

返回类型	方　　法	描　　述
int	getParallelism()	返回此转换的并行度
void	setMaxParallelism(int maxParallelism)	设置此流转换的最大并行度
void	setParallelism(int parallelism)	设置此转换的并行度

所有的Transformation均继承自抽象类Transformation，如图6-7所示。

图 6-7　Transformation 及其子类

6.2　作业图

StreamGraph将进一步被转为JobGraph。StreamGraph是逻辑上的DAG图，不需要关心JobManager怎样去调度每个算子的执行；JobGraph是对StreamGraph中的部分算子进行打包，组成算子链，因为有些StreamNode（节点）可以打包放在一起被JobManage调度，因此JobGraph的DAG每一个节点都是JobManger的一个调度单位。假设有一个StreamGraph，如图6-8所示。

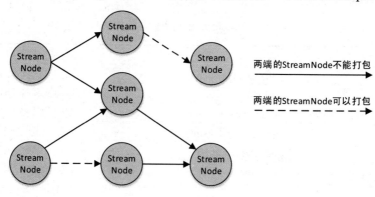

图 6-8　StreamGraph 图

将可打包的StreamNode打包在一起，转为
JobGraph，如图6-9所示。

由此可见，StreamGraph转为JobGraph，实际上
是逐条检查每一个StreamEdge和该StreamEdge两端
连接的两个StreamNode的特性，来决定两个
StreamNode是否可以打包在一起组成算子链。满足
两端的StreamNode打包在一起的条件为：

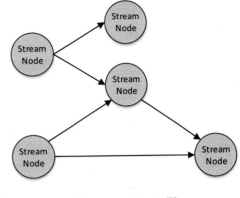

图 6-9　JobGraph 图

- 下游的StreamNode的输入StreamEdge的个数
  必须是1。
- 上游的StreamNode和下游的StreamNode必须
  有相同的SlotSharingGroup(Task Slot共享组)。
- 上游的StreamNode和下游的StreamNode必须有相同的并行度。

在流计算中，JobGraph在StreamGraph的基础上进行了优化，例如使用算子链机制将算子
打包在一起，调度在同一个Task线程上执行，避免数据的跨线程、跨网络传递。

WordCount单词计数的JobGraph如图6-10所示。

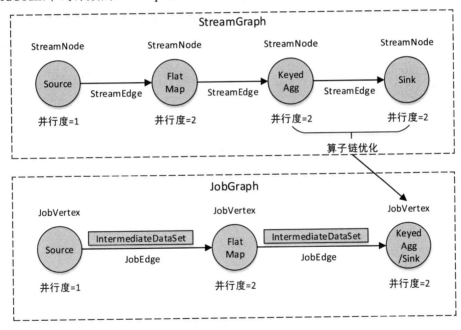

图 6-10　JobGraph 示意图

从单词计数的JobGraph图中可以看出，数据从上游算子流到下游算子的过程中，上游作为
数据的生产者提供了IntermediateDataSet（中间数据集），下游算子作为数据的消费者，通过
JobEdge（通信管道）连接了上游的IntermediateDataSet和下游的JobVertex（作业节点）。最后
将KeyedAgg和Sink算子打包在一起，形成算子链。一个算子链在同一个Task线程内执行，算
子链内的算子之间在同一个线程内通过方法调用的方式传递数据，能减少线程之间的切换，减
少数据的序列化/反序列化，减少延迟的同时提高整体吞吐量。

IntermediateDataSet、JobEdge、JobVertex都是JobGraph的核心对象。

6.2.1 JobGraph 的核心对象

JobGraph主要由以下核心对象组成。

1. JobVertex

在StreamGraph中，每个算子对应一个StreamNode。在JobGraph中，符合条件的多个StreamNode会合并成一个JobVertex，即一个JobVertex包含一个或多个算子。

2. JobEdge

在StreamGraph中，StreamNode之间的连接使用StreamEdge表示，即StreamEdge是StreamGraph的边。在JobGraph中，JobVertex之间的连接使用JobEdge表示，即JobEdge是JobGraph的边。

JobEdge相当于JobGraph中的数据流转通道，上游数据是IntermediateDataSet，IntermediateDataSet是JobEdge的输入数据集，下游消费者是JobVertex。中间数据集IntermediateDataSet通过JobEdge发送到了JobVertex。

JobEdge中存储了目标JobVertex信息，没有源JobVertex信息，但是存储了源IntermediateDataSet。

3. IntermediateDataSet

IntermediateDataSet是由一个算子、源或任何中间操作产生的数据集，用于表示JobVertex的输出。

6.2.2 JobGraph 的生成过程

StreamingJobGraphGenerator中的createJobGraph()方法负责将StreamGraph转换为JobGraph，而该方法又是在StreamGraph中被调用的，代码如下：

```
//StreamGraph.java
//通过作业ID得到JobGraph
public JobGraph getJobGraph(@Nullable JobID jobID) {
    return StreamingJobGraphGenerator.createJobGraph(this, jobID);
}
```

StreamingJobGraphGenerator负责流计算具体JobGraph的生成。createJobGraph()方法的源码如下：

```
//StreamingJobGraphGenerator.java
private JobGraph createJobGraph() {
    preValidate();
    //设置作业类型
    jobGraph.setJobType(streamGraph.getJobType());
    //开启本地恢复
```

```
jobGraph.enableApproximateLocalRecovery(
        streamGraph.getCheckpointConfig()
            .isApproximateLocalRecoveryEnabled());
```

//为每个节点生成确定的Hash值作为唯一标识。后面作为JobVertexID来唯一标识节点

```
Map<Integer, byte[]> hashes =defaultStreamGraphHasher
        .traverseStreamGraphAndGenerateHashes(streamGraph);
```

// 为了向后保持兼容，为每个节点生成老版本的Hash值

```
List<Map<Integer, byte[]>> legacyHashes = new
ArrayList<>(legacyStreamGraphHashers.size());
    for (StreamGraphHasher hasher : legacyStreamGraphHashers) {
        legacyHashes.add(hasher
            .traverseStreamGraphAndGenerateHashes(streamGraph));
    }
```

//从StreamNode实例创建算子链（任务链），将符合条件的算子链接到一起，并递归地创建所有
JobVertex实例。该方法将对StreamGraph进行转换，生成JobGraph

```
    setChaining(hashes, legacyHashes);
```

//为每个JobVertex节点设置可以序列化的入边集合

```
    setPhysicalEdges();
```

//设置共享slotGroup

```
    setSlotSharingAndCoLocation();

    setManagedMemoryFraction(
            Collections.unmodifiableMap(jobVertices),
            Collections.unmodifiableMap(vertexConfigs),
            Collections.unmodifiableMap(chainedConfigs),
            id -> streamGraph.getStreamNode(id).
getManagedMemoryOperatorScopeUseCaseWeights(),
            id -> streamGraph.getStreamNode(id).
getManagedMemorySlotScopeUseCases());
```

//配置Checkpoint

```
    configureCheckpointing();
```

//设置保存点还原设置

```
    jobGraph.setSavepointRestoreSettings(streamGraph
        .getSavepointRestoreSettings());

    final Map<String, DistributedCache.DistributedCacheEntry>
distributedCacheEntries =
            JobGraphUtils.prepareUserArtifactEntries(
                streamGraph.getUserArtifacts().stream()
                    .collect(Collectors.toMap(e -> e.f0, e -> e.f1)),
                jobGraph.getJobID());

    for (Map.Entry<String, DistributedCache.DistributedCacheEntry> entry :
            distributedCacheEntries.entrySet()) {
```

//添加在TaskManager上运行作业所需的自定义文件的路径

```
        jobGraph.addUserArtifact(entry.getKey(), entry.getValue());
    }
```

```
//设置执行配置，比如默认并发度、失败时的重试次数等。此方法将ExecutionConfig序列化以
供将来的RPC传输使用。对引用的ExecutionConfig对象的进一步修改将不会影响这个序列化的副本
    try {
        jobGraph.setExecutionConfig(streamGraph.getExecutionConfig());
    } catch (IOException e) {
        ...
    }

    return jobGraph;
}
```

上述代码中，在createJobGraph()方法中调用了traverseStreamGraphAndGenerateHashes()方法为每个算子生成Hash值。当Flink任务失败的时候，各个算子可以从Checkpoint中恢复到失败之前的状态，恢复的时候正是依据JobVertexID（Hash值）进行状态恢复的。相同的任务在恢复时要求算子的Hash值不变，以保证能够获取对应的状态。

在createJobGraph()方法中通过setChaining()方法将符合条件的算子链接在一起，setChaining()方法的源码如下：

```
//StreamingJobGraphGenerator.java
/**
 * 从StreamNode实例创建算子链（任务链），将符合条件的算子链接到一起
 * 并递归地创建所有JobVertex实例。该方法将对StreamGraph进行转换，生成JobGraph
 */
private void setChaining(Map<Integer, byte[]> hashes, List<Map<Integer,
byte[]>> legacyHashes) {
    ...

    // 循环所有算子的链接信息，创建算子链
    for (OperatorChainInfo info : initialEntryPoints) {
        createChain(
                info.getStartNodeId(),
                1, //算子从位置1开始，0表示源的输入
                info,
                chainEntryPoints);
    }
}
```

上述代码最终循环调用createChain()方法创建算子链，createChain()方法源码如下：

```
private List<StreamEdge> createChain(
        final Integer currentNodeId,
        final int chainIndex,
        final OperatorChainInfo chainInfo,//维护算子链的信息
        final Map<Integer, OperatorChainInfo> chainEntryPoints) {
    //得到起始节点ID
    Integer startNodeId = chainInfo.getStartNodeId();
    //如果需要构建的节点中包含起始节点ID
    if (!builtVertices.contains(startNodeId)) {
        //创建用于存储最终输出边的集合
```

```
        List<StreamEdge> transitiveOutEdges = new ArrayList<StreamEdge>();
        //创建用于存储可以链接到一起的输出边的集合
        List<StreamEdge> chainableOutputs = new ArrayList<StreamEdge>();
        //创建用于存储不能链接到一起的输出边的集合
        List<StreamEdge> nonChainableOutputs = new ArrayList<StreamEdge>();
        //从StreamGraph中根据当前节点ID得到当前StreamNode
        StreamNode currentNode = streamGraph.getStreamNode(currentNodeId);
        //循环当前节点的所有输出边
        for (StreamEdge outEdge : currentNode.getOutEdges()) {
            //通过该输出边判断是否可以与该边对应的目的节点链接在一起
            if (isChainable(outEdge, streamGraph)) {
                //将可以将两个算子链接在一起的输出边添加到chainableOutputs集合
                chainableOutputs.add(outEdge);
            } else {
                //将不能将两个算子链接在一起的输出边添加到nonChainableOutputs集合
                nonChainableOutputs.add(outEdge);
            }
        }
        //循环所有可以将两个算子链接在一起的输出边集合chainableOutputs
        for (StreamEdge chainable : chainableOutputs) {
            transitiveOutEdges.addAll(
                    createChain(//递归调用
                            chainable.getTargetId(),
                            chainIndex + 1,
                            chainInfo,
                            chainEntryPoints));
        }
        //循环所有不能将两个算子链接在一起的输出边集合nonChainableOutputs
        for (StreamEdge nonChainable : nonChainableOutputs) {
            transitiveOutEdges.add(nonChainable);
            createChain(//递归调用
                    nonChainable.getTargetId(),
                    1, //从位置1开始，0表示输入源
                    chainEntryPoints.computeIfAbsent(
                            nonChainable.getTargetId(),
                            (k) -> chainInfo.newChain(nonChainable.getTargetId())),
                    chainEntryPoints);
        }
        //创建链接名称，并加入集合中
        chainedNames.put(
                currentNodeId,
                createChainedName(
                        currentNodeId,
                        chainableOutputs,
                        Optional.ofNullable(chainEntryPoints.get
(currentNodeId))));
        //计算链接之后节点所需的最小资源
```

```
        chainedMinResources.put(
                currentNodeId, createChainedMinResources(currentNodeId,
chainableOutputs));
        //计算链接之后节点的资源上限
        chainedPreferredResources.put(
                currentNodeId,
                createChainedPreferredResources(currentNodeId,
chainableOutputs));
        //保存算子链中所有算子的Hash信息
        OperatorID currentOperatorId =
                chainInfo.addNodeToChain(currentNodeId, chainedNames.
get(currentNodeId));
        //输入输出格式设置
        if (currentNode.getInputFormat() != null) {
            getOrCreateFormatContainer(startNodeId)
                    .addInputFormat(currentOperatorId, currentNode.
getInputFormat());
        }

        if (currentNode.getOutputFormat() != null) {
            getOrCreateFormatContainer(startNodeId)
                    .addOutputFormat(currentOperatorId, currentNode.
getOutputFormat());
        }
        //如果当前节点为起始节点，直接创建JobVertex，否则创建一个空的StreamConfig
        StreamConfig config =
                currentNodeId.equals(startNodeId)
                        ? createJobVertex(startNodeId, chainInfo)
                        : new StreamConfig(new Configuration());
        //将StreamNode中的配置信息序列化到StreamConfig中
        setVertexConfig(
                currentNodeId,
                config,
                chainableOutputs,
                nonChainableOutputs,
                chainInfo.getChainedSources());
        //如果是链接的起始节点，将相关信息写入StreamConfig中
        if (currentNodeId.equals(startNodeId)) {

            config.setChainStart();
            //设置链接索引
            config.setChainIndex(chainIndex);
            config.setOperatorName(streamGraph
                .getStreamNode(currentNodeId).getOperatorName());

            for (StreamEdge edge : transitiveOutEdges) {
                //执行connect()方法，创建JobEdge、IntermediateDataSet
                connect(startNodeId, edge);
```

```
            }
            config.setOutEdgesInOrder(transitiveOutEdges);
            config.setTransitiveChainedTaskConfigs(chainedConfigs
                .get(startNodeId));
        } else {
            chainedConfigs.computeIfAbsent(
                    startNodeId, k -> new HashMap<Integer, StreamConfig>());
            //设置链接索引
            config.setChainIndex(chainIndex);
            //得到当前节点
            StreamNode node = streamGraph.getStreamNode(currentNodeId);
            //设置算子名称
            config.setOperatorName(node.getOperatorName());
            //将起始节点的配置信息放入集合中
            chainedConfigs.get(startNodeId).put(currentNodeId, config);
        }
        //设置当前算子ID
        config.setOperatorID(currentOperatorId);
        if (chainableOutputs.isEmpty()) {
            //链接结束
            config.setChainEnd();
        }
        return transitiveOutEdges;
    } else {
        return new ArrayList<>();
    }
}
```

在执行createChain()方法时，首先会遍历当前StreamGraph的Source节点，然后选择从Source节点开始执行createChain()方法，在该方法的具体实现中，主要逻辑如下：

先从StreamGraph中拿到当前StreamNode的输出边集合outEdge（currentNode.getOutEdges()），然后判断该outEdge连接的两个StreamNode是否可以连接在一起，判断方法是isChainable()。

然后进行递归调用，对于可以连接在一起的StreamEdge，会再次调用createChain()方法，并且createChain()中的 startNodeId 还是最开始的 startNodeId（标识了这个链接的开始节点ID），而chainIndex（StreamNode的链接索引，标识StreamNode的链接个数）会自动增加1。对于不能连接在一起的 StreamEdge，startNodeId则变成了该StreamEdge的目的StreamNode（即下一个节点，然后以此类推），chainIndex又从0开始计算。startNodeId表示当前可以连接之后节点的起始ID，会一直递归调用，直到达到Sink节点。

接下来在生成StreamConfig对象时，判断当前的currentNodeId与startNodeId是否相等，如果相等，证明当前节点就是这个链接的起始节点。这里会调用createJobVertex()方法给这个节点创建一个JobVertex对象，最后会返回一个StreamConfig对象。如果当前的currentNodeId与startNodeId不相等，则会直接返回一个StreamConfig对象（该对象主要记录当前StreamNode的一些配置信息，它会同步StreamGraph中相关的配置）。

当算子链完成时，会通过connect()方法创建JobEdge和IntermediateDataSet对象，把这个JobGraph连接起来。

判断两个StreamNode能否连接，需要符合以下几个条件：

- 对应下游StreamNode的入边数量为一个。
- 上游StreamNode和下游StreamNode在一个共享的Task Slot中。
- 上下游算子的分区函数是ForwardPartitioner的实例。ForwardPartitioner分区器要求上下游算子并行度一样。上下游算子同属一个SubTask。
- Shuffle模式（算子间的数据交换方式）为流。
- 上下游算子并行度相同。
- StreamGraph是否允许连接。

相关源码如下：

```
public static boolean isChainable(StreamEdge edge,
StreamGraph streamGraph) {
    //得到目的节点
    StreamNode downStreamVertex = streamGraph.getTargetVertex(edge);
    //目的节点的入边数量为1，并且isChainableInput()结果为true
    return downStreamVertex.getInEdges().size() == 1 && isChainableInput(edge,
streamGraph);
    }

    private static boolean isChainableInput(StreamEdge edge, StreamGraph
streamGraph) {
    //边的源节点
    StreamNode upStreamVertex = streamGraph.getSourceVertex(edge);
    //边的目的节点
    StreamNode downStreamVertex = streamGraph.getTargetVertex(edge);
    //判断是否满足连接条件
    if (!(upStreamVertex.isSameSlotSharingGroup(downStreamVertex)
            && areOperatorsChainable(upStreamVertex, downStreamVertex,
streamGraph)
            && (edge.getPartitioner() instanceof ForwardPartitioner)
            && edge.getShuffleMode() != ShuffleMode.BATCH
            && upStreamVertex.getParallelism() ==
downStreamVertex.getParallelism()
            && streamGraph.isChainingEnabled())) {

        return false;
    }
    ...
    return true;
    }
```

6.3 执行图

执行图（ExecutionGraph）是协调数据流的分布式执行的中心数据结构，它保留了每个并行任务、每个中间流以及它们之间的通信的表示。

StreamGraph和JobGraph的转化生成都是在Flink客户端，而最终Flink作业运行时调度层的核心执行图ExecutionGraph是在服务端的JobManager中生成的。

Flink客户端向JobManager提交JobGraph后，JobManager就会根据JobGraph来创建对应的ExecutionGraph，并以最终生成的ExecutionGraph来调度任务。ExecutionGraph在实际处理转化上只是改动了JobGraph的每个节点，而没有对整个拓扑结构进行变动。在JobGraph转换到ExecutionGraph的过程中，主要发生了以下转变：

- 加入了并行度的概念，成为真正可调度的图结构。
- 生成了与JobVertex对应的ExecutionJobVertex和ExecutionVertex，以及IntermediateDataSet对应的IntermediateResult和IntermediateResultPartition等，并行将通过这些类实现。

6.3.1 ExecutionGraph 的核心对象

JobManager根据JobGraph生成ExecutionGraph。ExecutionGraph是JobGraph的并行化版本，是调度层核心的数据结构。WordCount单词计数的ExecutionGraph如图6-11所示。

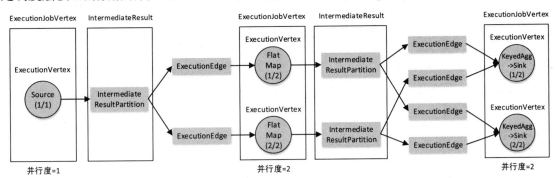

图 6-11 ExecutionGraph 示意图

ExecutionGraph的核心组成对象如下。

1. ExecutionJobVertex

ExecutionJobVertex和JobGraph中的JobVertex一一对应。ExecutionJobVertex表示执行过程中来自JobGraph的一个顶点（通常是一个操作，如map或join），它保存所有并行子任务的聚合状态。ExecutionJobVertex是通过JobVertexID在图中标识的，JobVertexID取自JobGraph对应的JobVertex。

每一个ExecutionJobVertex都有和并行度一样多的ExecutionVertex。

2. ExecutionVertex

ExecutionVertex表示ExecutionJobVertex的其中一个并发子任务，输入是ExecutionEdge，输出是IntermediateResultPartition。

对于每个ExecutionJobVertex，ExecutionVertice的数量与并行度相同。ExecutionVertex由ExecutionJobVertex和并行子任务的索引标识。

3. IntermediateResult

IntermediateResult和JobGraph中的IntermediateDataSet一一对应。一个IntermediateResult包含多个IntermediateResultPartition，其个数等于该算子的并行度。

4. IntermediateResultPartition

IntermediateResultPartition表示ExecutionVertex的一个输出分区（中间结果），生产者是ExecutionVertex，消费者是若干个ExecutionEdge。

5. ExecutionEdge

ExecutionEdge表示ExecutionVertex的输入，输入源是IntermediateResultPartition，目的地是ExecutionVertex。源和目的地都只能有一个。

6. Execution

ExecutionVertex可以被执行多次（用于恢复、重新计算、重新配置），Execution负责跟踪该顶点和资源的一次执行的状态信息。

为了防止出现故障，或者在某些数据需要重新计算的情况下，ExecutionVertex可能会有多次执行。因为在以后的操作请求中，它不再可用。执行由ExecutionAttemptID标识。JobManager和TaskManager之间关于任务部署和任务状态更新的所有消息都是使用ExecutionAttemptID来定位消息接收者的。

6.3.2　ExecutionGraph 的生成过程

生成ExecutionGraph的核心代码入口在DefaultExecutionGraphBuilder的buildGraph()方法中。该方法的部分代码如下：

```
//对JobGraph中的JobVertex进行拓扑排序，并将图附加到现有的图上
List<JobVertex> sortedTopology = jobGraph
.getVerticesSortedTopologicallyFromSources();
//构建ExecutionGraph的核心方法
executionGraph.attachJobGraph(sortedTopology);
```

上述代码调用了构建ExecutionGraph的核心方法attachJobGraph()，该方法的源码如下：

```
public void attachJobGraph(List<JobVertex> topologiallySorted) throws
JobException {
     assertRunningInJobMasterMainThread();
```

```
//创建存储ExecutionJobVertex的集合
final ArrayList<ExecutionJobVertex> newExecJobVertices =
        new ArrayList<>(topologiallySorted.size());
final long createTimestamp = System.currentTimeMillis();
//遍历JobVertex，循环创建ExecutionJobVertex
for (JobVertex jobVertex : topologiallySorted) {
    //如果JobVertex需要传入数据的JobEdge集合是空的并且该JobVertex不可停止
    if (jobVertex.isInputVertex() && !jobVertex.isStoppable()) {
        //是否所有源Task都是可停止的
        this.isStoppable = false;
    }
    //通过JobVertex的ID得到JobVertex的并行度信息
    VertexParallelismInformation parallelismInfo =
            parallelismStore.getParallelismInfo(jobVertex.getID());

    //创建ExecutionJobVertex并将其附加到图形上
    ExecutionJobVertex ejv =
            new ExecutionJobVertex(
                    this,
                    jobVertex,
                    maxPriorAttemptsHistoryLength,
                    rpcTimeout,
                    createTimestamp,
                    parallelismInfo,
                    initialAttemptCounts
                        .getAttemptCounts(jobVertex.getID()));
    //将创建的ExecutionJobVertex与前置的IntermediateResult连接起来
    ejv.connectToPredecessors(this.intermediateResults);
    //构建Map<JobVertexID, ExecutionJobVertex>对象
    ExecutionJobVertex previousTask = this.tasks.putIfAbsent(jobVertex.
getID(), ejv);
        if (previousTask != null) {
            throw new JobException(
                    String.format("Encountered two job vertices with ID %s :
previous=[%s] / new=[%s]",jobVertex.getID(), ejv, previousTask));
        }
        //得到ExecutionJobVertex产生的IntermediateResult集合，并循环该集合
        for (IntermediateResult res : ejv.getProducedDataSets()) {
            //所有中间结果都是该图的一部分，构建Map<IntermediateDataSetID,
IntermediateResult>类型对象
            IntermediateResult previousDataSet =
                    this.intermediateResults.putIfAbsent(res.getId(), res);
        if (previousDataSet != null) {
            throw new JobException(
                    String.format("Encountered two intermediate data set with
ID %s : previous=[%s] / new=[%s]",res.getId(), res, previousDataSet));
        }
```

```
        }
        //将创建的ExecutionJobVertex添加到集合中
        this.verticesInCreationOrder.add(ejv);
        //记录当前执行图中ExecutionVertex的总数，等于ExecutionJobVertex总并行度
        this.numVerticesTotal += ejv.getParallelism();
        newExecJobVertices.add(ejv);
    }
    //注册ExecutionVertice和ResultPartition，即产生Map<ExecutionVertexID,
ExecutionVertex>对象和Map<IntermediateResultPartitionID,
IntermediateResultPartition>对象并添加数据到其中
    registerExecutionVerticesAndResultPartitions(
            this.verticesInCreationOrder
    );

    //拓扑分配应该在将新顶点通知给故障转移策略之前发生
    executionTopology = DefaultExecutionTopology.fromExecutionGraph(this);
    //通知某个顶点不再处于完成状态，例如当某个顶点被重新执行时
    //PartitionReleaseStrategy是决定何时释放IntermediateResultPartition的策略接口
    partitionReleaseStrategy = partitionReleaseStrategyFactory
            .createInstance(getSchedulingTopology());
}
```

分析上述attachJobGraph()方法的代码可知，该方法主要完成了两件事情：

- 将JobVertex封装成ExecutionJobVertex。
- 把节点通过ExecutionEdge连接。

ExecutionGraph主要的转换过程如下。

1. Flink客户端提交JobGraph给JobManager

一个程序的JobGraph真正被提交始于对JobClient的submitJobAndWait()方法的调用，而且submitJobAndWait()方法会触发基于Akka的Actor之间的消息通信。JobClient在这其中起到了"桥接"的作用，它连接了同步的方法调用和异步的消息通信。

在submitJobAndWait()方法中，首先会创建一个JobClientActor的ActorRef，并向其发送一个包含JobGraph实例的SubmitJobAndWait消息。该SubmitJobAndWait消息被JobClientActor接收后，调用trySubmitJob()方法触发真正的提交动作，即通过jobManager.tell()的方式给JobManager Actor发送封装JobGraph的SubmitJob消息。随后，JobManager Actor会接收到来自JobClientActor的SubmitJob消息，进而触发submitJob()方法。

2. 构建ExecutionGraph对象

代码new ExecutionJobVertex()用来将一个个JobVertex封装成ExecutionJobVertex，并依次创建ExecutionVertex、Execution、IntermediateResult、IntermediateResultPartition，作为ExecutionGraph的核心对象。

在ExecutionJobVertex的构造函数中，首先依据对应的JobVertex的并发度生成对应个数的

ExecutionVertex。其中，一个ExecutionVertex代表着一个ExecutionJobVertex的并发子任务。然后将原来JobVertex的中间结果IntermediateDataSet转化为ExecutionGraph中的IntermediateResult。

类似的，在ExecutionVertex的构造函数中，首先会创建IntermediateResultPartition，并通过IntermediateResult.setPartition()建立IntermediateResult和IntermediateResultPartition之间的关系，然后生成Execution，并配置相关资源。

新创建的ExecutionJobVertex会调用ejv.connectToPredecessor()方法，按照不同的分发策略连接上游，其参数为上游生成的IntermediateResult集合。其中，根据JobEdge中两种不同的DistributionPattern属性分别调用connectPointWise()或者connectAllToAll()方法，创建ExecutionEdge，将ExecutionVertex和上游的IntermediateResultPartition连接起来。

总的来说，ExecutionGraph的转换过程为：将JobGraph按照拓扑排序后得到一个JobVertex集合，遍历该JobVertex集合，即从Source开始，将JobVertex封装成ExecutionJobVertex，并依次创建ExecutionVertex、Execution、IntermediateResult和IntermediateResultPartition。然后通过ejv.connectToPredecessor()方法创建ExecutionEdge，建立当前节点与其上游节点之间的联系，即连接ExecutionVertex和IntermediateResultPartition。

构建好ExecutionGraph后，接下来会基于ExecutionGraph触发作业的调度，申请Task Slot，部署任务到TaskManager执行。

从JobGraph到ExecutionGraph的内部数据结构变化如图6-12所示。

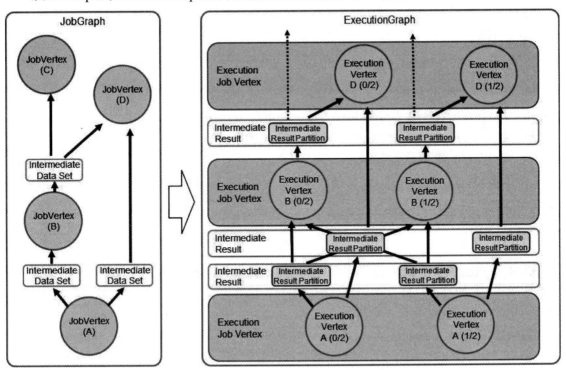

图 6-12　从 JobGraph 到 ExecutionGraph 的内部数据结构变化

第 7 章

Gelly 图计算

本章内容

本章首先讲解 Flink Gelly 图计算的概念；然后通过一个示例讲解 Gelly 应用程序的编写及运行步骤；接下来对 Gelly 的数据结构和具体使用方法进行讲解；最后讲解 Graph API 的相关操作，包括属性操作、结构操作、连接与转换操作等，并通过计算社交网络中粉丝平均年龄的案例分析详细讲解 Gelly 图计算的使用。

本章目标

* 掌握Flink Gelly的基本概念。
* 掌握Flink Gelly应用程序的编写。
* 掌握Graph API的常用图操作。
* 掌握Graph API的图操作的相关原理及核心源码。
* 掌握Graph API的聚合操作。

7.1 什么是 Gelly

Gelly是Flink的图计算库，提供了图计算的相关API及多种图计算算法实现。它包含一组方法和实用程序，旨在简化Flink中图形分析应用程序的开发。在Gelly中，可以使用与批处理API提供的类似的高级函数来转换和修改图形。Gelly提供了创建、转换和修改图的方法，以及一个图算法库。

换句话说，Gelly是Flink中的一个分布式图计算框架，是对Flink的扩展。这里所说的图并不是图片，而是一个抽象的关系网。例如，社交应用微信、QQ、微博等用户之间的好友、关注等存在错综复杂的联系，这种联系构成了一张巨大的关系网，我们把这个关系网称为图。

Gelly目前非常适合微信、微博、社交网络、电子商务等类型的产品，也越来越多地应用于推荐领域的人群划分、年龄预测、标签推理等。

那么Gelly的图（Graph）到底是什么样的？图由顶点（Vertex）和边（Edge）组成，且都有各自的属性。例如，可以把用户tom定义为一个顶点，该顶点的属性有姓名、年龄等；可以把用户与用户之间的关系定义为边，边的属性有朋友、同事、父亲等。图7-1描述了一张图，该图由6个人组成，每个人都有属性姓名和年龄，他们之间的关系分为关注和喜欢。

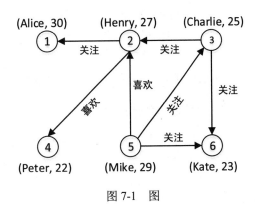

图 7-1　图

Gelly实现了图和表的统一。例如，将图7-1所示的图转为以表的方式进行描述，可以分成两张表：顶点表和边表，如图7-2所示。

顶点表

ID	属性
1	("Alice", 30)
2	("Henry", 27)
3	("Charlie", 25)
4	("Peter", 22)
5	("Mike", 29)
6	("Kate", 23)

边表

源ID	目标ID	属性
2	1	关注
2	4	喜欢
3	2	关注
3	6	关注
5	2	喜欢
5	3	关注
5	6	关注

图 7-2　Gelly 表

Gelly的图和表之间是可以相互转换的，所有操作的基础都是图操作和表操作。

7.2　第一个 Gelly 程序

现在需要计算图7-1中年龄大于25的顶点（用户）有哪些，应该如何编写代码呢？要编写Gelly应用程序，首先需要在Maven项目中引入Gelly的依赖库，内容如下：

```
<!—Scala语言版本-->
<dependency>
    <groupId>org.apache.flink</groupId>
    <artifactId>flink-gelly-scala_2.11</artifactId>
    <version>1.13.0</version>
</dependency>

<!--Java语言版本-->
<dependency>
    <groupId>org.apache.flink</groupId>
```

```
    <artifactId>flink-gelly_2.11</artifactId>
    <version>1.13.2</version>
</dependency>
```

然后在IDEA中编写Gelly应用程序，步骤如下。

1. 创建顶点数据集合

顶点集合需要放在一个数组中，数组的元素类型是Vertex对象。Vertex对象存储的第一个值是顶点ID（Long类型）；第二个值是顶点属性，顶点属性可以有多个，多个属性需要放在一个元组中。其代码如下：

```
val vertexArray = Array(
    new Vertex(1L,("Alice", 30)),
    new Vertex(2L,("Henry", 27)),
    new Vertex(3L,("Charlie", 25)),
    new Vertex(4L,("Peter", 22)),
    new Vertex(5L,("Mike", 29)),
    new Vertex(6L,("Kate", 23))
)
```

2. 创建边数据集合

边集合也需要放入一个数组中，数组的元素类型是Edge对象。创建Edge对象时需要向该类中传入3个值：源顶点ID、目标顶点ID和边属性，以便可以将两个顶点进行连接，绘制成一条边。其代码如下：

```
val edgeArray = Array(
    new Edge(2L, 1L, "关注"),
    new Edge(2L, 4L, "喜欢"),
    new Edge(3L, 2L, "关注"),
    new Edge(3L, 6L, "关注"),
    new Edge(5L, 2L, "喜欢"),
    new Edge(5L, 3L, "关注"),
    new Edge(5L, 6L, "关注")
)
```

3. 将顶点集合和边集合转为分布式集合DataSet

在构造图之前，需要将顶点集合和边集合转为分布式集合DataSet，以便可以进行分布式计算。其代码如下：

```
val vertices: DataSet[Vertex[Long, (String, Int)]] =
env.fromCollection(vertexArray)
val edges: DataSet[Edge[Long, String]] = env.fromCollection(edgeArray)
```

4. 构建图

使用顶点DataSet和边DataSet构造一张图，代码如下：

```
val graph = Graph.fromDataSet(vertices,edges,env)
```

5. 过滤图中满足条件的顶点

使用graph.subgraph()方法对图应用过滤函数,过滤顶点和边,并返回满足过滤条件的子图。过滤时使用顶点对象的getValue方法获取顶点的属性值(此处属性值是一个元组),然后进行判断即可。例如,过滤出年龄大于25的顶点,代码如下:

```
val resultGraph=graph.subgraph(
    (vertex => vertex.getValue._2 > 25),//顶点过滤函数
    (edge => true)//边过滤函数,不需要过滤边,直接返回true
)
```

6. 输出结果图的顶点数据

使用graph.getVertices获取结果图resultGraph中的顶点DataSet,然后使用print()打印DataSet数据,代码如下:

```
resultGraph.getVertices.print()
```

至此,该Gelly应用程序编写完毕。

在IDEA中直接运行上述已经完成的Gelly应用程序,输出结果如下:

```
(1,(Alice,30))
(2,(Henry,27))
(5,(Mike,29))
```

除了上述使用print()打印结果外,也可以使用collect()收集顶点集合数据到本地,然后使用foreach循环输出顶点的属性(姓名和年龄),进行自定义输出结果,代码如下:

```
resultGraph.getVertices.collect().foreach(v=>{
    println(v.getValue._1+"的年龄是"+v.getValue._2)
})
```

输出结果如下:

```
Alice的年龄是30
Henry的年龄是27
Mike的年龄是29
```

本例的完整代码如下:

```
import org.apache.flink.api.scala.{DataSet, ExecutionEnvironment}
import org.apache.flink.api.scala._
import org.apache.flink.graph.scala.Graph
import org.apache.flink.graph.{Edge, Vertex}
/**
  * Gelly计算年龄大于25的顶点(用户)
  */
object GellyDemo {
    def main(args: Array[String]): Unit = {
        val env = ExecutionEnvironment.getExecutionEnvironment
```

```
//1.创建顶点集合和边集合
//创建顶点集合(用户ID,(姓名,年龄))
val vertexArray = Array(
    new Vertex(1L,("Alice", 30)),
    new Vertex(2L,("Henry", 27)),
    new Vertex(3L,("Charlie", 25)),
    new Vertex(4L,("Peter", 22)),
    new Vertex(5L,("Mike", 29)),
    new Vertex(6L,("Kate", 23))
)
//创建边集合
val edgeArray = Array(
    new Edge(2L, 1L, "关注"),
    new Edge(2L, 4L, "喜欢"),
    new Edge(3L, 2L, "关注"),
    new Edge(3L, 6L, "关注"),
    new Edge(5L, 2L, "喜欢"),
    new Edge(5L, 3L, "关注"),
    new Edge(5L, 6L, "关注")
)
//2.转为分布式集合DataSet
val vertices: DataSet[Vertex[Long, (String, Int)]] =
env.fromCollection(vertexArray)
val edges: DataSet[Edge[Long, String]] = env.fromCollection(edgeArray)
//3.构建Graph图
val graph = Graph.fromDataSet(vertices,edges,env)
//4.过滤年龄大于25的顶点
val resultGraph=graph.subgraph(
    (vertex => vertex.getValue._2 > 25),
    (edge => true)
)
//输出所有顶点数据
resultGraph.getVertices.print()
    }
}
```

7.3　Gelly 数据结构

我们已经知道了Gelly中主要的两个数据结构：顶点和边。顶点包含顶点ID、顶点属性，边包含源顶点ID、目标顶点ID、边属性。除此之外，还有一个重要的数据结构：三元体（Triplet）。三元体是Gelly特有的数据结构，包含源顶点ID、源顶点属性、目标顶点ID、目标顶点属性、边属性，相当于在边的基础上存储了边的源顶点和目标顶点的属性。Gelly的数据结构如图7-3所示。

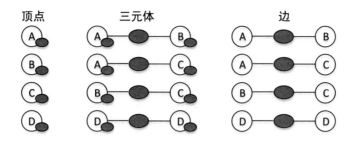

图 7-3 Gelly 的数据结构

仍然对7.2节构建的图进行计算，输出该图中的所有人物关系，代码如下：

```
graph.getTriplets().collect().foreach(triplet=>{
    println(
        triplet.getSrcVertex.getValue._1
            +triplet.getEdge.getValue
            +triplet.getTrgVertex.getValue._1
    )
})
```

其中的graph.getTriplets()得到的是一个边三元体DataSet，该DataSet中的元素类型是Triplet，每个Triplet包含边及其相邻顶点的顶点属性。Triplet的getSrcVertex方法得到的是源顶点对象，Triplet的getTrgVertex方法得到的是目标顶点对象，Triplet的getEdge方法得到的是边对象。通过调用triplet.getSrcVertex.getValue._1获取源顶点的第一个属性（姓名），调用triplet.getTrgVertex.getValue._1获取目标顶点的第一个属性（姓名），调用triplet.getEdge.getValue获取边属性（喜欢或关注）。

执行上述代码的输出结果如下：

```
Mike关注Charlie
Henry关注Alice
Charlie关注Kate
Mike关注Kate
Charlie关注Henry
Mike喜欢Henry
Henry喜欢Peter
```

7.4 如何使用 Gelly

Gelly库可以通过Maven项目引入。所有相关类都位于org.apache.flink.graph包中。将以下依赖项添加到Maven项目的pom.xml中即可引入Gelly的依赖库：

```
<!--Scala语言版本-->
<dependency>
    <groupId>org.apache.flink</groupId>
    <artifactId>flink-gelly-scala_2.11</artifactId>
```

```
    <version>1.13.0</version>
</dependency>

<!--Java语言版本-->
<dependency>
    <groupId>org.apache.flink</groupId>
    <artifactId>flink-gelly_2.11</artifactId>
    <version>1.13.2</version>
</dependency>
```

如果要运行打包好的Gelly程序，需要提前将Flink安装目录下的opt目录中的Gelly JAR包复制到Flink安装目录的lib目录中。

进入Flink安装目录，Java版本使用以下命令复制：

```
cp opt/flink-gelly_*.jar lib/
```

Scala版本使用以下命令复制：

```
cp opt/flink-gelly-scala_*.jar lib/
```

Gelly的示例JAR包含每个库方法的驱动程序，并在examples目录中提供。配置并启动集群后，执行Flink自带的Gelly程序，列出可用的算法类，代码如下：

```
./bin/start-cluster.sh
./bin/flink run examples/gelly/flink-gelly-examples_*.jar
```

Gelly驱动程序可以生成图形数据或从CSV文件读取边列表（集群中的每个节点都必须有权限访问输入文件）。选择算法时，会显示算法的描述、可用的输入输出和配置信息。例如，打印出JaccardIndex算法的使用方法，代码如下：

```
./bin/flink run examples/gelly/flink-gelly-examples_*.jar --algorithm
JaccardIndex
```

7.5　图操作

正如DataSet具有map()、filter()、groupByKey()等基本操作一样，Graph图也有一系列基本操作，使用这些操作也可以产生变换后的新图。

本节仍然以7.2节构建的图为例讲解图的操作。

7.5.1　基本操作

1. 入度、出度、度

入度指的是一个顶点入边的数量，出度指的是一个顶点出边的数量，度指的是一个顶点所有边的数量。

例如，计算图中每个顶点的入度，代码如下：

```
//计算每个顶点的入度
val inDegrees: DataSet[(Long, LongValue)] = graph.inDegrees()
//循环打印到控制台
inDegrees.collect().foreach(println)
```

上述代码使用graph.inDegrees()计算每个顶点的入度，返回的结果为顶点DataSet，该DataSet中存储了每个顶点的入度值。上述代码的执行结果如下：

```
(3,1)
(1,1)
(5,0)
(6,2)
(2,2)
(4,1)
```

上述结果表示，顶点ID为3的顶点的入度为1，顶点ID为6的顶点的入度为2，以此类推。

计算每个顶点的出度，代码如下：

```
//计算每个顶点的出度
val outDegrees: DataSet[(Long, LongValue)] = graph.outDegrees()
//循环打印到控制台
outDegrees.collect().foreach(println)
```

执行结果如下：

```
(3,2)
(1,0)
(5,3)
(6,0)
(2,2)
(4,0)
```

计算每个顶点的度，代码如下：

```
//计算每个顶点的度
val degrees: DataSet[(Long, LongValue)] = graph.getDegrees()
//循环打印到控制台
degrees.collect().foreach(println)
```

执行结果如下：

```
(3,3)
(1,1)
(5,3)
(6,2)
(2,4)
(4,1)
```

计算最大入度、最大出度、最大度，代码如下：

```
//最大入度
graph.inDegrees().maxBy(1).print()
//最大出度
graph.outDegrees().maxBy(1).print()
//最大度
graph.getDegrees().maxBy(1).print()
```

输出结果如下：

```
(6,2)
(5,3)
(2,4)
```

2. 顶点、边、三元体

例如，找出图中年龄是25的所有顶点数据，代码如下：

```
graph.getVertices.filter(v=>
    v.getValue._2==25
).print()
```

执行结果如下：

```
(3,(Charlie,25))
```

上述代码使用图对象的getVertices方法获取一个包含顶点及其相关属性的DataSet，元素类型为Vertex[Long, (String, Int)]，继承了Tuple2类；然后使用filter()算子对年龄进行过滤。

计算源顶点ID大于目标顶点ID的边的数量，代码如下：

```
val count=graph.getEdges.filter(e=>
    e.getSource>e.getTarget
).count()
println(count)
```

执行结果为4。

计算边值为"喜欢"的边数量，代码如下：

```
val count=graph.getEdges.filter(e=>
    e.getValue=="喜欢"
).count()
println(count)
```

7.5.2 属性操作

图常用的属性操作函数有mapVertices、mapEdges。使用这些函数会对原图的顶点和边属性进行修改，生成一个新的图，并且图形结构均不受影响，它允许生成的图重用原图的结构索引，以便提高计算效率。

1. mapVertices

修改图中的所有顶点属性，生成一个新的图。例如，将图中所有顶点的年龄加10，代码如下：

```
graph.mapVertices(v=>
    //保持每个顶点的第一个属性不变,第二个属性加10
    (v.getValue._1,v.getValue._2+10)
)
  .getVertices
  .print()
```

执行结果如下:

```
(1,(Alice,40))
(2,(Henry,37))
(3,(Charlie,35))
(4,(Peter,32))
(5,(Mike,39))
(6,(Kate,33))
```

也可以使用以下代码代替,但生成的新顶点DataSet不会保留原图的结构索引,从而不会继承原图的优化效果:

```
graph.getVertices.map(v =>
    //(顶点ID,(顶点第一个属性值,顶点第二个属性值+10))
    (v.getId, (v.getValue._1, v.getValue._2 + 10))
).print()
```

2. mapEdges

修改图中的所有边属性,生成一个新的图。如果需要在修改边属性的同时获取与该边相邻的两个顶点属性,则应该使用**mapTriplets**函数。

例如,使用**mapEdges**函数将所有边的属性改为“喜欢”,代码如下:

```
graph.mapEdges(edge=>
    "喜欢"//将作为边的属性值
)
.getEdges
.print()
```

上述代码中的边对象edge中不包括相邻顶点的属性。**mapEdges()**方法只修改边的属性值。
执行结果如下:

```
(2,1,喜欢)
(2,4,喜欢)
(3,2,喜欢)
(3,6,喜欢)
(5,2,喜欢)
(5,3,喜欢)
(5,6,喜欢)
```

使用**mapEdges**函数将所有边的属性由字符串变为元组,即添加一个日期属性,代码如下:

```
graph.mapEdges(edge=>
    (edge.getValue,"2021-12-12")//将作为边的属性值
```

```
)
.getEdges
.print()
```

执行结果如下：

```
(2,1,(关注,2021-12-12))
(2,4,(喜欢,2021-12-12))
(3,2,(关注,2021-12-12))
(3,6,(关注,2021-12-12))
(5,2,(喜欢,2021-12-12))
(5,3,(关注,2021-12-12))
(5,6,(关注,2021-12-12))
```

3. 其他操作

除了上述属性操作函数外，Gelly还包括以下方法来检索各种图属性和指标。
例如，获取顶点数据集：

```
getVertices: DataSet[Vertex[K, VV]]
```

获取边数据集：

```
getEdges: DataSet[Edge[K, EV]]
```

获取顶点ID数据集：

```
getVertexIds: DataSet[K]
```

获取所有边的[源顶点ID,目标顶点ID]组成的数据集：

```
getEdgeIds: DataSet[(K, K)]
```

获取所有顶点的入度，结果为[顶点ID,入度]组成的数据集：

```
inDegrees: DataSet[(K, LongValue)]
```

获取所有顶点的出度，结果为[顶点ID,出度]组成的数据集：

```
outDegrees: DataSet[(K, LongValue)]
```

获取所有顶点的度，结果为[顶点ID,度]组成的数据集，度为入度与出度的和，即一个顶点所有边的数量：

```
getDegrees: DataSet[(K, LongValue)]
```

得到顶点数量：

```
numberOfVertices: Long
```

得到边数量：

```
numberOfEdges: Long
```

得到一个三元体数据集：

```
getTriplets: DataSet[Triplet[K, VV, EV]]
```

7.5.3　结构操作

　　图常用的结构操作主要有 reverse、subgraph、mask、groupEdges 等几种函数，下面分别进行讲解。

1. reverse

reverse 函数用于将图中所有边的方向进行反转，返回一个新图。例如以下代码：

```
var newGraph = graph.reverse()
```

2. subgraph

subgraph 函数在原图的基础上进行过滤，返回一个新图，要求顶点满足指定函数的过滤条件，边满足另一个函数的过滤条件。例如，找出图中年龄大于 25，用户关系为"喜欢"的所有顶点数据，代码如下：

```
graph.subgraph(
    (vertex => vertex.getValue._2 > 25),
    (edge => edge.getValue=="喜欢")
)
.getVertices
.print()
```

执行结果如下：

```
(1,(Alice,30))
(2,(Henry,27))
(5,(Mike,29))
```

7.5.4　连接操作

　　在许多情况下，有必要将外部集合（DataSet）中的数据与图连接起来。例如，我们可能有额外的用户属性想要与现有的图形合并，或者可能需要从一个图选取一些顶点属性到另一个图。这些需求可以使用连接操作函数 joinVertices、joinWithEdges 等来完成，这几个函数都类似 MySQL 数据库中的左连接（LEFT JOIN）。

　　joinWithVertices 函数用于将输入 DataSet（元素为 Tuple2 类型的元组）中的数据与原图根据顶点 ID 进行连接操作（原图顶点 ID 与输入 DataSet 的第一个字段用作连接键），并对匹配记录的值应用用户定义的转换产生一个新图，且新图的顶点 ID 与原图一致，顶点属性可以在原图的基础上根据输入 DataSet 中的属性进行修改。若输入 DataSet 中的顶点 ID 在原图中不存在，则保持原图的顶点 ID 及属性不变。

　　7.2 节的 Gelly 程序构建的图中描述了用户的姓名、年龄以及他们之间的关系（关注或喜欢），现在需要给每个人增加一个家庭地址属性，此时就需要定义一个 DataSet 来存储地址信息，代码如下：

```
val addressArr=Array(
    (3L, "北京"),//(顶点ID、地址)
```

```
    (4L, "上海"),
    (5L, "山东"),
    (6L, "江苏"),
    (7L, "河北")
)
val addressDataSet:DataSet[(Long, String)]=env.fromCollection(addressArr)
```

上述代码定义了顶点ID值3～7的用户地址DataSet，而原图的顶点ID为1～6。将原图顶点属性和用户地址DataSet看成是两张表，如图7-4所示。

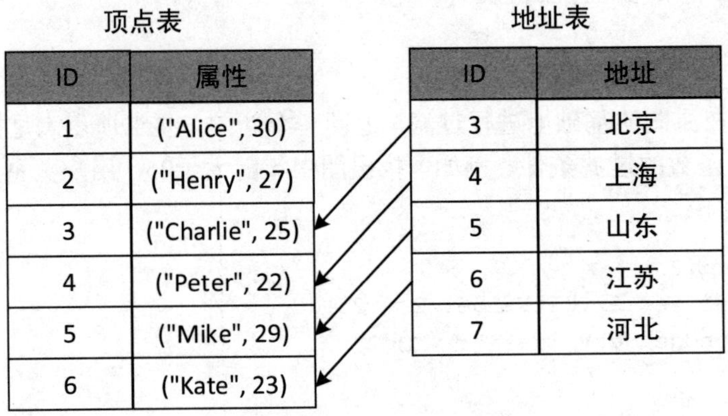

图 7-4 两张表进行左连接

使用joinWithVertices函数相当于将两张表进行左连接，代码如下：

```
graph.joinWithVertices(
    addressDataSet,//输入数据集
    new VertexJoinFunction[(String, Int), String] {//结果转换函数
        /**
          * 对当前顶点值和输入DataSet的匹配顶点应用转换
          *
          * @param vertexValue 当前顶点值
          * @param inputValue 匹配的Tuple2输入的值
          * @return 新的顶点值
          */
        override def vertexJoin(vertexValue: (String, Int), inputValue: String):
(String, Int) = {
            (vertexValue._1 + "&" + inputValue, vertexValue._2)
        }
    })
    .getVertices
    .print()
```

上述代码的vertexValue为原图顶点值，inputValue为匹配的输入值，此处为用户地址。原图与用户地址DataSet中具有相同顶点ID的顶点属性和用户地址将被输入该函数中。函数返回的数据类型必须与原图顶点属性的数据类型一致，即（String,Int）。此处在原图的姓名属性后面使用"&"符号拼接上了具有相同顶点ID的用户地址属性。

执行结果如下：

```
(3,(Charlie&北京,25))
(1,(Alice,30))
(5,(Mike&山东,29))
(6,(Kate&江苏,23))
(4,(Peter&上海,22))
(2,(Henry,27))
```

从执行结果可以看出，由于原图的顶点ID值1和2在输入DataSet中不存在，因此保持原图的顶点ID及属性不变。输入RDD中存在顶点ID值7，而原图中不存在此顶点ID，因此该顶点被过滤掉了（顶点ID以原图为准，保持不变）。

joinWithVertices()函数的API源码及解析如下：

```
/**
 * 将输入DataSet中的数据与原图根据顶点ID进行连接操作，原图顶点ID与输入DataSet的第
 * 一个字段用作连接键
 * @param inputDataSet 要连接的DataSet(元素类型为Tuple2)数据集。DataSet的第一
 *           个字段用作连接键，第二个字段作为参数传递给转换函数
 * @param vertexJoinFunction 要应用的转换函数。第一个参数是当前顶点值，第二个参数是
 *           来自输入DataSet的匹配值
 * @return 一个新的图，其中顶点值已经根据vertexJoinFunction的结果进行了更新
 * @param <T> 输入DataSet的第二个字段的类型
 */
public <T> Graph<K, VV, EV> joinWithVertices(
        DataSet<Tuple2<K, T>> inputDataSet,
        final VertexJoinFunction<VV, T> vertexJoinFunction) {

    DataSet<Vertex<K, VV>> resultedVertices =
            this.getVertices()//获取当前顶点集合
                    .coGroup(inputDataSet)//连接输入DataSet
                    .where(0)//筛选条件
                    .equalTo(0)
                    .with(new ApplyCoGroupToVertexValues<>
(vertexJoinFunction))//转换函数
                    .name("Join with vertices");
    //返回构建的新图
    return new Graph<>(resultedVertices, this.edges, this.context);
}
```

7.6　图常用 API

7.6.1　创建图

在Gelly中，图由顶点数据集和边数据集表示。

1. 创建顶点和边

图顶点由Vertex类型表示。Vertex由唯一的ID和值定义。顶点ID应该实现Comparable接口。没有值的顶点可以通过设置值类型为NullValue来表示。其代码如下：

```
//创建一个带有Long类型的ID和String类型值的新顶点
val v = new Vertex(1L, "foo")
//创建一个Long类型的ID和没有值的新顶点
val v = new Vertex(1L, NullValue.getInstance())
```

图的边用Edge类型表示。Edge由源ID（源顶点的ID）、目标ID（目标顶点的ID）和一个可选值定义。源和目标ID应该与顶点ID的类型相同。没有值的边的值类型为NullValue。其代码如下：

```
val e = new Edge(1L, 2L, 0.5)
//反转这条边的源和目标
val reversed = e.reverse
val weight = e.getValue //边的值 = 0.5
```

在Gelly中，边总是从源顶点指向目标顶点。

2. 创建图

创建图有多种方式，第一种是从一个边数据集和一个可选的顶点数据集创建，代码如下：

```
val env = ExecutionEnvironment.getExecutionEnvironment
//构建顶点集合
val vertices: DataSet[Vertex[String, Long]] = ...
//构建边集合
val edges: DataSet[Edge[String, Double]] = ...
//创建图
val graph = Graph.fromDataSet(vertices, edges, env)
```

第二种是从表示边的Tuple2数据集中提取。Gelly将每个Tuple2转换为边，其中第一个字段将是源ID，第二个字段将是目标ID。顶点和边值都将被设置为NullValue。例如以下代码：

```
val env = ExecutionEnvironment.getExecutionEnvironment
//构建边集合，每个边包含源ID和顶点ID
val edges: DataSet[(String, String)] = ...
//创建图
val graph = Graph.fromTuple2DataSet(edges, env)
```

第三种是从Tuple3的数据集和Tuple2的可选数据集创建。例如，Gelly将每个Tuple3转换为Edge，其中第一个字段将是源ID，第二个字段将是目标ID，第三个字段将是边值。同样，每个Tuple2将被转换为一个顶点，其中第一个字段将是顶点ID，第二个字段将是顶点值，代码如下：

```
val env = ExecutionEnvironment.getExecutionEnvironment
//读取CSV文件创建顶点集合
val vertexTuples = env.readCsvFile[String, Long]("path/to/vertex/input")
//读取CSV文件创建边集合
```

```
val edgeTuples = env.readCsvFile[String, String, Double]("path/to/edge/input")
//创建Graph
val graph = Graph.fromTupleDataSet(vertexTuples, edgeTuples, env)
```

第四种是从包含Edge数据的CSV文件和Vertex数据的可选CSV文件中创建。例如，Gelly
将从CSV文件的每一行转换为Edge。每一行的第一个字段将是源ID，第二个字段将是目标ID，
第三个字段（如果存在）将是边缘值。如果边没有关联值，则将边值类型参数（第三种类型参
数）设置为NullValue。还可以指定用顶点值初始化顶点。如果通过pathVertices提供CSV文件
的路径，则该文件的每一行都将被转换为Vertex。每一行的第一个字段将是顶点ID，第二个字
段将是顶点值。如果通过vertexValueInitializer参数提供顶点值初始化器MapFunction，那么该
函数将用于生成顶点值。顶点集将自动从边的输入创建。如果顶点没有关联值，则将顶点值类
型参数（第二个类型参数）设置为NullValue。顶点将自动从顶点值为NullValue的输入边创建。
例如以下代码：

```
val env = ExecutionEnvironment.getExecutionEnvironment
//创建一个带有String类型的顶点ID、Long类型的顶点值和Double类型的边值的图
val graph = Graph.fromCsvReader[String, Long, Double](
        pathVertices = "path/to/vertex/input",
        pathEdges = "path/to/edge/input",
        env = env)

//创建一个既没有顶点又没有边值的图
val simpleGraph = Graph.fromCsvReader[Long, NullValue, NullValue](
        pathEdges = "path/to/edge/input",
        env = env)

//创建一个带有顶点值初始化器生成的Double类型的顶点值而没有边值的图
val simpleGraph = Graph.fromCsvReader[Long, Double, NullValue](
        pathEdges = "path/to/edge/input",
        vertexValueInitializer = new MapFunction[Long, Double]() {
            def map(id: Long): Double = {
                id.toDouble
            }
        },
        env = env)
```

其他创建图的方式此处不做详细介绍。

7.6.2　图的转换

1. map

Gelly提供了对顶点值或边值应用map转换的专门方法。mapVertices和mapEdges返回一个
新的图，其中顶点（或边）的ID保持不变，而值则根据提供的用户定义的map函数进行转换。
map函数还允许更改顶点或边值的类型，代码如下：

```
val env = ExecutionEnvironment.getExecutionEnvironment
val graph = Graph.fromDataSet(vertices, edges, env)
```

```
//每个顶点值加1
val updatedGraph = graph.mapVertices(v => v.getValue + 1)
```

2. translate

Gelly 提供了专门的方法来转换顶点和边 ID（translateGraphIDs）、顶点值（translateVertexValues）或边值（translateEdgeValues）的值和/或类型。转换由用户定义的map函数执行，其中几个函数在org.apache.flink.graph.asm.translate包中提供。这3种转换方法都可以使用相同的MapFunction，代码如下：

```
val env = ExecutionEnvironment.getExecutionEnvironment
val graph = Graph.fromDataSet(vertices, edges, env)
//将每个顶点和边的ID转换为一个字符串
val updatedGraph = graph.translateGraphIds(id => id.toString)
```

3. filter

filter转换对图的顶点或边应用用户定义的filter函数。filterOnEdges将创建原始图的子图，只保留满足所提供谓词的边。注意，顶点数据集不会被修改。filterOnVertices会对图的顶点应用一个filter函数。源和/或目标不满足顶点谓词的边将从结果边数据集中删除。子图方法可以同时对顶点和边应用一个filter函数，代码如下：

```
val graph: Graph[Long, Long, Long] = ...
//只保留正值的顶点和负值的边
graph.subgraph((vertex => vertex.getValue > 0), (edge => edge.getValue < 0))
```

对Gelly的图应用filter函数进行过滤操作，如图7-5所示。

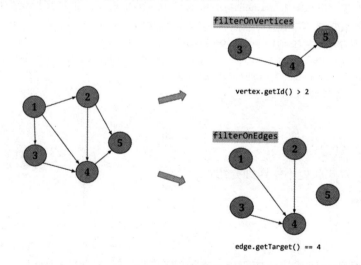

图 7-5　对图应用 filter 函数

4. join

Gelly提供了将顶点和边数据集与其他输入数据集连接起来的专门方法。joinWithVertices将顶点与Tuple2输入数据集连接起来。连接是使用顶点ID和Tuple2输入的第一个字段作为连接键来执行的。该方法返回一个新的图，其中顶点值已根据提供的用户定义的转换函数进行了更新。类似地，可以使用3种方法之一将输入数据集与边连接起来：joinWithEdges需要Tuple3的输入数据集，并连接源和目标顶点ID的复合键；joinWithEdgesOnSource需要Tuple2的数据集并连接边的源键和输入数据集的第一个属性；joinWithEdgesOnTarget需要Tuple2的数据集并连接边的目标键和输入数据集的第一个属性。3种方法都在边和输入数据集的值上应用转换函数。需要注意的是，如果输入数据集多次包含一个键，则所有Gelly连接方法将只考虑遇到的第一个值，代码如下：

```
//构建图
val network: Graph[Long, Double, Double] = ...
//获取图的出度
val vertexOutDegrees: DataSet[(Long, LongValue)] = network.outDegrees
```

//将边数据集与输入DataSet（元素为Tuple2类型）数据集连接起来，并对匹配记录的值应用自定义转换函数。边的源ID和输入DataSet的第一个字段用作连接键

```
val networkWithWeights = network.joinWithEdgesOnSource(vertexOutDegrees, (v1:
Double, v2: LongValue) => v1 / v2.getValue)
```

5. reverse

可以使用reverse()方法反转图的所有边，并返回一个新图。

6. getUndirected

Gelly中的图通常都是有向的，而无向图可以通过对所有边添加反向的边来实现，因此Gelly提供了getUndirected()方法，用于获取原图的无向图。

7. union

Gelly的union()方法对指定图和当前图的顶点和边集执行并集操作，重复的顶点将从生成的图中删除，而如果存在重复的边，这些边将被保留，如图7-6所示。

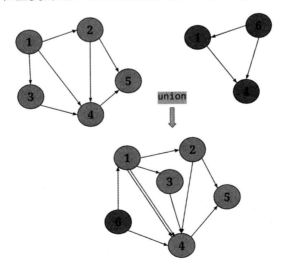

图 7-6　Gelly Union 并集操作

8. difference

Gelly的difference()方法对当前图和指定图的顶点和边集执行一个差异运算,返回一个包含两个集合之间的差异的集合。

9. intersect

Gelly提供了intersect()方法用于发现两个图中共同存在的边,并将相同的边以新图的方式返回。相同的边指的是具有相同的源顶点、相同的目标顶点和相同的边值。返回的新图中,所有的顶点没有任何值,如果需要顶点值,则可以使用joinWithVertices()方法去任何一个输入图中检索。例如以下代码:

```
val env = ExecutionEnvironment.getExecutionEnvironment
//创建第一个图,边集为 {(1, 3, 12) (1, 3, 13), (1, 3, 13)}
val edges1: List[Edge[Long, Long]] = ...
val graph1 = Graph.fromCollection(edges1, env)

//创建第二个图,边集为 {(1, 3, 13)}
val edges2: List[Edge[Long, Long]] = ...
val graph2 = Graph.fromCollection(edges2, env)

//使用distinct = true 得到结果 {(1,3,13)}
val intersect1 = graph1.intersect(graph2, true)
//使用distinct = false 得到结果 {(1,3,13),(1,3,13)},因为有一对边
val intersect2 = graph1.intersect(graph2, false)
```

7.6.3 图的添加与移除

Gelly提供了以下方法,用于从输入图中添加和删除顶点和边:

```
//添加一个顶点到图中。如果顶点已经存在,将不会再次添加
addVertex(vertex: Vertex[K, VV])
//将顶点列表添加到图中。如果顶点已经存在于图中,将不再被添加
addVertices(verticesToAdd: List[Vertex[K, VV]])
//向图添加一条边。如果源顶点和目标顶点在图中不存在,将会被添加
addEdge(source: Vertex[K, VV], target: Vertex[K, VV], edgeValue: EV)
//将边列表添加到图中。当为一个不存在的顶点集添加一条边时,该边被认为是无效的并被忽略
addEdges(edges: List[Edge[K, EV]])
//从图中移除给定的顶点及其边
removeVertex(vertex: Vertex[K, VV])
//从图中移除给定的顶点列表及其边
removeVertices(verticesToBeRemoved: List[Vertex[K, VV]])
//从图中删除与给定边匹配的所有边
removeEdge(edge: Edge[K, EV])
//删除与给定列表中的边匹配的所有边
removeEdges(edgesToBeRemoved: List[Edge[K, EV]])
```

7.6.4　图的邻域方法

邻域方法允许每个顶点针对其所有的相邻顶点（顶点入边的源顶点或出边的目标顶点）或边执行某个聚合操作。reduceOnEdges()可以用来计算一个顶点的相邻边的值的聚合，reduceOnNeighbors()可以用来计算相邻顶点的值的聚合。这些方法采用了联合和交换聚合，并在内部利用了组合器，显著提高了性能。邻域范围由EdgeDirection参数定义，该参数取值为IN、OUT或ALL。IN收集顶点的所有入边，OUT收集顶点的所有出边，ALL收集顶点的所有边。

例如，假设需要计算图7-7中每个顶点所有出边中权重（边值）最小的边。

下面的代码会查找图中每个顶点的所有出边并组成集合（一个顶点的出边组成一个集合），然后对每个集合执行聚合方法reduceEdges()：

```
val graph: Graph[Long, Long, Double] = ...
//对每个顶点的出边进行聚合
val minWeights = graph.reduceOnEdges(new SelectMinWeight,
EdgeDirection.OUT)//出边
```

```
//自定义聚合函数来选择最小权重
final class SelectMinWeight extends ReduceEdgesFunction[Double] {
    override def reduceEdges(firstEdgeValue: Double, secondEdgeValue: Double):
Double = {
        Math.min(firstEdgeValue, secondEdgeValue)
    }
}
```

执行结果如图7-8所示。

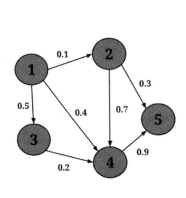

图 7-7　Gelly 图结构

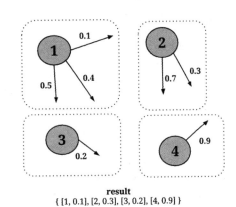

result
{ [1, 0.1], [2, 0.3], [3, 0.2], [4, 0.9] }

图 7-8　图的边值聚合结果

同样，假设需要计算每个顶点的所有入边连接的顶点的值的和（即所有源顶点值的和），可以用以下代码实现：

```
val graph: Graph[Long, Long, Double] = ...
//对每个顶点的相邻源顶点值进行聚合
val verticesWithSum = graph.reduceOnNeighbors(new SumValues,
EdgeDirection.IN)//入边（指定是源顶点聚合，不是目标顶点）
```

```
//自定义聚合函数计算所有源顶点值的和
final class SumValues extends ReduceNeighborsFunction[Long] {
    override def reduceNeighbors(firstNeighbor: Long, secondNeighbor: Long):
Long = {
    firstNeighbor + secondNeighbor
    }
}
```

上述代码将收集每个顶点的源顶点值，并在每个源顶点值上应用reduceNeighbors()函数，进行两两聚合。

计算结果如图7-9所示。

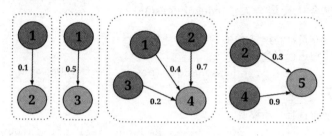

result
{ [2, 1], [3, 1], [4, 6], [5, 6] }

图 7-9　图的源顶点值聚合结果

当聚合函数不是联合和交换的，或者当你希望每个顶点返回多个值时，可以使用更通用的groupReduceOnEdges()和groupReduceOnNeighbors()方法。这些方法每个顶点返回零个、一个或多个值，并提供对该顶点所有相邻顶点和边的访问。

例如，计算所有与边值（边权重）大于等于0.5的边相连的顶点对，代码如下：

```
val graph: Graph[Long, Long, Double] = ...

val vertexPairs = graph.groupReduceOnNeighbors(
    new SelectLargeWeightNeighbors, //自定义函数
    EdgeDirection.ALL //计算的是顶点的所有边（包括入边和出边）
)
//自定义函数，用于选择边权值大于0.5的边的连接（相邻）顶点对
final class SelectLargeWeightNeighbors extends
NeighborsFunctionWithVertexValue[Long, Long, Double,
    (Vertex[Long, Long], Vertex[Long, Long])] {
    /**
    * 循环某个顶点的所有相邻顶点（即某个顶点的所有边连接的顶点）
    * @param vertex 需要计算的某个顶点，每个顶点调用一次该方法
    * @param neighbors 需要计算的某个顶点的所有相邻顶点组成的集合
    * @param out 收集并发出元素数据
    */
    override def iterateNeighbors(vertex: Vertex[Long, Long],
        neighbors: Iterable[(Edge[Long, Double], Vertex[Long, Long])],
        out: Collector[(Vertex[Long, Long], Vertex[Long, Long])]) = {
        //循环相邻顶点集合的每个元素
```

```
        for (neighbor <- neighbors) {
            //如果边值大于0.5，边指的是连接某个顶点与相邻顶点的边
            if (neighbor._1.getValue() > 0.5) {
                //收集并发出(当前计算的顶点对象，相邻顶点对象)
                out.collect(vertex, neighbor._2)
            }
        }
    }
}
```

上述代码的groupReduceOnNeighbors()方法用于收集每个顶点的相邻顶点和边，并将相邻顶点和边组成集合，传入自定义函数 SelectLargeWeightNeighbors。收集的集合通过EdgeDirection.ALL控制收集每个顶点所有边（包括入边和出边）和这些边对应的相邻顶点（源顶点和目标顶点）。如果使用EdgeDirection.IN，集合将包含顶点的入边和入边的相邻顶点；如果使用EdgeDirection.OUT，集合将包含顶点的出边和出边的相邻顶点。

自定义函数SelectLargeWeightNeighbors继承了NeighborsFunctionWithVertexValue接口，该接口用于对图中已经收集的顶点和边集合进行操作，而最终的处理函数是该接口中定义的iterateNeighbors()。NeighborsFunctionWithVertexValue接口的API定义源码如下：

```
import org.apache.flink.api.common.functions.Function;
import org.apache.flink.api.java.tuple.Tuple2;
import org.apache.flink.util.Collector;
import java.io.Serializable;

/**
 * 对图中顶点的相邻顶点进行操作的函数
 * @param <K> 顶点ID类型
 * @param <VV> 顶点值类型
 * @param <EV> 边值类型
 * @param <O> 最终返回值（发出的值）类型
 */
public interface NeighborsFunctionWithVertexValue<K, VV, EV, O> extends
Function, Serializable {

    /**
     * 该方法被每个顶点调用，并且可以按照指定的方向遍历顶点的所有相邻顶点或边。该方法可以
     发出任意数量的输出元素
     *
     * @param vertex 需要计算的某个顶点，每个顶点调用一次该方法
     * @param neighbors 需要计算的某个顶点的所有相邻顶点和边组成的集合
     * @param out 要向其发出结果的收集器
     * @throws Exception
     */
    void iterateNeighbors(
            Vertex<K, VV> vertex,
            Iterable<Tuple2<Edge<K, EV>, Vertex<K, VV>>> neighbors,
            Collector<O> out)
```

```
        throws Exception;
    }
```

当聚合计算不需要访问顶点值（执行聚合的顶点值）时，建议使用更高效的EdgesFunction和NeighborsFunction自定义函数。当需要访问顶点值时，应该使用EdgesFunctionWithVertexValue和NeighborsFunctionWithVertexValue。

此外，Gelly 提供了一个简单的实用程序，用于对输入图执行验证检查。根据应用程序上下文和某些标准，图可能有效，也可能无效。例如，用户可能需要验证他们的图是否包含重复的边或结构是否是双向的。为了验证图，可以自定义GraphValidator并实现其validate()方法。InvalidVertexIdsValidator是Gelly的预定义验证器，它可以检查边集是否包含有效的顶点ID。示例代码如下：

```
val env = ExecutionEnvironment.getExecutionEnvironment
// 创建一个顶点集合，顶点ID集合为{1, 2, 3, 4, 5}
val vertices: List[Vertex[Long, Long]] = ...
//创建一个边集合，边连接的顶点ID为 {(1, 2) (1, 3), (2, 4), (5, 6)}
val edges: List[Edge[Long, Long]] = ...
//构建图
val graph = Graph.fromCollection(vertices, edges, env)
//将返回false，因为6在顶点ID集合中不存在
graph.validate(new InvalidVertexIdsValidator[Long, Long, Long])
```

7.7　案例分析：Gelly 计算社交网络中粉丝的平均年龄

社交网络中，人与人之间的联系是必不可少的，就如现实生活中，每个人都有自己的人脉一样。在Gelly中，每个人可以看作一个独立的顶点，人与人之间的联系即所谓的边。每个人都拥有不同的属性，比如姓名、年龄等。

本节仍然以7.2节构建的Gelly图为例，计算每个人的所有粉丝（如果A关注或喜欢B，则认为A是B的粉丝）的平均年龄。

1. 实现思路

使用groupReduceOnNeighbors()函数的顶点聚合功能将图中每个顶点的所有粉丝数据（顶点入边及入边的连接顶点）聚合到一起，然后将年龄进行累加，除以粉丝数量（顶点数量）即可得出平均年龄。

2. 实现代码

首先对图应用groupReduceOnNeighbors()函数，收集每个顶点的入边及入边的连接顶点数据，并指定对收集的数据应用自定义聚合函数SelectFansNeighbors，代码如下：

```
val resultDataSet = graph.groupReduceOnNeighbors(
  new SelectFansNeighbors,
  EdgeDirection.IN //计算的是顶点的入边
```

```
).print()
```

然后自定义函数类 SelectFansNeighbors 并实现 Flink 提供的顶点聚合接口 NeighborsFunctionWithVertexValue。

完整实现代码如下：

```scala
import org.apache.flink.api.scala.{DataSet, ExecutionEnvironment, _}
import org.apache.flink.graph.scala.{Graph,
NeighborsFunctionWithVertexValue}
import org.apache.flink.graph.{Edge, EdgeDirection, Vertex}
import org.apache.flink.util.Collector

/**
 * 计算社交网络中每个人的粉丝平均年龄
 */
object GellyFansAvgAgeExample {
  def main(args: Array[String]): Unit = {
    val env = ExecutionEnvironment.getExecutionEnvironment
    //1.创建顶点集合和边集合
    //创建顶点集合(用户ID,(姓名,年龄))
    val vertexArray = Array(
        new Vertex(1L,("Alice", 30)),
        new Vertex(2L,("Henry", 27)),
        new Vertex(3L,("Charlie", 25)),
        new Vertex(4L,("Peter", 22)),
        new Vertex(5L,("Mike", 29)),
        new Vertex(6L,("Kate", 23))
    )
    //创建边集合
    val edgeArray = Array(
        new Edge(2L,  1L,  "关注"),
        new Edge(2L,  1L,  "喜欢"),//此为重复（平行）边
        new Edge(2L,  4L,  "喜欢"),
        new Edge(3L,  2L,  "关注"),
        new Edge(3L,  6L,  "关注"),
        new Edge(5L,  2L,  "喜欢"),
        new Edge(5L,  3L,  "关注"),
        new Edge(5L,  6L,  "关注")
    )
    //2.转为分布式集合DataSet
    val vertices: DataSet[Vertex[Long, (String, Int)]] =
env.fromCollection(vertexArray)
    val edges: DataSet[Edge[Long, String]] = env.fromCollection(edgeArray)
    //3.构建图
    val graph = Graph.fromDataSet(vertices,edges,env)
    //4.对图执行聚合计算
    val resultDataSet = graph.groupReduceOnNeighbors(
        new SelectFansNeighbors,
        EdgeDirection.IN //计算的是顶点的入边
```

```
            ).print()
        }
    }

    /**
      * 自定义聚合函数，进行聚合计算
      *
      * 第一个泛型参数类型：顶点ID类型
      * 第二个泛型参数类型：顶点值类型
      * 第三个泛型参数类型：边值类型
      * 第四个泛型参数类型：最终发出的结果类型
      */
    final class SelectFansNeighbors extends NeighborsFunctionWithVertexValue[Long,
(String,Int), String,String] {
      /**
        * 循环某个顶点的所有相邻顶点（即某个顶点的所有边连接的顶点）
        * @param vertex 需要计算的某个顶点，每个顶点调用一次该方法
        * @param neighbors 需要计算的某个顶点的所有入边及入边的连接顶点组成的集合
        * @param out 收集并发出元素数据
        */
      override def iterateNeighbors(vertex: Vertex[Long,(String,Int)],
                                    neighbors: Iterable[(Edge[Long, String],
                                    Vertex[Long,(String,Int)])],
                                    out: Collector[String]) = {
        //循环相邻顶点集合的每个元素
        var fansTotalAge=0//存储顶点（粉丝）年龄总和
        var fansCount=0//存储顶点（粉丝）数量
        for (neighbor <- neighbors) {
            //获取顶点年龄值，累加到变量totalAge
            fansTotalAge+=neighbor._2.getValue._2
            fansCount=fansCount+1
        }
        if(fansCount!=0){
            val fansAvgAge=fansTotalAge/fansCount
            out.collect("顶点ID: "+vertex.getId+",姓名: "+vertex.getValue._1+",
粉丝平均年龄: "+fansAvgAge)
        }
      }
    }
```

执行结果如下：

```
顶点ID: 3,姓名: Charlie,粉丝平均年龄: 29
顶点ID: 1,姓名: Alice,粉丝平均年龄: 27
顶点ID: 6,姓名: Kate,粉丝平均年龄: 27
顶点ID: 4,姓名: Peter,粉丝平均年龄: 27
顶点ID: 2,姓名: Henry,粉丝平均年龄: 27
```